电力行业职业能力培训教材

《配电自动化运维人员培训考核规范》
（T/CEC 316—2020）辅导教材

中国电力企业联合会技能鉴定与教育培训中心
中电联人才测评中心有限公司　组编

刘日亮　李宏伟　主编

中国水利水电出版社
www.waterpub.com.cn
·北京·

内 容 提 要

本书为《配电自动化运维人员培训考核规范》（T/CEC 316—2020）的配套教材，详细阐述了配电自动化运维人员的能力培训模块及能力项内容，旨在为配电自动化运维人员培训提供标准化培训教材，规范配电自动化运维人员专业能力培训和评价内容，完善配电自动化运维技能培训体系，全面提升配电自动化运维人员实际应用技能水平。

本书为配电自动化运维人员能力等级考试必备教材，可作为配电自动化运维人员岗位培训、取证的辅导用书，也可作为配电自动化运维技能竞赛学习参考用书以及配电自动化运维专业管理人员和院校相关专业师生阅读参考书。

图书在版编目（CIP）数据

《配电自动化运维人员培训考核规范》
(T/CEC 316-2020)辅导教材 / 刘日亮，李宏伟主编；中国电力企业联合会技能鉴定与教育培训中心，中电联人才测评中心有限公司组编. -- 北京：中国水利水电出版社，2020.12
　　ISBN 978-7-5170-9194-3

　　Ⅰ．①配… Ⅱ．①刘… ②李… ③中… ④中… Ⅲ.
①配电自动化－电力系统运行－技术培训－教材 Ⅳ.
①TM76

中国版本图书馆CIP数据核字(2020)第224214号

书　　名	《配电自动化运维人员培训考核规范》(T/CEC 316—2020) 辅导教材 《PEIDIAN ZIDONGHUA YUNWEI RENYUAN PEIXUN KAOHE GUIFAN》(T/CEC 316—2020) FUDAO JIAOCAI
作　　者	中国电力企业联合会技能鉴定与教育培训中心 中电联人才测评中心有限公司 组编 刘日亮 李宏伟 主编
出版发行	中国水利水电出版社 （北京市海淀区玉渊潭南路1号D座　100038） 网址：www.waterpub.com.cn E-mail：sales@waterpub.com.cn 电话：(010) 68367658（营销中心）
经　　售	北京科水图书销售中心（零售） 电话：(010) 88383994、63202643、68545874 全国各地新华书店和相关出版物销售网点
排　　版	中国水利水电出版社微机排版中心
印　　刷	清淞永业（天津）印刷有限公司
规　　格	184mm×260mm　16开本　20印张　486千字
版　　次	2020年12月第1版　2020年12月第1次印刷
印　　数	0001—4000册
定　　价	**88.00元**

《电力行业职业能力培训教材》审查委员会

本 书 编 写 组

本书编写人员名单

主　　编：刘日亮　李宏伟

副 主 编：潘志远　张　波　承文新　朱志伟

编写人员：李　晋　闵　洁　王　婧　刘　静　岳宝强

　　　　　乔　峰　胡仰鹏　高　健　刘　玲　闫志海

　　　　　杨志淳　雷　杨　史训涛　张　帝　杨文伟

　　　　　邵志敏　王明剑　周　勐　常方圆　陈宜凯

　　　　　陈泽涛　陈喜宏　邸跃龙　任　佳　李文云

序

　　为进一步推动电力行业职业技能等级评价体系建设，促进电力从业人员职业能力的提升，中国电力企业联合会技能鉴定与教育培训中心、中电联人才测评中心有限公司在发布专业技术技能人员职业等级评价规范的基础上，组织行业专家编写《电力行业职业能力培训教材》（简称《教材》），满足电力教育培训的实际需求。

　　《教材》的出版是一项系统工程，涵盖电力行业多个专业，对开展技术技能培训和评价工作起着重要的指导作用。《教材》以各专业职业技能等级评价规范规定的内容为依据，以实际操作技能为主线，按照能力等级要求，汇集了运维管理人员实际工作中具有代表性和典型性的理论知识与实操技能，构成了各专业的培训与评价的知识点，《教材》的深度、广度力求涵盖技能等级评价所要求的内容。

　　本套培训教材是规范电力行业职业培训、完善技能等级评价方面的探索和尝试，凝聚了全行业专家的经验和智慧，具有实用性、针对性、可操作性等特点，旨在开启技能等级评价规范配套教材的新篇章，实现全行业教育培训资源的共建共享。

　　当前社会，科学技术飞速发展，本套培训教材虽然经过认真编写、校订和审核，仍然难免有疏漏和不足之处，需要不断地补充、修订和完善。欢迎使用本套培训教材的读者提出宝贵意见和建议。

中国电力企业联合会技能鉴定与教育培训中心

2020 年 1 月

前　言

　　配电自动化作为智能配电网的重要组成部分已广泛应用于我国大部分省市，对于提高配电网的供电可靠性发挥了非常重要的作用。同时，也为进一步增强配电网感知能力，实现泛在物联，奠定了良好的基础。

　　配电自动化技术的迅速发展带来了配电自动化系统的不断更新，对于从业人员的技术技能要求也不断提高，但是一直以来，并未对配电自动化运维人员需要掌握的理论知识及专业技能进行系统总结并形成该岗位的技术技能要求，也没有打通技能等级序列评价的通道，导致从事配电自动化运维的人员没有归属感。长此以往，必将影响配电自动化运维人员的工作积极性，进而影响配电自动化技术的发展及落地推广实施。

　　为了加强配电自动化运维人才队伍建设，全面提升技术技能水平，中国电力企业联合会牵头组织专家编写了《配电自动化运维人员培训考核规范（T/CEC 316—2020)》，旨在明确配电自动化运维岗位人员需达到的技术技能要求，为下一步进行分级考核评价提供依据。

　　本书是《配电自动化运维人员培训考核规范（T/CEC 316—2020)》的配套教材，针对标准中列写的配电自动化主站及终端两个方向的人员所需具备的知识和技能进行分析说明，紧密结合培训考核要点，采用理论讲解与实操训练相结合的方式，夯实理论基础和操作技能；结合典型案例分析，提升解决复杂问题的能力，系统提升运维人员的专业水平。

　　本书共五部分，第一部分基础能力介绍配电自动化基础知识和基本工作知识；第二部分配电主站系统，全面介绍配电主站系统运行操作以及配电主站系统维护及异常处理；第三部分配电自动化终端，包括配电自动化终端调试与操作、配电自动化终端巡视与缺陷处理；第四部分配电网故障分析及处理，介绍配电网故障分析及继电保护和馈线自动化；第五部分全面介绍信息系统安全防护。

　　本书的编写得到了国家电网有限公司、中国南方电网有限责任公司、内蒙古电力（集团）有限责任公司及相关企业领导和专家的大力支持。同时，也参考了一些业内专家的著述和相关厂家的实图与数据，在此一并致谢！

　　书中不妥之处，敬请各位读者批评指正。

编者

2020 年 12 月

目　录

序

前言

第一部分　基础能力 …………………………………………………… 1

第一章　配电自动化基础知识 ………………………………………… 3
模块 1　典型配电网架及一次设备 …………………………………… 3
模块 2　配电自动化基础知识 ………………………………………… 12

第二章　配电自动化基本工作知识 …………………………………… 22
模块 1　常用仪器、仪表使用 ………………………………………… 22
模块 2　常用工器具使用 ……………………………………………… 34
模块 3　工作票的填写与使用 ………………………………………… 40
模块 4　电气识图 ……………………………………………………… 57

第二部分　配电主站系统 ……………………………………………… 81

第三章　配电主站系统运行操作 ……………………………………… 83
模块 1　主站系统组成 ………………………………………………… 83
模块 2　公共平台服务应用及操作 …………………………………… 104
模块 3　主站系统操作 ………………………………………………… 121

第四章　配电主站系统维护及异常处理 ……………………………… 129
模块 1　主站硬件设备维护 …………………………………………… 129
模块 2　图模及数据维护 ……………………………………………… 135
模块 3　主站与终端设备联调 ………………………………………… 142
模块 4　主站设备故障及缺陷处理 …………………………………… 146

第三部分　配电自动化终端 ······ 153

　　第五章　配电自动化终端调试与操作 ······ 155

　　　模块 1　配电自动化终端结构及功能 ······ 155

　　　模块 2　配电终端参数配置 ······ 165

　　　模块 3　配电终端设备操作 ······ 176

　　　模块 4　配电终端功能测试 ······ 183

　　　模块 5　配电终端与主站联调 ······ 197

　　第六章　配电自动化终端巡视与缺陷处理 ······ 208

　　　模块 1　配电终端巡视 ······ 208

　　　模块 2　配电终端缺陷处理 ······ 213

第四部分　配电网故障分析及处理 ······ 221

　　第七章　配电网故障分析及继电保护 ······ 223

　　　模块 1　配电网常见故障分析 ······ 223

　　　模块 2　配电网保护功能及配置 ······ 231

　　　模块 3　配电网保护动作行为分析 ······ 242

　　第八章　馈线自动化 ······ 251

　　　模块 1　馈线自动化分类及原理 ······ 251

　　　模块 2　馈线自动化仿真 ······ 255

　　　模块 3　馈线自动化动作行为分析 ······ 266

第五部分　信息系统安全防护 ······ 285

　　第九章　信息系统安全防护 ······ 287

　　　模块 1　信息安全防护基本原则 ······ 287

　　　模块 2　信息安全防护架构体系 ······ 288

　　　模块 3　配电自动化系统信息安全防护加固措施 ······ 290

　　附录　配电自动化基本概念 ······ 304

参考文献 ······ 306

第一部分

基础能力

配电自动化基础知识

模块 1　典型配电网架及一次设备

【学习目标】
(1) 掌握配电网典型的网架结构。
(2) 掌握配电一次设备分类。
(3) 掌握为实现配电自动化对网架和一次设备的改造要求。

【知识点】

一、典型配电网网架结构

配电网应根据供电区域类型、负荷密度及负荷性质、供电可靠性要求等，结合上级电网网架结构、本地区电网现状及廊道规划，合理选择目标电网结构。配电网的典型网架结构应结构规范、运行灵活，具有适当的负荷转供能力和对上级电网的支撑能力，主要类型有辐射状架空网、多分段单联络网、多分段多联络网、双射电缆网、对射电缆网、多供一备电缆网、单环电缆网、双环电缆网等。

网架和一次设备是配电自动化建设的基础，应统筹规划，分步实施，主要满足以下原则：

(1) 配电自动化应与配电网建设和改造同步规划、同步设计、同步建设、同步投运，遵循"标准化设计，差异化实施"原则，充分利用现有设备资源，因地制宜地做好通信、信息等配电自动化配套建设。

(2) 配电自动化建设应结合配电网接线方式、设备现状、负荷水平和不同供电区域的供电可靠性要求进行规划设计，力求功能实用、技术先进、运行可靠。

(3) 规划实施配电自动化的地区，应满足配电自动化建设要求一次建成，避免重复改造，所涉及配电设备应预留自动化接口。

(一) 架空线路典型接线

中压架空网的典型接线方式可分为多分段多联络、多分段单联络、辐射式三种类型。

1. 多分段多联络接线方式

在周边电源点数量充足，10kV 架空线路宜环网布置开环运行，采用柱上负荷开关将线路多分段、适度联络的接线方式。图 1-1 为典型的 10kV 架空线路三分段、三联络接线方式。采用此结构具有较高的线路负载水平，当达到 75% 时还具有接纳转移负荷的能力。

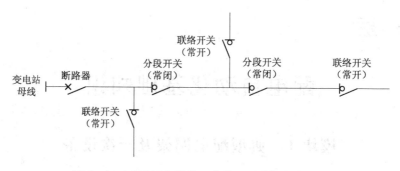

图 1-1　10kV 架空线路三分段、三联络接线方式

2. 多分段单联络接线方式

在周边电源点数量有限，不具备多联络条件时，可采用线路末端联络的接线方式。图 1-2 为 10kV 架空线路三分段、单联络接线方式。采用此结构，应在线路负载率低于 50% 的情况下运行。

图 1-2　10kV 架空线路三分段、单联络接线方式

3. 辐射式接线方式

在周边没有其他电源点，且供电可靠性要求较低的地区，暂不具备与其他线路联络时，可采取多分段单辐射接线方式。图 1-3 为 10kV 架空线路三分段、单辐射接线方式。

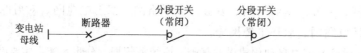

图 1-3　10kV 架空线路三分段、单辐射接线方式

（二）电缆线路典型接线

中压电缆网的典型接线方式分为单环网、双射、双环网、对射、多供一备等五种类型。

1. 单环网接线方式

自同一供电区域两座变电站的中压母线（或一座变电站的不同中压母线）或两座中压开关站的中压母线（或一座中压开关站的不同中压母线）馈出单回线路构成单环网，开环运行，如图 1-4 所示，此接线方式适用于单电源用户较为集中的区域。

2. 双射接线方式

自一座变电站（或中压开关站）的不同中压母线引出双回线路，形成双射接线方式；或自同一供电区域的不同变电站引出双回线路，形成双射接线方式，如图 1-5 所示。有条件、必要时，可过渡到双环网接线方式，如图 1-6 所示。双射接线方式适用于双电源用户较为集中的区域，接入双射线的环网室和配电室的两段母线之间可配置联络开关，母联开关应手动操作。

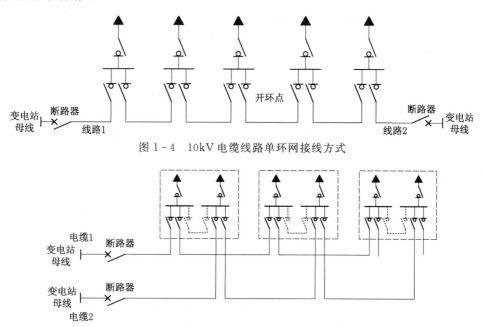

图 1-4 10kV 电缆线路单环网接线方式

图 1-5 10kV 电缆线路双射接线方式

3. 双环网接线方式

自同一供电区域的两座变电站（或两座中压开关站）的不同中压母线各引出二对（4回）线路，构成双环网的接线方式，如图 1-6 所示。双环网接线方式适用于双电源用户较为集中且供电可靠性要求较高的区域，接入双环网的环网室和配电室的两段母线之间可配置联络开关，母联开关应手动操作。

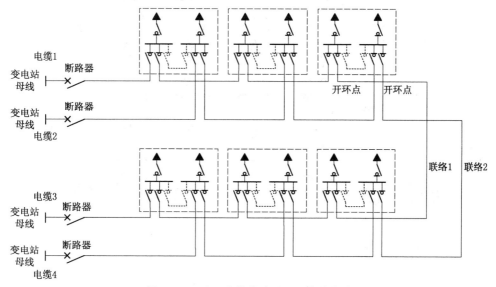

图 1-6 10kV 电缆线路双环网接线方式

4. 对射接线方式

自不同方向电源的两座变电站（或中压开关站）的中压母线馈出单回线路组成对射线接线方式，一般由双射线改造形成，如图1-7所示。对射接线方式适用于双电源用户较为集中的区域，接入对射的环网室和配电室的两段母线之间可配置联络开关，母联开关应手动操作。

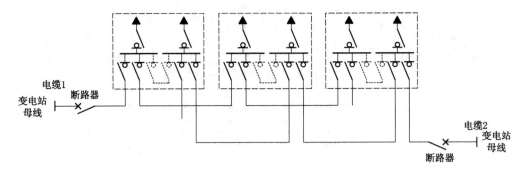

图1-7   10kV电缆线路对射接线方式

5. 多供一备方式

为了提高配电设备的利用率，电缆配电网中还经常采用多供一备接线模式。多供一备接线模式的结构特征为多条线路正常工作，与其均相联的另外一条线路平常处于停运状态作为总备用。每条供电电缆均可满载运行，因此最大利用率可达$[(N-1)/N]\%$。图1-8所示为一个三供一备电缆配电网，电缆1、电缆2和电缆3为供电电缆，电缆4为备用电缆，其最大利用率可达75%，其中空心代表分闸状态。

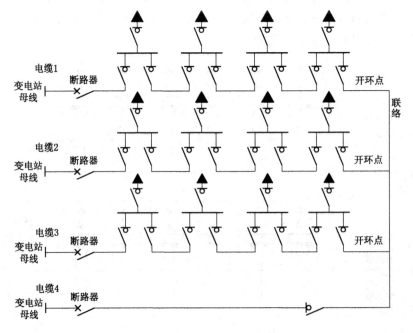

图1-8   三供一备电缆网

二、典型配电一次设备

一次设备是直接用于生产和使用电能的电气设备。按照线路类型分类，10kV 配网一次设备可分为架空线路设备和电缆线路设备两大类；架空线路设备主要包括柱上变压器、柱上开关、线路调压器等；电缆线路设备主要包括开关站、环网室（箱）、配电室、箱式变电站、中压电缆分支箱等。按照配电设备功能分类，10kV 配网一次设备可以分为配电开关类设备、配电变压器、箱式变电站等。

（一）配电开关类设备

1. 断路器

断路器具有可靠的灭弧装置，它不仅能通断正常的负荷电流，而且能接通和承担一定时间的短路电流，并在保护装置作用下自动跳闸，切除短路故障。

断路器的主要技术参数有：额定电压、最高工作电压、额定绝缘水平、额定电流、额定短路开关电流、额定短路开断次数、额定稳定电流（峰值）、热稳定电流、机械寿命。

在配电网应用中较为普及的是真空断路器，因其灭弧介质和灭弧后触头间隙的绝缘介质都是高真空而得名；其具有体积小、重量轻、适用于频繁操作、灭弧不用检修的优点。

2. 负荷开关

负荷开关在 10～35kV 供电系统中应用，可作为独立的设备使用，也可安装于环网柜等设备中。可手动或电动操作，用于开断负荷电流，关合、承载额定短路电流。

负荷开关是一种功能介于高压断路器与高压隔离开关之间的电器，高压负荷开关常与高压熔断器串联配合使用，用于控制电力变压器。高压负荷开关具有简单的灭弧装置，因其能通断一定的负荷电流和过负荷电流。但是它不能断开短路电流，所以一般与高压熔断器串联使用，借助熔断器来进行短路保护。

负荷开关的主要技术参数有：额定电流、额定峰值动稳定电流和额定热稳定电流、额定电缆充电开断电流、额定空载变压器开断电流。

3. 隔离开关

隔离开关无灭弧能力，只能在没有负荷电流的情况下分、合电路。隔离开关没有断流能力，不允许带负荷拉闸或合闸，但其断开时可以形成可见的明显开断点和安全距离，保证停电检修工作的人身安全。隔离开关主要安装在高压配电线路的出线杆、联络点、分段处以及不同单位维护的线路的分界点处。

4. 熔断器

熔断器依靠熔体或熔丝的特性，在电路出现短路电流或不被允许的大电流时，由电流流过熔体或熔丝产生的热量将熔体或熔丝熔断，使电路断开，保护电气设备。

跌落式熔断器是户外高压保护设备，装配在配电变压器高压侧或配电线支干线路上，作输电线路、电力变压器过载和短路保护及分合额定电流之用，具有安装使用方便、价格低、限流性能好等优点。

5. 柱上开关

柱上开关按开断能力分为断路器和负荷开关，按自动化模式分为电流型开关、电压型开关、用户分界开关和极柱永磁开关。

规划实施配电自动化的地区，开关性能及自动化原理应一致，并预留自动化接口。对过长的架空线路，当变电站出线断路器保护段不满足要求时，可在线路中后部安装重合器，或安装带过流保护的断路器。

6. 开闭所

开闭所是变电站 10kV 母线的延伸，是母线和开关的组合体。当负荷离变电站较远，采用直供方式需要比较长的线路时，可在负荷附近建设一个开闭所，由开闭所出线来保证负荷的正常供电。开闭所可用作配电线路间的联络枢纽，还可为重要用户提供双电源。

开闭所承担着接受和重新分配 10kV 出线，减少了高压变电所的 10kV 出线间隔和出线走廊，从而使发生故障的概率相对较低。

开闭所宜建于负荷中心区，一般配置双电源，取自不同的变电站或同一座变电站的不同母线。开闭所接线宜简化，一般采取两路电缆进线、6～12 路电缆出线，单母线分段接线，出线断路器带保护。开闭所应按配电自动化要求设计并留有发展余地。

7. 配电室

配电室是带有低压负荷的室内配电场所，主要为低压用户配送电能，设有中压进线（可有少量出线）、配电变压器和低压配电装置。

配电室一般配置双路电源、两台变压器，10kV 侧一般采用环网开关，380/220V 侧为单母线分段接线。变压器接线组别一般采用 Dyn11，单台容量不宜超过 800kVA。

配电室一般独立建设。如受条件所限，必须进楼时，可设置在地下一层，但不宜设置在最底层，其配电变压器宜选用干式，并采取屏蔽、减振、防潮措施。

8. 环网柜

环网柜是用于 10kV 电缆线路环进环出及分接负荷的配电装置。环网柜中用于环进环出的开关一般采用负荷开关，用于分接负荷的开关采用负荷开关或断路器。环网柜按结构可分为共箱型和间隔型，一般按每个间隔或每个开关称为一面环网柜。

9. 环网室

环网室由多面环网柜组成，是用于 10kV 电缆线路环进环出及分接负荷、且不含配电变压器的户内配电设备及土建设施的总称。

10. 环网箱

环网箱安装于户外、由多面环网柜组成、有外箱壳防护，是用于 10kV 电缆线路环进环出及分接负荷且不含配电变压器的配电设施。

（二）配电变压器

配电变压器通常是指电压为 35kV 及以下、容量为 2500kVA 以下、直接向终端用户供电的电力变压器。

配电变压器的作用是把 35kV、20kV、10kV 的电压变成适合于用户生产和照明用的三相 400V 或单相 220V 电压，向广大用户提供电能。根据用户用电量的大小，安装不同容量的配电变压器满足用户的用电需求。

配电变压器按照应用场合可分为公用变压器和专用变压器。公用变压器由电力部门投资、管理，比如安装在居民小区的变压器、市政工程用变压器等；专用变压器一般是业主投资，电力部门代管，只给投资的业主自己使用，比如安装在大中型企业的变压器等。

　　配电变压器按照材料、制造工艺可分为普通油浸式变压器、密封式油浸式变压器、卷铁芯变压器、干式变压器和非晶合金变压器等。

　　配电变压器的主要技术参数有额定容量、额定电压、额定电流、阻抗电压、空载电流、空载损耗（铁损）、负载损耗（铜损）。

　　配电变压器应按"小容量、密布点、短半径"的原则配置，尽量靠近负荷中心，根据需要也可采用单相变压器。配电变压器容量应根据负荷需要选取，并随负荷的增长轮换增容。不同类型供电区域的配电变压器容量选取一般可参照表 1-1。

表 1-1　　　　　　　　　　　**10kV 柱上变压器容量推荐表**

供 电 区 域 类 型	三相柱上变压器容量/kVA	单相柱上变压器容量/kVA
A、B、C 类	≤400	≤100
D 类	≤315	≤50
E 类	≤100	≤30

注：在低电压问题突出的 E 类供电区域，亦可采用 35kV 配电化建设模式，35/0.38kV 配电变压器单台容量不宜超过 630kVA。

（三）箱式变电站

　　箱式变电站（简称箱变）具有成套性强，占地面积小，简化变电站设计，建设周期短等优点。箱变可将中压负荷深入到负荷中心，减少了网损，并可方便实现对末端高低压变配电设备多种保护控制功能的集成，是一种技术性和经济性较优的末端变电站。

　　目前国内常见的箱变按结构与功能可分为欧式箱变、美式箱变和组合式箱变。欧式箱变具有公共外壳；美式箱变没有独立外壳，负荷开关和熔断器置入变压器油箱之中；组合式箱变是将高、低压开关设备和变压器分别装配在不同的箱壳中，现场组装，一般应用于较大容量的箱变中。

　　箱变一般用于配电室建设改造困难的情况，如架空线路入地改造地区、配电室无法扩容改造的场所，以及施工用电、临时用电等，其单台变压器容量一般不宜超过 630kVA。

（四）配电自动化对配电开关设备功能要求

　　配电设备点多面广、运行环境恶劣，配电开关设备尤其是附属操动机构和二次回路的故障率相对偏高，日益成为影响配电自动化应用水平提升的关键。配电自动化要求配电开关设备不仅要满足无油化、免维护、小型化和高可靠性的要求，同时还要满足频繁操作性和智能化等要求。

　　（1）开关设备应采用全绝缘、全密封、免维护设计。优选真空灭弧室作为开关灭弧、开断的核心元件；可采用 SF₆ 气体作为外绝缘，实现小型化设计的同时又避免 SF₆ 气体压力泄漏；操动机构寿命不低于万次，能适应频繁操作、无拒动和误动，整个机构可密闭在箱体内，避免传动障碍和裸露带来的生锈、腐蚀等问题。

　　（2）提高户外防湿、防尘和防凝露能力。开关（柜）运行在户外露天环境中，四季气温变化和每日温差，可能会使空气中水分凝结在绝缘件表面，或因密封性能不好形成呼吸效应，导致开关内部绝缘强度的降低。为防止凝露造成设备绝缘失效或配套二次回路短路引发事故，可根据设备类型采取以下手段防露：采用全密封出线全绝缘锥形电缆；提高绝缘件爬电距离；箱体内放置长效干燥剂；做好环网柜通风设计和电缆地沟进出线密封防护，避免大量湿气进入环网柜。

（3）配置满足自动化要求的传感器。实现遥信时应至少具备一组高可靠性的辅助触点；实现遥测时至少具备一组电压和电流互感器（测量与保护共用），电压互感器兼作终端供电电源，其容量在选取时应留有适当裕度。

（4）具有配套 DA 控制装置的接口。实现遥控时应具备电动操动机构，以及当地分合闸闭锁装置；操作电源宜采用直流，以方便后备电源供电。配电一次与二次设备接口采用一体化设计，接口优选航空插头，避免现场配线。

（五）配电自动化对网架和一次设备的改造要求

按照配电自动化与配电网网架"统筹规划、同步建设"的原则，结合配电网网架结构标准化提升专项工作，优化配电线路分段与联络点设置，提高配电线路负荷转供能力；以实现配网故障自愈为目标，全面推进馈线自动化应用，逐线路制订馈线自动化改造与功能投运方案，着力提升配电自动化故障定位、隔离、非故障区间恢复功能的应用水平，不断提高配电网供电可靠性和供电服务水平。

（1）统筹兼顾网架结构优化与馈线自动化改造，综合考虑供电可靠性要求、设备选型、通信条件，合理布局线路分段与联络开关，加强一、二次设备协同，避免大拆大建、重复建设，满足未来中长期配电网规划要求。

（2）坚持以实现配电线路故障"自愈"为目标，统筹规划、分步实施，针对已完成改造的自动化线路，应逐线制订馈线自动化投运方案，不满足故障自愈要求的，同步编制改造提升方案；针对非自动化线路，应按照馈线自动化功能要求，合理选择馈线自动化模式，编制配电线路馈线自动化改造方案。

（3）因地制宜，差异化选择馈线自动化建设模式，对于 B、C、D 类区域架空线路优先选用就地型馈线自动化；A＋、A 类及部分 B 类区域具备光纤通信条件的电缆网，可建设智能分布式馈线自动化；集中型馈线自动化模式可作为有效补充。

（4）加强专业协同，充分考虑馈线自动化改造与变电站出线开关重合闸次数、保护时限的配合关系，可在线路分支、用户分界点采用具备保护功能的断路器，快速切除分支及用户故障，实现馈线自动化功能与配网保护有效配合。

【案例分析】

案例一：国外发达城市典型供电模型——巴黎城市配电网结构

巴黎城区 20kV 配电网以三环网结构为主，由来自不同变电站的电缆相互联络，开环运行，如图 1-9 所示。每座配电室双路电源分别 T 接自三环网中任意两回不同电缆，其中一路为主供，另一路为热备用。电缆故障时，整条线路失电，线路所供的配变主供负荷开关 3s 后分闸，5s 后备用负荷开关合闸，恢复配电室供电。通过设备自动装置完成，停电时间短，且故障处理方式简单。

案例二：国外发达城市典型供电模型——东京城市配电网结构

东京 22kV 电缆采用三射网络结构，中压用户的供电方式与巴黎电网类似，采用双路电源供电，分别 T 接自任意两回不同电缆，其中一路为主供，另一路为热备用，如图 1-10 所示。与法国中压配电网的结构类似，配变采用双路电源供电，主备电源之间可实现自动切换，不同的是主干线采用了射网结构，缺少对侧电源，因此可靠性稍差。

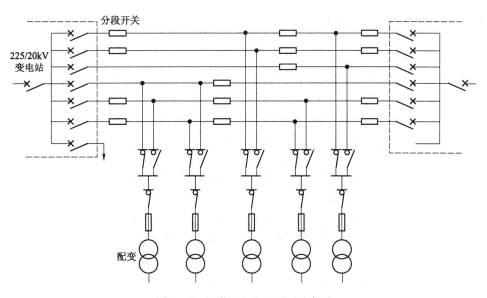

图 1-9 巴黎 20kV 三环网示意图

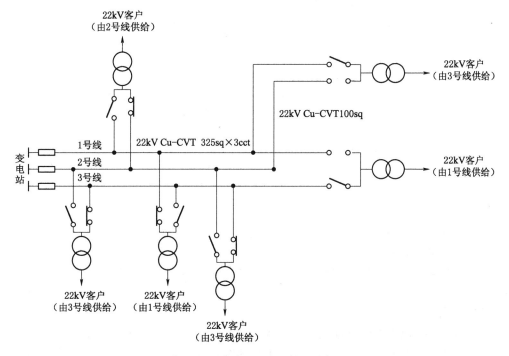

图 1-10 东京 22kV 三射网示意图

案例三：国外发达城市典型供电模型——新加坡城市配电网结构

新加坡配网采用以变电站为中心的花瓣式接线，即同一个变电站的每两回馈线相互联络，构成环网，闭环运行，不同电源变电站的花瓣间设置备用联络（1～3 个），在上级变电站全停故障时，也可以实现部分负荷的转供，如图 1-11 所示。每个环网的设计容量为 15MVA，串入 6～7 个配电站。与主网的接线方式类似，由于合环运行，因此系统的短路电流水平较高（20kV 电压等级的短路电流是按照 25kA 控制的），线路均设纵差保护，配电站的二次保护配置比较复杂。在负荷密度高，电网较为密集的地方全面推广是不现实的。

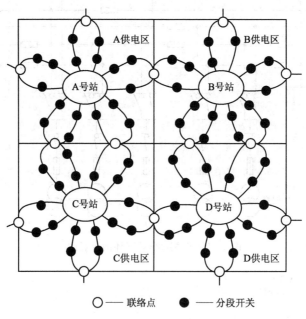

图 1-11 新加坡花瓣式接线

模块 2 配电自动化基础知识

【学习目标】

(1) 掌握配电自动化系统构成。

(2) 掌握配电自动化主站功能规范。

(3) 掌握配电终端功能规范。

(4) 了解配电自动化通信相关知识。

(5) 掌握配电自动化运维管理相关知识。

【知识点】

配电自动化是电力系统自动化在配电网中的应用，是实现中压配电网可测、可观、可控的主要手段，是提升配电网精益化管理水平的客观需求，也是实现智能配电网的物质基础和发展起点。

配电自动化作为配电管理的重要手段，应全面服务于配电网调度运行和运维检修业务。配电自动化建设应以一次网架和设备为基础，统筹规划，分步实施。结合配电网接线方式、设备现状、负荷水平和不同供电区域的供电可靠性要求进行规划设计，统筹应用集中、分布和就地式馈线自动化装置，合理配置"三遥"自动化终端，提高"二遥"自动化终端应用比重，力求功能实用、技术先进、运行可靠。

配电自动化应与配电网建设和改造同步规划、同步设计、同步建设、同步投运,遵循"标准化设计,差异化实施"原则,充分利用现有设备资源,因地制宜地做好通信、信息等配电自动化配套建设。

一、配电自动化系统构成

配电自动化系统主要由主站、配电终端和通信网络组成,通过采集中低压配电网设备运行的实时、准实时数据,贯通高压配电网和低压配电网的电气连接拓扑,融合配电网相关系统业务信息,实现对配电网的监测、控制和快速故障隔离,支撑配电网的调控运行、故障抢修、生产指挥、设备检修、规划设计等业务的精益化管理。配电自动化系统整体体系架构如图 1-12 所示。

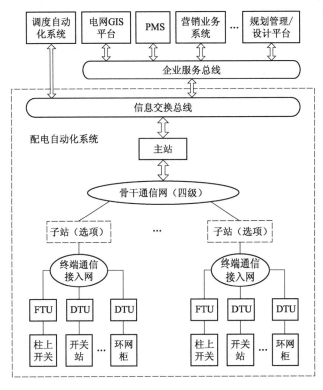

图 1-12　配电自动化系统整体体系架构图

配电自动化应与配电网建设改造同步设计、同步建设、同步投运,遵循"标准化设计,差异化实施"原则,充分利用现有设备资源,因地制宜地做好通信、信息等配电自动化配套系统及设备建设。配电自动化系统的规划设计应遵循经济实用、标准设计、差异区分、资源共享、同步建设的原则,并满足安全防护要求。

二、配电自动化主站系统

配电自动化主站系统是配电自动化系统的信息汇集中心和控制中枢,综合采用计算机、网络和通信技术,面向配电网运行管理的业务需求,实现配电网运行监视、控制,拓扑分析,设备与图模管理,馈线故障定位、隔离、供电恢复,Web 信息发布,配电终端质量管控等各种功能,以及负荷转供分析、合环潮流计算、故障录波分析及单相接地故障定位等高级应用;并通过 IEC 61970/61968 标准，实现与调度自动化系统、电量计量系统、地理信息系统、生产管理系统、营销管理系统等的信息集成，为配电网的精准投资、精确管控、精益化运维提供全面支持。

（一）主站体系架构

配电主站主要由计算机硬件、操作系统、支撑平台软件和配电网应用软件组成，从应用分布上主要分为生产控制大区实时监控、安全接入区公网数据采集、管理信息大区信息共享与发布 3 个部分。其中，支撑平台包括系统信息交换总线和基础服务，配电网应用软件包括配电网运行监控与配电网运行状态管控两大类应用，软硬件系统总体架构如图 1-13 所示。

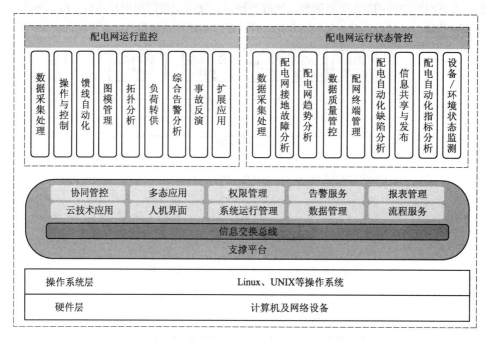

图 1-13　配电主站软硬件系统总体架构图

根据不同的配网规模，配电主站的软硬件配置可灵活剪裁，既可通过扩展前置采集子系统，单独配置无线通道采集服务器等方式，实现大型城市配电网中海量数据的采集和处理，又可将各种应用功能高度集成到 1～2 台 PC 机上，供小型县城、偏远山区、海岛地区以及教学科研单位使用。

（二）主站硬件架构

配电自动化系统主站的硬件设备主要包括服务器、工作站、存储设备、安全防护设备以及交换机、路由器等网络设备，为了确保系统运行的稳定性，各关键节点的硬件设备采用冗余配置，网络采用双以太网局域网结构，网络数据流的特征是实时性要求强。

配电主站的硬件系统由生产控制大区的前置服务器、数据库服务器、SCADA/应用服务器、图模调试服务器、信息交换总线服务器、内网安全监视服务器、工作站，管理信息大区的前置服务器、SCADA/应用服务器、信息交换总线服务器、数据库服务器、应用服务器、工作站，安全接入区的通信采集服务器等组成，主干网一般采用双网并行运行，安全接入区与生产控制大区通过正反向隔离装置进行隔离，确保数据安全可靠。配电自动化系统主站硬件布置如图 1-14 所示。

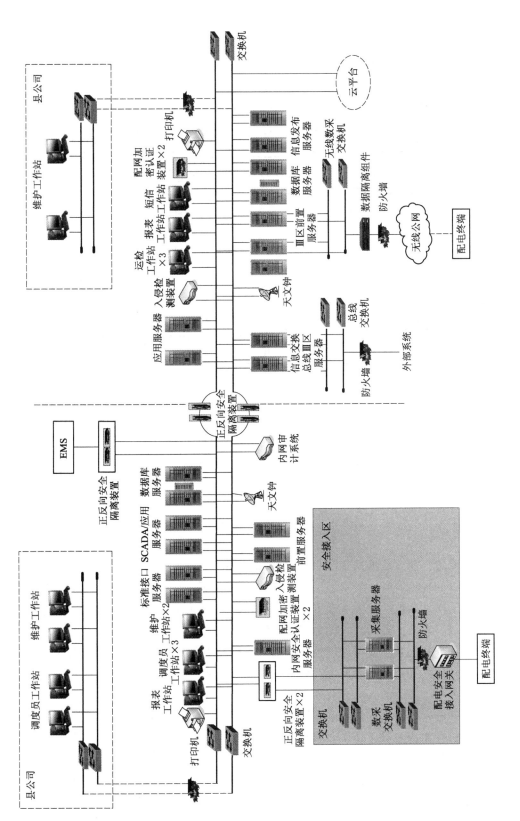

图1-14　配电自动化系统主站硬件布置图

(三) 主站软件架构

配电自动化系统主站软件结构设计采用分层、分布式架构模式，遵从全开放式系统解决方案。软件结构设计面向配电网需求，以实现配电网能量流、信息流、业务流的双向运作与高度整合为目标，充分考虑系统的功能、容量的扩展。系统按操作系统层、应用支撑层、应用层等分层式设计，主站系统软件结构如图 1-15 所示。

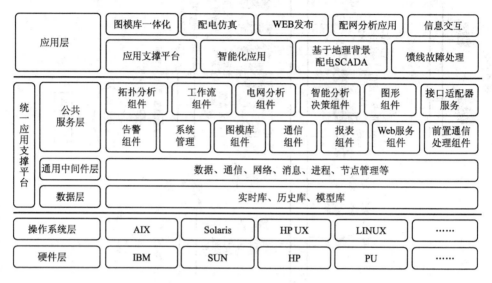

图 1-15　配电自动化软件结构图

(四) 主站功能应用

配电自动化主站系统的应用层是各项配网业务功能实现的主要层级，主要有配电网运行监控、图形和模型管理、馈线自动化、配网运行状态管控，以及各类高级应用功能等。

1. 配电网运行监控

系统 SCADA 功能可实现对变电站、开关站、环网柜、配电箱等设备的信息采集与监视控制。

(1) 数据采集。前置数据采集子系统 (Front End System，FES) 是配电主站的咽喉部分，几乎所有的现场实时数据都通过 FES 进入到主站系统中，因此 FES 的伸缩性和可用性直接决定了主站系统的伸缩性和可用性。另外，配电网络的终端设备数量比输电网络要高一个数量级，系统前置的接入能力就成为配电主站系统的一项重要技术指标。

(2) 数据处理和记录。数据处理包括模拟量处理、状态量处理、非实测数据处理、数据质量码、统计计算等功能；数据记录包括事件顺序记录、周期采样、变化存储等功能。

(3) 人机界面。简洁的人机交互界面是系统高效应用的重要保障。配电网监控功能提供了丰富、友好的人机界面，供配电网调控运行、运维检修人员对配电线路进行监视、控制和管理。人机界面应遵循 CIM/E、CIM/G 语言格式，并支持 Web 浏览方式访问；其中，电力系统数据标记语言简称 E 语言，电力系统图形描述语言简称 G 语言。

(4) 告警分析与处理。告警服务作为公共服务，为各类应用功能提供告警支持。配电网运行监控中的告警信息主要包括电力系统运行异常告警、二次设备异常告警、网络分析预警三大类；告警分析与处理功能可汇集和处理各类告警信息，实现了告警信息在线综合处理、显示与推理，并利用形象直观的方式提供全面综合的告警提示。

（5）操作与控制。操作和控制包括人工置数、闭锁和解锁操作、标识牌操作、远方控制与调节等，并辅以相应的权限控制。

（6）拓扑分析应用。网络拓扑分析是指根据电网连接关系和设备的运行状态进行动态分析，包括电气岛分析和电源点分析；分析结果可以应用于配电监控、安全约束、拓扑着色等。

（7）历史数据管理及查询。主站系统基于商用关系数据库或开源数据库系统完成历史数据管理，提供完善的历史数据备份、转储机制。配网运维管理人员可通过友好便捷的人机界面，完成对历史曲线或报表数据、历史事件信息的查询、显示。

（8）报表管理。主站系统提供与 Excel 文件格式完全兼容的报表工具，可完成日报表、月报表等各类报表的模板定义、制作、发布、打印及管理。

（9）Web 浏览功能。主站系统具备电网运行实时和历史信息 Web 发布功能，可以为不同权限的用户提供不同的数据、页面、图形和功能，配网运维管理人员可通过 Web 方式同步浏览、查询配网实时信息；其图形显示内容和风格与内网安全 I 区的客户端基本一致。

（10）事故反演。事故追忆（事故反演）是指利用事故总信号及保护动作信息、FTU/DTU 等配电终端记录的故障信息，以及故障指示器的上送记录，以一次接线图为基础，对电网事故进行重演，并可实现反演过程的快进、慢进、回退。

2. 图形和模型管理

图形和模型管理包括网络建模、模型校验、设备异动管理、图形模型发布等。网络建模可分为图模库一体化建模和从外部系统信息导入建模两种方式；模型校验是指根据电网模型信息及设备连接关系对图模数据进行静态分析；设备异动管理反映了配电网模型的动态变化过程，通过配电网各态模型的转换、比较、同步和维护，可满足对配电网动态变化管理的需要；图形模型发布可实现单线图、站室图、环网图等各类图形的导出，并可按区域、馈线导出对应模型，以满足配电网运行分析应用。

3. 馈线自动化

当配电线路发生故障时，主站系统根据能量管理系统（EMS）和配电终端提供的故障相关信息，利用馈线自动化功能，采用自动方式或人机交互方式，进行故障判断与定位、隔离和非故障区域恢复供电。馈线自动化功能适用于架空线、电缆线路以及架空电缆混合模式的配电网。

4. 配电网运行状态管控

（1）配电终端管理。配电终端管理是指配电主站通过图形化方式实现对配电终端的综合监视与管理，包括通过扩展 104、101 规约实现对终端参数的调阅与修改、对历史文件的调阅与展示，以及通过实时及历史数据多维度展示配电终端的运行状态。

（2）精益化运维管控。精益化运维管控模块通过收集主站、终端的运行分析结果，并发送至配电网大数据分析应用平台，提高了配电自动化精益化运维水平。

（3）数据质量管控。受运行环境和通信干扰的影响，配电终端数据采集的准确性与主网相比，存在较大差距。为提高配网监控数据的质量，配电主站系统需要对实时数据和历史数据的有效性进行分析。

（4）配电网运行趋势分析。配网运行趋势分析是以配电自动化数据和配电设备状态实时数据为基础，采用超短期负荷预测、运行方式分析和网络拓扑潮流分析相结合的方式，对当前运行方式或将要调整运行方式下的配电网运行趋势及配电设备运行状态进行预判分析，并对可能出现的配变及线路重过载实现提前预警。

（5）配电网接地故障分析。配电线路发生单相接地故障时，暂态过程存在丰富的故障信息。利用配电终端实时上送的故障录波文件，配电主站系统可从中提取故障暂态波形，通过分析其特征分量，可实现故障选线和故障定位的功能。

5. 配电网高级应用

配电自动化主站系统中，常见的高级应用扩展功能有网络拓扑分析、状态估计、调度员潮流、解合环分析、网络重构、负荷预测、自愈控制、配电网经济运行分析、分布式电源接入与控制等。针对配电网网络结构繁杂、量测较少、设备参数不足的情况，需充分利用负荷管理、用电信息采集等系统中的准实时数据，通过状态估计算法补全配网数据，采用相对近似的方法进行处理。

三、配电终端

配电终端是配电自动化建设的重要组成部分，主要应用于10kV配电线路，完成配电线路的运行监测以及控制功能，实现对10kV/20kV开关站、环网柜、柱上开关、配电变压器、电容器等一次设备的实时监控。配电终端采集配电网实时运行数据，识别故障，监测开关设备的运行工况，并进行处理及分析，通过有线/无线通信等手段，上传信息、接收控制命令。

配电终端是实现配电自动化系统功能的基础，长期配电自动化建设经验表明，不同的配电自动化建设模式对配电终端的功能需求不尽相同，按照国家电网公司最新标准规范，配电终端按照类型的不同可分为站所终端（DTU）、馈线终端（FTU）、配变终端（TTU）、故障指示器等；按照功能划分，又可分为"三遥"（遥信、遥测、遥控）终端及"二遥"（遥信、遥测）终端；按照通信方式划分可分为有线通信方式与无线通信方式类型终端等。

1. 站所终端

站所终端是安装在配电网开关站、配电室、环网柜、箱式变电站等处的配电终端，依照功能分为"三遥"终端和"二遥"终端，国家电网有限公司相关企业标准又将"二遥"终端分为"二遥标准型终端"和"二遥动作型终端"。二遥标准型终端用于配电线路遥测、遥信及故障信息的监测，实现本地报警并具备报警信息上传功能的场景；二遥动作型终端用于配电线路遥测、遥信及故障信息的监测，并能实现就地故障自动隔离与动作信息主动上传的场景。站所终端按照结构不同可分为组屏式站所终端、遮蔽立式站所终端、遮蔽卧式站所终端、户外立式站所终端等。

2. 馈线终端

馈线终端是安装在配电网架空线路杆塔等处的配电终端，按照功能分为"三遥"终端和"二遥"终端，"二遥"终端又可分为基本型终端、标准型终端和动作型终端，其中基本型终端是指用于采集或接收故障指示器发出的线路故障信息，并具备故障报警信息上传功能的配电终端；标准型终端用于配电架空线路遥测、遥信及故障信息的监测，实现本地报警并通过无线公网等通信方式上传信息的配电终端；动作型终端用于配电线路遥测、遥信及故障信息的监测，能实现就地故障自动隔离，并通过无线公网、无线专网等通信方式上传信息的配电终端。馈线终端按照结构不同可分为罩式终端和箱式终端。

3. 配变终端

配变终端安装于配电变压器，用于监测配变各种运行参数的配电终端。

4. 故障指示器

故障指示器通过就地故障闪灯和翻牌指示故障，运维人员可以根据此指示器的报警信号迅速定位故障，大大缩短了故障查找时间，有助于快速排除故障和恢复正常供电。

根据《配电线路故障指示器技术条件》（DL/T 1157—2012），按照适用线路类型分为架空型与电缆型两类；按照是否具备远程通信能力分为远传型与就地型两类；根据对单相接地故障检测原理的不同分为外施信号型、暂态特征型、暂态录波型和稳态特征型四类。

基于上述不同分类维度，对配电线路故障指示器共计分为 9 类，即架空外施信号型远传故障指示器、架空暂态特征型远传故障指示器、架空暂态录波型远传故障指示器、架空外施信号型就地故障指示器、架空暂态特征型就地故障指示器、电缆外施信号型远传故障指示器、电缆稳态特征型远传故障指示器、电缆外施信号型就地故障指示器、电缆稳态特征型就地故障指示器。

四、配电自动化通信

配电自动化通信系统是配电自动化的基本组成部分，是配电自动化主站（子站）与终端信息交互的媒介，是配电自动化系统可靠运行的重要保障。配电自动化通信系统与电力系统其他通信系统相比具有点多、面广、运行环境恶劣等特点，其技术体制的选择影响配电自动化整体建设投资，运行维护直接关系到配电自动化系统的安全稳定运行。

（一）配电自动化通信系统架构

配电自动化系统通信网络是实现配电自动化系统主站和配电自动化终端之间数据传输、馈线自动化功能、信息交互的关键所在，建设高速、双向、集成的通信系统是实现配电自动化系统安全稳定运行的基础，是建设坚强智能配电网的主要内容之一。配电自动化系统典型通信系统架构如图 1-16 所示。

（二）配电终端通信接入网

配电自动化系统终端通信接入网主要包括光纤专网、配电线载波、无线专网和无线公网等多种方式，应因地制宜，综合采用多种通信方式，并支持 SDH、工业以太网与无源光网络混合组网通信。

随着现代通信技术的快速发展，配电自动化系统可选择的通信技术种类繁多。按通信介质来进行划分，配电自动化系统接入层通信网络安装传输介质可划分为无线通信和有线通信两大类。其中，有线通信技术主要包括光纤通信技术、中压电力线载波通信等；无线通信技术可分为无线公网、无线专网和无线传感器网络等，无线公网通信方式是指租用无线运营商的通信资源，包括 GPRS/CDMA/3G，以及目前新型的 4G 通信网络；无线专网通信方式是指供电企业自建无线通信网络，包括 WiMax、McWill、数控电台、LTE 等通信方式。

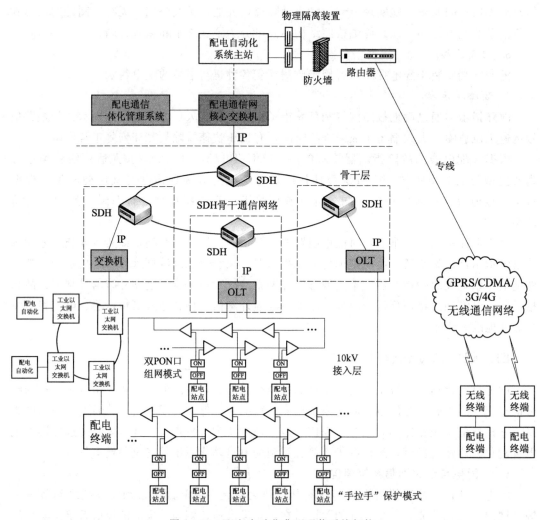

图 1-16　配电自动化典型通信系统架构

五、配电自动化运维管理

配电自动化系统在不同的运行环节，有着不同目标以及不同内容的监督管理内容。从全寿命周期环节的角度来看主要分为系统出厂、安装调试、工程竣工以及实用化应用等 4 个主要阶段，相应的验收工作称为工厂验收、现场验收以及工程化验收和实用化验收。技术验收工作应按阶段顺序进行，前一阶段验收合格通过后，方可进行下一阶段验收工作。验收工作应坚持科学、严谨的态度，验收测试人员应具备相应的专业技术水平，使用专业的测试仪器和测试工具，并做好验收测试和验收记录。

　　工厂验收与现场验收由工程建设方组织，主要包括建设单位、运维单位、技术监督部门，共同对配电主站、配电终端、配电通信系统等环节以及配电自动化系统整体进行监督测试与检查，目的是为确保配电自动化工程建设质量，其测试记录是配电自动化系统后期在实际运行维护中缺陷和隐患处理的重要依据，是系统功能完善和深化应用的数据源头和理论支撑。

　　工程化验收和实用化验收由电力企业组织，目的是保障配电自动化系统的建设水平和实用化应用效果。工程化验收主要指依据批复的配电自动化建设改造技术方案，对项目承担单位建成的配电自动化项目进行的监督检查，内容包括管理体系、技术体系、运维体系、验收资料等。实用化验收主要指对已通过工程化验收，且经过试运行半年以上的配电自动化系统应用情况与运维水平进行的技术监督与检查，内容包括项目资料、运维体系、考核指标、实用化应用等。

第二章

配电自动化基本工作知识

模块 1 常用仪器、仪表使用

【学习目标】
（1）了解配电网中常用的仪器、仪表及其分类。
（2）熟悉配电网中常用仪器、仪表的主要功能和应用场合。
（3）掌握几种典型仪器、仪表的使用方法。

【知识点】

配电网中常用的仪器、仪表，主要包括万用表、网络测试仪、光功率计、故障指示器测试仪、钳形电流表、绝缘电阻测试仪、接地电阻测试仪、继保测试仪、配电终端测试仪器等。配电网主站运维人员应着重掌握万用表、网络测试仪、光功率计、故障指示器测试仪的使用；配电网终端运维人员应着重掌握钳形电流表、绝缘电阻测试仪、接地电阻测试仪、继保测试仪、配电终端测试仪的使用。本节将对它们的功能、使用方法和使用注意事项分别进行介绍。

一、配电网中常用仪表

（一）万用表

1. 指针式万用表

指针式万用表如图 2-1 所示，主要由表头、测量线路、转换开关、零欧姆调节旋钮、机械零位调节螺钉五部分组成。

指针式万用表使用注意事项：使用前，应注意检查表计是否完好，接线是否正确，并将表头指针调零；测量前，应根据待测电量的项目类型和预估值大小，将转换开关旋至合适的量程。当待测量无法预估时，通常按照表计档位倍率由高到低原则改变。切换量程时，注意先断开表笔，换挡后再测量，以免表计受损；测量时，禁止用手触摸表笔的金属部分，这样不仅可以让测量数据更准确，还可以保证不被电伤；测量完毕后，应将旋转开关调节至最高交流电压挡，部分万用表（如 500 型）应将转换开关调节至标有".的空挡位置。如果长时间不用的万用表建议将表内电池取出，以防电池受潮腐蚀。

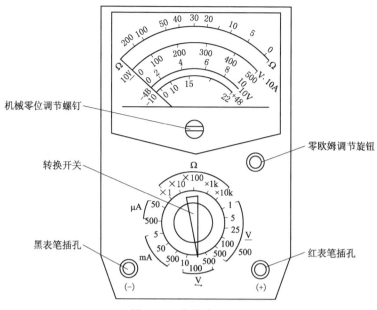

图 2-1　指针式万用表

2. 数字式万用表

数字式万用表通常具备电流、电压、电阻测量等功能，下面将以图 2-2 所示万用表为例，对数字式万用表的使用方法及注意事项进行介绍。

（1）万用表各挡位含义。

1）"HOLD"按键为保持当前读数，重复按压则取消保持；

2）"RANGE"按键为手动量程及自动量程切换键，万用表默认为自动量程，屏幕显示"AutoRange"标识，按下此键，可以切换为手动量程，手动量程时，按压此键可以实现高低量程循环切换，按压并保持 2s，退出手动模式；

3）"黄色"按键为选择电阻模式，按下黄色按钮 2 次，可以激活通断性蜂鸣器，当电阻低于 50Ω 时，蜂鸣器发出响声表明短路，如果万用表读数为 0L，则表示断路；

图 2-2　数字式万用表

4）插孔"A"用于交流电和直流电电流测量的输入端子；

5）插孔 mA/μA 用于交流电和直流电毫安或微安测量；

6）插孔 COM 用于所有测量的公共接线端，即接黑表笔；

7）插孔 VΩ 用于电压、电阻、通断性、二极管、电容测量。

（2）万用表使用方法。

1）万用表测量交流和直流电压。为最大限度减少交流或交直流混合电压部件内的未知电压读数错误，应首先选用万用表上的交流电压功能，同时注意记录产生正确测量结果所在的交流量程。然后，手动选择直流电压功能，使直流量程等于或高于前边的交流量程。该过程能最大限度降低交流瞬变所带来的影响，确保准确测量直流。测量时，首先将转换开关转到 $\widetilde{\mathrm{V}}$ 或 $\overline{\mathrm{V}}$、$\overline{\mathrm{mV}}$，选择交流电或直流电压挡；将红笔测试导线插入 $\mathrm{V\Omega^{\mathbb{C}}}$ 端子，并将黑色测试导线插入 COM 端子；用探针接触待测点，记录读数。注意：手动选择量程是进入 400mV 量程的唯一方式。

2）测量交流或直流电流。测量时应注意选择合适的量程，首先调节转换开关至 $\widetilde{\overline{\mathrm{A}}}$（量程 0～10A）、$\widetilde{\overline{\mathrm{mV}}}$（量程 0～400mA）或 $\widetilde{\overline{\mathrm{mV}}}$（量程 0～4000μA）；按下"黄色"按键进行交直流切换；根据量程将红色表笔接入 A、mA、μA 端子，黑色接至 COM 端子；断开待测电路，将测量表笔衔接端口，并记录示数。

3）测量电阻。在测量电阻时，为避免电击或损坏万用表，应确保待测电路已断电，电容器已充分放电。首先，将转换开关转至 $\overline{\Omega}$，将红色测试笔导线插入 $\mathrm{V\Omega^{\mathbb{C}}}$ 端子，并将黑表笔导线插入 COM 端子；将探针接触待测点，记录测量值。

4）测量二极管。二极管测量与电阻测量表笔接线一致，不同点是二极管测量需要按下"黄色"按键一次，启动二极管测试；红、黑表笔依次接触二极管的正、负极。

5）测量电容。用万用表测量电容器前，应对电容器充分放电。测量时，将旋转开关转至 $\dashv\vdash$，红、黑表笔依次插入 $\mathrm{V\Omega^{\mathbb{C}}}$、COM 端子；将探针接触电容引脚待读数稳定后，记录电容值。

（3）万用表使用注意事项：

1）使用前的检查及准备。使用前应检查机壳是否完好；检查测试笔的绝缘是否损坏或表笔金属部分是否裸露在外；检查测试笔导通性；用万用表测量已知的电压，确保万用表测量正常。

2）使用注意事项。勿在连接端子之间或任何端子与地之间施加高于仪表额定值的电压；对 30V 交流、60V 直流及以上的电压进行测量时，应格外小心，避免电击危险；测量时应选择合适的接线端子、功能和量程；进行连接时，先连接公共测试表笔，再连接带电的测试表笔，切断连接时，顺序相反；测量电阻、通断性、二极管或电容前，应首先切断电源并把所有的高压电容器充分放电；使用完毕后，将万用表转至"OFF"处，关闭万用表。

（二）钳形电流表

1. 钳形电流表结构及功能介绍

钳形电流表又称为钳表，是电机运行和维修工作中最常用的测量仪表之一，能在不切断电路的情况下测量电路中的电流，如图 2-3 所示。

钳形表可以通过转换开关的拨挡，改换不同的量程。但拨挡时不允许带电进行操作。钳形表一般准确度不高，通常为 2.5～5 级。为了使用方便，表内还有不同量程的转换开关供测量不同等级电流以及测量电压的功能。

2. 钳形电流表的使用

（1）使用前进行外观检查和机械调零。

（2）估计被测电流大小，选择合适量程。

（3）若无法估计，应从最大量程开始测量，逐步变换。

（4）测量时，将被测支路导线置于钳口中央，当指针稳定时，进行读数。

3. 使用注意事项

（1）被测线路的电压要低于钳表的额定电压。

（2）测高压线路电流时，要戴绝缘手套，穿绝缘鞋，站在绝缘垫上。

（3）钳口要闭合紧密，不能带电换量程。

（三）光功率计

光功率计（optical power meter）是指用于测量绝对光功率或通过一段光纤的光功率相对损耗的仪器。在光纤系统中，测量光功率是最基本的，非常像电子学中的万用表；在光纤测量中，光功率计是重负荷常用表。通过测量发射端机或光网络的绝对功率，一台光功率计就能够评价光端设备的性能。用光功率计与稳定光源组合使用，则能够测量连接损耗、检验连续性，并帮助评估光纤链路传输质量。以图 2-4 所示的光功率计为例进行介绍。

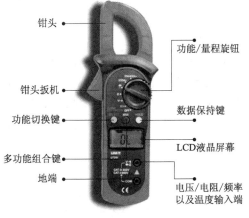

图 2-3 钳形电流表

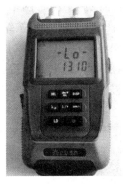

图 2-4 光功率计

1. 光功率计按键说明

（1）DET 删除数据键：删除测量过的数据。

（2）dBm/WREL 键：测量结果的单位转换，每按一次此键，显示方式在"W"和"dBm"之间切换。

（3）λ_{LD} 键：作为光源模式时，1310mm 和 1550mm 波长转换，常用 1310mm。

（4）$\lambda/+$ 键：6 个基准校准点切换，有 6 个基本波长校准点：850nm、1300nm、1310nm、1490nm、1550nm、1625nm。

（5）SAVE/- 键：储存测量数据。

（6）LD 键：光功率计与光源模式转换。

（7）POWER 键：电源开关。

2. 光功率计使用方法及注意事项

（1）光功率计的 IN 口代表输入口，在光功率计的接受模式下使用此口。

（2）光功率计的 OUT 口代表输出口，在光功率计的光源模式下使用此口。

（3）任何情况下不要眼睛直视光功率计的激光输出口，对端接入光传输设备同样不要用眼睛直视光源，这样做会造成永久性视觉烧伤。

（4）装电池的光功率计长期不用应取出电池，可充电的光功率计每个月必须充放电一次。

（5）使用时保护好陶瓷头，每三个月用酒精棉清洁陶瓷头一次。

3. 选择光功率计的注意事项

（1）选择最优的探头类型和接口类型。

（2）评价校准精度和制造校准程序，与光纤和接头要求范围相匹配。

（3）确定这些型号与测量范围和显示分辨率相一致。

（4）具备直接插入损耗测量的 dB 功能。

二、配电网中常用仪器

（一）网络测试仪

1. 网络测试仪功能介绍

网络测试仪通常也称专业网络测试仪或网络检测仪，是一种可以检测 OSI 模型定义的物理层、数据链路层、网络层运行状况的便携式可视的智能检测设备，主要适用于局域网故障检测、维护和综合布线施工中，网络测试仪的功能涵盖物理层、数据链路层和网络层。常用的网络测试仪如图 2-5 所示，按结构可划分为两部分，即主测试端（体积大的部分）、远程测试端（体积小的部分）；按功能可划分为测试开关指示灯、电源开关、屏幕灯、测试仪正常指示灯四部分。其中，电源控制开关又可分为"OFF"关闭按钮、"ON"快速测试按钮和"S"缓慢测试按钮。三个测试插口如图 2-5（b）所示，可以分为网线插口和电话线插口。

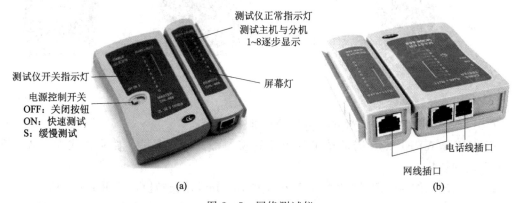

图 2-5　网络测试仪

2. 网络测试仪的使用

常用网线接线标准。网线有两种做法，一种是交叉线，一种是平行（直通）线。交叉线的做法是：一头采用 T568A 标准，一头采用 T568B 标准。平行（直通）线的做法是：两头同为 T568A 标准或 T568B 标准，一般用到的都是 T568B 平行（直通）线的做法。T568A 和 T568B 的网线顺序如下：T568B 标准，顺序为橙白 1，橙 2，绿白 3，蓝 4，蓝白 5，绿 6，棕白 7，棕 8；T568A 标准，顺序为绿白 3，绿 6，橙白 1，蓝 4，蓝白 5，橙 2，棕白 7，棕 8。

网线测试及故障判断。网络连线测试中主要可以分为直通连线的测试和交错连线测试，网络连线常出现的故障主要包括导线短路和导线断路两种故障。测试时首先将网线两端的水晶头分别插入主测试仪端和远程测试仪端的 RJ45 端口,并将电源开关拨到"ON"或"S"挡,这时主测试仪端和远程测试端的指示头就应该逐个闪烁。

(1) 直通线的测试。测试直通连线时,主测试仪和远程测试端的指示灯应该按照从 1 到 8 的顺序逐个闪烁。如果按此显示则说明直通线的连通没问题,否则需要重新连线。

(2) 交错连线测试。测试交错连线时,主测试仪的指示灯也应该从 1 到 8 的顺序逐个闪烁,而远程测试端的指示灯应该按照 3、6、1、4、5、2、7、8 的顺序逐个闪烁,否则说明交错连线连通有问题。

(3) 导线断路或断路测试。当出现断线故障时,主测试仪和远程测试端将出现部分(断 1～6 根) 或全部 (断 7 或 8 根) 指示灯同时不亮。当线路出现短路时,主测试仪指示灯按照 1 到 8 的顺序逐个闪烁,而远程测试端将出现两根同时闪烁 (两根导线短路) 或多根不亮现象 (3 根及以上导线短路)。

3．网络测试仪使用注意事项

(1) 测配线架和墙座模块,需用 2 根匹配跳线引到测试仪上。

(2) 网线插入检测仪时,要先将水晶头金属触点上的污物、锈渍处理干净,再将其插入接入口内。

(3) 如果多次制作,测线仪显示还未通,那就需要检查测线仪是否损坏或者是否没电。

(二) 故障指示器测试仪

故障指示器测试仪通过模拟馈电线路典型短路和单相接地故障时故障分支和非故障分支的电流、电压特征,对故障指示器进行功能测试和性能评估。系统以毫秒为时间单位,可以设置任一时间点上电压和电流的有效值,也可以在一段时间段内设置电压、电流缓慢变化、骤升、骤降,用户还可以参考实际电网故障的录波数据,设置出模拟故障的电压、电流变化过程。仪器可以保存几种不同的测试方案,可以直接使用快捷键一键操作,完成故障指示器的检定。

1．故障指示器测试仪操作顺序

以图 2-6 所示故障指示器测试仪操作界面为例,介绍故障指示器使用方法。

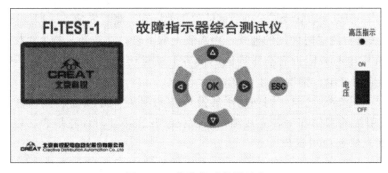

图 2-6　故障指示器测试仪

(1) 挂好故障指示器。

(2) 测试台上电。

(3) 高压开关拨到"ON"位置。

(4) 操作按键设定测试台输出波形。

（5）运行完毕后，高压开关拨到"OFF"位置。

（6）摘下故障指示器。

（7）测试台断电。

2. 使用注意事项

（1）测试过程中不要用手触摸测试柄，以防发生触电。

（2）测试完成后，应首先关闭测试开关，后取下故障指示器。

（三）绝缘电阻测试仪

1. 手摇式绝缘电阻测试仪

手摇式绝缘电阻测试仪又称兆欧表，俗称摇表、高阻计等，如图2-7所示。绝缘电阻

测试仪是大量应用于电力网、站和用电设备绝缘电阻的检测仪表，对保证产品质量和运行中的设备和人身安全具有重要意义。

（1）使用方法。

对待测电器充分放电后，将"L""E"端子分别与待测体及大地连接，"G"端子可靠接地；由慢而快转动兆欧表，最终保持转速均匀稳定（一般普通摇表转速为120r/min左右）；当摇表的发电机转速及表盘上指针稳定后，这时表针指示的数值就是所测得的绝缘电阻值。

（2）注意事项。

1）测量前应先将摇表（兆欧表）进行一次开路和短路试验，检查摇表是否良好。若将两连接线开路，轻轻摇动手柄，指针应指在"∞"处，这时如再把两连接线短接一下，指针应在"0"处，说明摇表是良好的，否则说明摇表有误差。

2）被测设备应断开电源，对于电容设备还应充分放电，以保证人身安全和测量准确。

图2-7　手摇式绝缘电阻测试仪

3）测量电容较大的电机、变压器、电缆、电容器时，应有一定的充电时间，且容量越大，充电时间越长，一般以摇表转动一分钟后的读数作为标准。测量完成要立即进行放电，以保安全。放电的方法是将测量时使用的地线，由摇表上取下来，在被测量物上短接一下即可。

4）禁止在雷电时或附近有高压导体的设备上测量绝缘，只有在设备不带电又不可能受其他电源感应而带电的情况下才可测量。

5）摇表未停止转动之前，切勿用手触及设备的测量部分或摇表接线柱。拆线时，也不可直接触及引线的裸露部分，完成测量后应先断开连接，再停止摇表，以免损毁表计。

2. 数字式绝缘电阻测试仪

数字式绝缘电阻测试仪（图2-8）与手摇式绝缘电阻测试仪类似，产生外加电压的方式不同。当连接好测量电路后，数字式绝缘电阻测试仪只需根据被测设备耐压水平，通过旋转电压调节旋钮选择合适电压后，打开电源键便可以进行绝缘测试，待仪器LED屏示数稳定后记录数据。此外，其使用注意事项与手摇式类似，不再另加说明。

（四）接地电阻测试仪

接地电阻测试仪是电力工程建设、运行和维修工作中的一种常用仪表，主要用来测量

电气设备外壳或建筑物避雷设备的接地电阻。接地电阻测试仪分为手摇式接地电阻测试仪和数字式接地电阻测试仪。

1. 手摇式接地电阻测试仪

以图 2-9 所示 ZC-8 型手摇式接地电阻测试仪为例，介绍手摇式接地电阻测试仪相关要求、测量方法及注意事项。

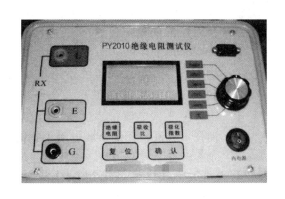

图 2-8　数字式绝缘电阻测试仪

图 2-9　ZC-8 型手摇式接地电阻测试仪

（1）接地电阻测试要求：

1）交流工作接地，接地电阻不应大于 4Ω；

2）安全工作接地，接地电阻不应大于 4Ω；

3）直流工作接地，接地电阻应按系统具体要求确定；

4）防雷保护地的接地电阻不应大于 10Ω；

5）对于屏蔽系统如果采用联合接地时，接地电阻不应大于 1Ω。

（2）测量方法：

1）按照接地电阻测试要求，首先在待测接地体一侧 20m、40m 处分别打入两根钢针 P、C 作为辅助电极，两探针应保持 20m 的距离；

2）将接地体 E、辅助接地体 P、C 分别与表计 P_2、P_1、C_2 端子相连接；

3）测量前，接地电阻挡位旋钮应旋在最大挡位，即 ×10 挡位，调节接地电阻值旋钮应放置在 6～7Ω 位置；

4）缓慢转动手柄，调节挡位旋钮使得表计指针归零后，逐渐加速并稳定至 120r/min，并记录参数。

（3）测量注意事项

1）两插针设置的土质必须坚实，不能设置在泥地、回填土、树根旁、草丛等位置；

2）雨后连续 7 个晴天后才能进行接地电阻的测试；

3）待测接地体应先进行除锈等处理，以保证电气连接可靠；

4）当检流表指针缓慢移到 0 平衡点时，才能加速仪表发电机的手柄；

5）雷雨天气时不能测量接地体电阻；

6）测量时应将接地体退出运行，并拆除连接螺栓，表计尽量选择电磁干扰小的地方。

2. 数字式接地电阻测试仪

数字式接地电阻测试仪又称智能接地电阻测试仪，如图 2-10 所示，是一种采用先进的计算机技术、电源技术和弱信号检测技术，用于测量各种装置接地电阻以及测量低电阻

图 2-10　数字式接地电阻测试仪

导体阻值的一种测试仪器。其与手摇式接地电阻测量仪的工作原理和输出端钮相同，不同的是产生交变电流的方法、数据处理的手段和显示的形式。数字式接地电阻测量仪与传统手摇式接地电阻测量仪相比的优点在于：①不用人力做功产生测试电流；②检测方法和数据处理技术先进；③抗杂散电流干扰能力强；④数字显示直观清晰；⑤测量准确度高。

数字式接地电阻测试仪与手摇式接地电阻测试仪接线方式类似，不同之处是数字式接地电阻测试仪在选择好挡位以后，只需按下"ON"开关即可从测量仪 LCD 屏读取接地电阻值。其操作更为方便。

（五）继电保护测试仪

继电保护测试仪（Relay Protection Tester），简称继保测试仪，是新一代性价比高、测量精度准的产品。现代微机继电保护测试仪可分为两种形式，一种是采用传统的 OCL（Output Capcitor Less）功放，体积大，重量在 25kg 左右，比较笨重，功放管工作在放大区，时间长了容易损坏，且动态范围窄，精度不高。另一种是采用开关电源，功放采用数字功放，体积小、重量轻、效率高，是继电保护测试仪的发展方向。

1. 功能介绍

继电保护测试仪可对各类型电压、电流、频率、功率、阻抗、谐波、差动、同期等继电器以手动或自动方式进行测试，可模拟各种故障类型进行距离、零序保护装置定值校验和保护装置的整组试验，可自动扫描微机和数字型变压器、发变组差动保护比率制动曲线，具备 GPS 触发功能，是保证电力系统安全可靠运行的一种重要测试工具。

2. 微机型继电保护测试仪的主要特点

（1）图 2-11 所示为微机型继电保护测试仪，采用经典的 WindowsXP 操作界面，人机界面友好，配备有超薄型工业键盘和光电鼠标，可以像操作普通 PC 机一样通过键盘或鼠标完成各种操作。

（2）配备有外接 USB 接口，可以方便地进行数据存取和软件维护。

（3）无需外接其他设备即可以完成所有项目的测试，自动显示、记录测试数据，完成矢量图和特性曲线的描绘。

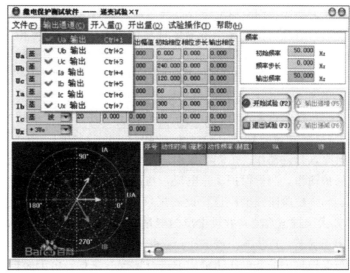

图 2-11　继电保护测试仪

（4）采用高性能 D/A 转换器，产生的波形精度高、线性好，并且具备良好的瞬态响应和幅频特性。在整个测量范围内都能保证波形精度等指标要求。

（5）采用独特的算法，产生的波形精确，完全不同于曲线拟合的波形产生方法，保证信号为纯正的正弦波。

（6）可直接输出交流电压、交流电流、直流电压、直流电流，可变幅值、相位、频率以及 2～40 次谐波。

3. 试验方法

继保测试仪具有比较强大的输入、输出以及校验能力，可用于交流电压/电流/反时限电流继电器校验、直流电压/电流继电器校验、时间继电器校验、功率继电器校验、差动继电器校验等。对于配电自动化方向而言，最常用的功能是通过继保测试仪向保护所在电路施加特定电压或注入特定电流，进而检验保护整定、闭锁是否正常或者三遥信号是否正常。下边将以微机保护的测试为例进行试验介绍。

为论述方便，假设某保护的定值为：过流 5A；低电压闭锁值 60V；负序电压 6V。当微机保护与测试仪接线时，无论使用哪个软件模块对微机保护装置进行测试，均应将 U_a、U_b、U_c、U_n、I_a、I_b、I_c、I_n 分别接入微机保护装置的电压、电流输入回路的相应端子中；将保护装置的跳闸出口（或跳 A、跳 B、跳 C）和重合闸出口接至测试仪开入 TA（或 TB、TC、TD）和开入 TE 端子中，保护出口公共端（+KM）接至测试仪开入公共端 TN。

（1）检查接线情况。测试仪三相电压 U_A、U_B、U_C 应分别接保护三相电压的输入端；测试仪的 I_A 接保护某一相电流的输入端，比如 A 相；测试仪的开入量端子 TA 和公共端 TN 应分别接至保护跳闸接点的两端，保护为有源接点时，还应保证测试仪的公共端 TN 接保护的正电源端。值得注意的是，有的保护的负序电压和低电压由不同的电压端子接入，因此，在进行下面"检验闭锁电压值"和"检验负序电压值"测试时应分别接线。

（2）检查保护的定值中，复合电压闭锁过流功能应投入。如果测试时是让保护的 Ⅱ 段过流保护动作，则至少应保证Ⅱ段过流的复合电压闭锁过流功能应投入。

（3）检验闭锁情况。由测试仪输出线电压70V（单相电压为40.4V，三相电压U_A、U_B、U_C的相位分别为0&ordm、240&ordm、120&ordm），大于闭锁电压60V，保护处于闭锁状态。由测试仪输出相电流，初始值为3A，步长为0.1A，逐步增大相电流值至7A，检验保护应不动作。

（4）检验过流定值。由测试仪输出线电压50V（单相电压为28.8V，三相电压U_A、U_B、U_C的相位分别为0&ordm、240&ordm、120&ordm），小于闭锁电压60V，保护闭锁解除，允许动作。由测试仪输出相电流，初始值为3A，步长为0.1A，逐步增大相电流至保护动作，测得保护动作电流，与保护整定的过流定值进行比较。

（5）检验闭锁电压值。设测试仪输出的初始电压70V，大于闭锁电压；初始电流为7A，大于过流定值，并设电压为变量，三相电压的步长均为0.1V。开始试验后，保护处于闭锁状态。逐步减小线电压至保护动作，测得保护动作电压，将此时测试仪输出的线电压与保护整定的低电压闭锁定值进行比较。注意：由于保护由闭锁状态到闭锁解除有一定的延时，为保证测试的准确性，手动减小电压时，在接近保护动作前，每减小一个步长应停留足够时间等待保护动作。

（6）检验负序电压值。由于整定的负序电压值较低电压闭锁值小，为防止干扰，试验前先将保护的低电压闭锁值整定为3V，小于负序电压。设测试仪输出的初始负序线电压为4V（单相电压为2.3V，将三相电压的相位改为0&ordm、120&ordm、240&ordm即可），小于整定的负序电压；初始电流为7A，大于过流定值，并设电压为变量，步长为0.1V（电压U_A、U_B、U_C的步长应相同）。开始试验后，保护不动作。逐步增大线电压至保护动作，测得保护动作电压，与保护整定的负序电压定值进行比较。

4. 使用注意事项

（1）继保测试仪属于精密仪器，使用搬运过程中应轻拿轻放。

（2）继保测试仪在使用时，应避免强制关机以免损坏仪器。

（3）为了安全起见，仪器与继电器在接线时不要打开电源开关，待检查接线无误后再打开电源开关。

（4）为了保障仪器的准确度，请在做试验前预热5~10min。

（5）测量触点动作时间时，加入额定值后应将毫秒表清零。

（6）各输出电源间不能短路，触点端子不能与输出电源短路，以免损坏仪器。

（7）试验完毕，拆除接线前，请先关掉仪器电源。

（六）配电自动化终端测试仪器

配电自动化终端测试系统由配电自动化终端测试仪以及配网自动化终端自动测试软件组成，能够实现对配电自动化终端的全自动闭环测试。其功能主要实现对馈线终端（FTU）、站所终端（DTU）和配变终端（TTU）进行全自动化测试，并支持多台测试仪组成配网自动化测试系统，实现对组网FA逻辑测试。可以大大提高运检人员检测配电自动化终端的工作效率，缩短配电自动化终端从仓库联调到上线运行的时间。以图2-12所示配电终端测试仪为例进行介绍。

配电自动化终端测试仪通常由交流量输出模块、规约应答模块、工控机模块、控制中心构成，如图 2-13 所示。

1. 配电自动化终端测试仪的主要功能

（1）仓库联调阶段：配合配电终端系统参数下装；全自动完成系统功能测试和性能测试；自动生成配电终端测试报告。

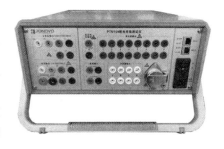

图 2-12　配电终端测试仪

（2）上线测试阶段：配电终端系统参数重新校对；配电终端安装问题排查（通过设备功能测试排查设备功能问题）；配电终端问题排查报告生成。

（3）定期巡检阶段：配电终端设备损耗测试（电池测试），设备灵敏度测试（三遥即时率，故障信息及时率）；配电终端系统功能精度差异性报告生成。

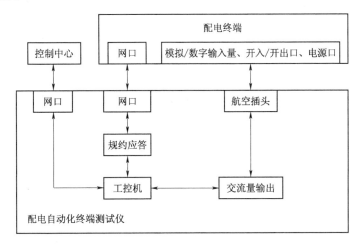

图 2-13　配电自动化终端测试仪结构

2. 配电自动化终端测试仪各模块主要功能

（1）交流量输出模块：负责输出测试中要求的电压、电流、相位角、有功、无功、功率因数、频率、谐波分量、开入/开出信号等交流量和直流量。

（2）规约应答模块：通过有线通信方式实现信息交互功能和规约的解析功能。

（3）工控机模块：负责根据生成测试方案，启动测试流程，测试结果评判及测试报告生成。

（4）控制中心：负责向终端测试仪下发设备点号和系统参数；实时监控终端测试仪测试过程；存储终端测试仪测试报告并打印测试报告，提供测试过程中的人机交互界面。

3. 测试流程

本测试流程为配电自动化终端测试仪同时连接 6 台 FTU（或者 1 台 6 回路 DTU），下装完成 FTU（DTU）配置参数后，对所连接 FTU（DTU）进行同时测试。测试流程如图 2-14 所示。待所有待测设备测试完成后，形成所测终端设备测试报告。

（1）在进行仓库联调时，提前将设备参数下装到待测终端中，进行性能测试，测试完成后生成测试报告。

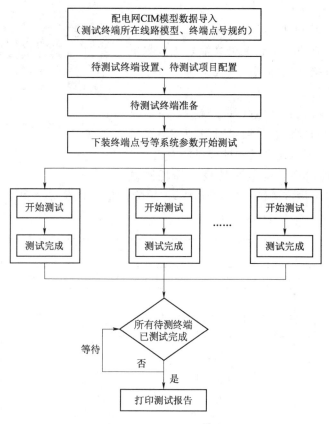

图 2-14　测试流程图

（2）在进行上线测试时，终端测试仪验证终端点号，结合配电终端铭牌进行待测终端系统参数对比分析，排除 CIM 模型设备通信点号不正确情况，对系统参数不正确的待测终端进行系统参数下装更新，进行指定功能测试验证，生成测试报告。

4. 使用注意事项

（1）使用时注意轻拿轻放，保存时应注意防潮及机械损伤。

（2）使用时应认真核对试验接线，并设置合理的输入输出值以免损坏仪器或配电终端设备仪表。

（3）使用前应详细阅读使用说明书。

模块 2　常用工器具使用

【学习目标】

（1）掌握常用工器具的作用。

（2）掌握常用工器具的使用方法。

（3）掌握常用工器具使用中的注意事项。

【知识点】

配网自动化运维人员作业现场使用的工器具分为两类，一类是安全帽、绝缘手套、验电笔、静电手环等常用安全工器具，另一类是多功能剥线钳、电缆剥皮器、螺丝刀、水晶头压线钳等现场施工作业工器具。作业人员必须熟练掌握安全工器具的使用方法和注意事项，确保现场作业人员的人身安全，避免各类人身意外事件的发生。对各类作业工具应熟练使用，并掌握其使用中要领和注意事项，提高工作效率并确保施工和检修质量，使配网自动化设备保持在最佳运行状态。

一、安全工器具

（一）安全帽

安全帽是施工作业人员必须正确佩戴和使用的防止冲击物伤害头部的个人劳动防护用品，由帽壳、帽衬、下颊带和后箍组成。打击物的冲击和穿刺动能主要由帽壳承受；帽壳呈半球形，坚固、光滑并具有一定弹性；安全帽顶部设计有顶筋，起到了增强壳体顶部强度的作用，在外力冲击下，安全帽不易破损或出现裂纹。帽壳和帽衬之间留有一定空间，可缓冲、分散瞬时冲击力，从而避免或减轻对头部的直接伤害。合格的安全帽必须满足冲击吸性性能、耐穿刺性能、侧向刚性、电绝缘性、阻燃性等方面的基本技术性能的要求。

安全帽的主要作用是当作业人员受到高处坠落物、硬质物体的冲击或挤压时，减少冲击力，消除或减轻其对人体头部的伤害。在冲击过程中，从坠落物接触头部开始的瞬间，到坠落物离开帽壳为止。安全帽的主要部件帽壳和帽衬首先将冲击力分解，然后通过各个部分的变形作用将大部分冲击力吸收，使最终作用在人体头部的冲击力减弱，从而起到保护作用。

1. 来自作业现场可能对头部造成伤害的情况

（1）作业现场各种意外飞来或坠落的物体撞击作业人员的头部。

（2）作业人员意外从 2m 及以上的高处坠落过程中可能对头部造成的各种冲击或挤压。

（3）作业人员头部可能意外触及带电体时。

（4）作业人员在低矮的部位行走或作业，头部有可能碰撞到尖锐、坚硬的物体时。

2. 安全帽佩戴要求

（1）佩戴安全帽前应将帽后调整带按自己头型调整到适合的位置，并仔细检查帽内缓冲层的弹性带是否系牢。

（2）戴上安全帽后，安全帽的下颌带必须扣在颌下并系牢，且下颌带的松紧度要合适。

3. 佩戴安全帽的注意事项

（1）禁止将安全帽歪戴或反戴。

（2）严禁为了透气而擅自在安全帽上开孔。

（3）禁止随意在安全帽上拆卸或添加附件。

（4）禁止使用有龟裂、下凹、裂痕、磨损以及遭受过重击的安全帽。

（5）禁止使用帽内无帽衬且仅有下颌带与帽壳连接的安全帽，禁止安全帽的帽衬紧贴帽壳（间隙应为 25～50mm）。

（6）禁止作业现场的施工人员，擅自将安全帽脱下，或将安全帽当坐垫使用。

（7）禁止佩戴超过使用有效期的安全帽（安全帽的有效期是 30 个月）。

（二）绝缘手套

绝缘手套是用绝缘橡胶经压片、模压、硫化或浸模成型的五指手套，是个体防护装备中绝缘防护的一个重要组成部分。具有足够的绝缘强度和机械强度，可使人的两手与带电物绝缘，是防止工作人员同时触及不同极性带电体而导致触电的安全防护用具。

绝缘手套有 12kV 和 5kV 两种规格。12kV 绝缘手套在 1kV 以上电压设备上工作只能作为辅助绝缘工具，不得触及带电体，在 1kV 及以下设备上工作能作为基本绝缘工具使用。5kV 绝缘手套在 250V～1kV 电压设备上作为辅助绝缘工具使用，不得触及带电体；在 250V 以下带电设备上工作时，可把它作为基本安全用具使用，用绝缘手套可直接在低压设备上进行带电作业。

绝缘手套如果使用和保管不当，在受到雨水、汗液和空气的侵蚀后，易失去弹性发生老化和粘连，导致绝缘性能和机械性能降低。因此，绝缘手套的保管和使用应满足下述要求。

1. 绝缘手套保管要求

（1）所有绝缘手套进行统一的编号，存放在那些通风干燥的地方。

（2）绝缘手套不得与带有腐蚀性的物品一起存放。

（3）绝缘手套不得存放在有阳光直射的地方。

（4）绝缘手套必须存放在专用的支架上面，其上不得堆放任何其他的物品。

2. 绝缘手套使用要求

（1）检查绝缘手套的电压等级与工作涉及的设备电压等级相符合。

（2）使用前先检查绝缘手套是否在检验合格期内。

（3）检查绝缘手套气密性良好，无漏气现象。

（4）戴上绝缘手套后上衣袖口应套入手套的筒口内。

（5）对设备进行倒闸操作、验电、装拆接地线时必须戴绝缘手套。

3. 绝缘手套的使用和保管过程中应注意事项

（1）严禁使用未经检验合格和不在检验合格期内的绝缘手套。

（2）禁止使用外观检查不合格，存在发黏、裂纹、破口、脆化等现象的绝缘手套。

（3）使用过程中应防止尖锐物体刺破绝缘手套。

（4）清除绝缘手套的污染物，可以使用肥皂及用温水对其进行洗涤。禁止使用香蕉水等有机溶剂对其进行除污，避免由此对绝缘手套的绝缘性能造成损害。

（5）绝缘手套在使用的过程中受潮，应先将其晾干，再在其上涂一些滑石粉，然后将其保存起来。

（三）验电笔

验电笔是一种常用的电工工具，被用来判断电器设备是否带电或是否存在漏电现象。所有验电笔前端均为金属探头，用来与所检测设备进行接触；后端是金属物，可能是金属挂钩，也可能是金属片，用来与人体接触。中间的绝缘管内常见的有发光的氖灯和数字显示器两种。无论何种验电笔，其基本工作原理都是相同的。

根据所测电压的不同验电笔可分为三类：检测电压在 10kV 以上的验电笔为高压验电笔；检测电压范围在 500V 以下的验电笔为低压验电笔；用于测试电压范围在 6～24V 之间的验电笔为弱电验电笔。

1. 验电笔使用方法

（1）将验电笔的绝缘部分夹在拇指和中指、无名指、小指之间（拇指在一侧，另外三个手指在另一侧），食指触摸验电笔末端的金属帽或金属夹。

（2）测试时，用验电笔的金属探头接触被测物体。同时要保证测量者的身体部分与大地接触（测试人员穿绝缘鞋或站在绝缘垫上时，需要用另一只手接触其他接地物体）。

2. 验电笔使用注意事项

（1）使用验电笔之前首先要将验电笔在有电设备上进行校验，以确定验电笔的功能是否正常。

（2）选用的验电笔测试范围必须与待测设备电压相符，禁止用验电笔测试高于适用范围的电压。

（3）使用验电笔测试时，禁止身体的任何部分触及验电笔前端的金属探头。

（4）使用验电笔时测试人员应穿绝缘鞋。

（5）测试过程中测试人员与待测设备必须保持足够的安全距离。

（四）静电手环

静电手环是一种用于泄放人体所存留的静电，以起到保护电子芯片、静电敏感装置和印刷线路板作用的小型设备。它由导电松紧带、活动按扣、弹簧 PU 线、保护电阻及插头或鳄鱼夹组成。种类分为有绳手腕带、无绳手腕带及智能防静电手腕带三种；按结构分为单回路手腕带及双回路手腕带两种。

1. 静电手环使用步骤

（1）将静电手环佩戴在手腕上并将静电手环内侧的金属片与皮肤紧密接触。

（2）在测试仪上测试静电手环是否合格可用。

（3）将静电手环的接地金属夹头夹在接地线的裸铜处。

2. 使用静电手环注意事项

（1）工作前应先将双手清洁干净并使之保持干燥，这样在接触电子元器件的时候会减少静电的产生以及对元器件的脏污。

（2）必须将静电手环的金属片与皮肤紧密接触，不能佩戴在衣服袖口的外层。

（3）不得将接地金属夹头夹在接地线的绝缘层上。

二、施工作业工器具

（一）多功能剥线钳

多功能剥线钳是一种在二次回路、仪器仪表安装检修中，作业人员剥除导线表面绝缘层的专用工具。

1. 多功能剥线钳使用要点

将导线放在多功能剥线钳的刀刃中间，选择好要剥线的长度，握住剥线钳手柄，将导线夹住；然后缓慢在多功能剥线钳手柄上加力，待导线绝缘层慢慢剥离后松开剥线钳手柄，取出导线。

2. 多功能剥线钳使用注意事项

（1）使用前应检查多功能剥线钳表面光滑、刀片锋利、钳体结实以及弹簧伸缩性良好，铆钉到位，无松动现象。

（2）必须根据导线直径，选用剥线钳与之相匹配的孔径刀口。

（3）多功能剥线钳手柄上安装的胶套是为增加使用舒适度；除非是特定的绝缘手柄，否则这些胶套不能作为基本绝缘用于带电作业。

（二）电缆剥皮器

电缆剥皮器是一种主要用于剥离电缆主绝缘层和电缆外半导层的专用工具。以下以绝缘架空导线为例，进行介绍。

1. 电缆剥皮器操作步骤

（1）调节电缆剥皮器的刀片剥削厚度调节装置，使剥皮器刀片处在 0 剥削厚度位置。

（2）根据绝缘架空导线绝缘层外径调节电缆剥皮器电缆固定装置，将导线固定在剥皮器的剥皮进刀位置。

（3）依据绝缘层厚度调节电缆剥皮器的刀片剥削厚度调节装置，使刀片的尖端恰好处在导线和绝缘层的结合位置。

（4）顺时针方向缓慢旋转电缆剥皮器，剥削绝缘架空导线绝缘层至预定长度位置。

（5）调节电缆剥皮器电缆固定装置将绝缘架空导线与剥皮器分离。

2. 电缆剥皮器操作过程中的注意事项

（1）调节电缆剥皮器，电缆固定装置固定电缆时不能固定过紧，必须保证电缆剥皮器旋转顺畅。

（2）开始剥削绝缘层时，应仔细观察刀片是否有损伤导线的现象，如有则应立即调整刀片的剥削厚度。

（3）禁止逆时针方向转动电缆剥皮器，防止对剥皮器的刀片造成损坏。

（三）螺丝刀

螺丝刀是一种手用工具，其主要作用是用来旋动头部带一字或十字的螺钉，握持的手柄通常采用木材或塑料材质制成。

1. 螺丝刀使用方法

（1）选用的螺丝刀，其刀口应与螺钉的沟槽大小相匹配，否则会在使用中损坏螺丝刀及螺钉的沟槽。

（2）螺丝刀在使用前，应将螺丝刀口和手柄的油污擦净，以免工作时滑脱。

（3）使用螺丝刀时，要以握持螺丝刀的手心抵住柄端，使螺丝刀口与螺钉沟槽垂直而吻合。开始旋松或最后旋紧时，应用力将螺丝刀压紧，再按需要方向用手腕扭转。当螺钉松动后，即可用手心轻压螺丝刀柄，再用拇指、中指和食指快速扭转。

2. 使用螺丝刀时的注意事项

（1）带电操作螺丝刀时必须使用带绝缘手柄的螺丝刀。

（2）使用螺丝刀紧固或拆卸带电的螺钉时，握持方式必须正确；使用过程中使用者的手不得触及螺丝刀的金属杆，以免发生触电事故。

（3）为了防止使用过程中螺丝刀的金属杆触及使用者的皮肤或触及相邻近带电体，使用前应在螺丝刀的金属杆上套装绝缘套管。

（4）应当选择和使用与螺钉沟槽相同且大小规格相对应的螺丝刀。

（5）禁止将螺丝刀当作錾子使用，以免损坏螺丝刀手柄或刀刃。

（6）禁止使用扳手等其他工具来增加扭力，以防损坏螺丝刀，或造成螺丝刀口和螺钉沟槽损坏而产生滑脱。

（四）水晶头压线钳

水晶头压线钳是用来压接网线水晶头的专用工具，具有剥线、剪线功能，能方便实现切断、压线、剥线等水晶头制作的各项操作。

1. 水晶头压线钳使用步骤

（1）将网线放置在水晶头压线钳的剥线刀口位置，捏紧压线钳，将网线转动一圈，压线钳往外拉，去掉网线外面的胶皮，然后清理掉填充丝线，留下芯线。

（2）将芯线按照不同的颜色有序排列，整理整齐，放到压线钳的剪线刀口，并将其剪断。

各种颜色芯线从左至右排列顺序有以下两种：

568A 标准具体为白绿，绿，白橙，蓝，白蓝，橙，白棕，棕。

568B 标准具体为白橙，橙，白绿，蓝，白蓝，绿，白棕，棕。

网线 RJ-45 接头（水晶头）排线示意图如图 2-15 所示。

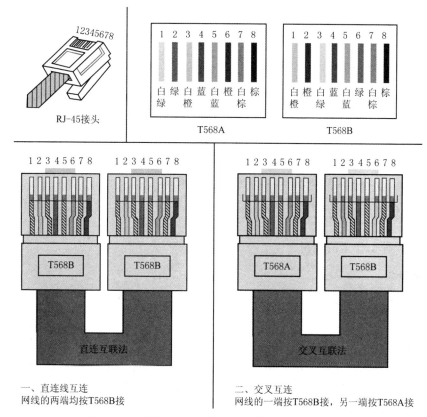

图 2-15　网线 RJ-45 接头（水晶头）排线示意图

（3）将剪好后的芯线用力插进水晶头中，注意将水晶头有金属脚针的一面朝上，塑料弹片的另一面朝下，然后将水晶头放入压线钳的压接位置，用力压紧压线钳手柄，听到轻微的"啪"声后保持 2～3s，确保芯线的外皮被压破并与水晶头的金属针脚接触良好。

（4）用专业的测试工具对网线进行测试，确保网线制作成功。

2. 水晶头压接钳使用注意事项

（1）剥去网线保护层后芯线的长度应刚好为水晶头的长度。芯线过长则保护层不能被水晶头卡住，易造成线头脱落；芯线过短则芯线不能插到水晶头底部，造成水晶头插针不能与网线芯线完好接触。

（2）芯线排列一般常用的是标准为568B，也可不按照标准排序，但是网线两端的顺序必须要相同。

（3）插入水晶头的8根芯线长度应一致，约为15mm，避免因芯线长度不一致而影响与水晶头的正常接触。

（4）芯线插入水晶头时，应缓慢用力，将8根芯线同时沿水晶头内各线槽同时插到线槽顶端。

模块 3　工作票的填写与使用

【学习目标】
（1）掌握第一种工作票的使用方法。
（2）掌握工作票的填写方法。

【知识点】

进入工作现场要根据不同的情况填写相应的工作票，在配电线路、设备上进行非电气专业工作（如电力通信工作等），也应执行工作票制度。

一、工作票的使用

（一）第一种工作票的使用

1. 使用条件

在配电工作，需要将高压线路、设备停电或做安全措施者需填写第一种工作票。

2. 应用场合

（1）一条配电线路（含线路上的设备及其分支线，下同）或同一个电气连接部分的几条配电线路或同（联）杆塔架设、同沟（槽）敷设且同时停送电的几条配电线路。

（2）不同配电线路经改造形成同一电气连接部分，且同时停送电者。

（3）同一高压配电站、开闭所内，全部停电或属于同一电压等级同时停送电、工作中不会触及带电导体的几个电气连接部分上的工作。

（4）配电变压器及与其连接的高低压配电线路、设备上同时停送电的工作。

（5）同一天在几处同类型高压配电站、开闭所、箱式变电站、柱上变压器等配电设备上依次进行的同类型停电工作。同一张工作票多点工作，工作票上的工作地点、线路名称、设备双重名称、工作任务、安全措施应填写完整。不同工作地点的工作应分栏填写。

（二）第二种工作票的使用

1. 使用条件

高压配电（含相关场所及二次系统）工作，与邻近带电高压线路或设备的距离大于表2-1规定，不需要将高压线路、设备停电做安全措施。

表 2-1　　　　　　　　　　　　高压线路安全距离

电压等级/kV	安全距离/m	电压等级/kV	安全距离/m
10 及以下	0.7	±50	1.5
20、35	1.0	±400	7.2
60、110	1.5	±500	6.8
220	3.0	±660	9.0
330	4.0	±800	10.1
500	5.0		
750	8.0		
1000	9.5		

注：表中未列电压应选用高一电压等级的安全距离。750kV 数据按海拔 2000m 校正，±400kV 数据按海拔 5300m 校正，其他电压等级数据按海拔 1000m 校正。

2. 应用场合

（1）同一电压等级、同类型、相同安全措施且依次进行的不同配电线路或不同工作地点上的不停电工作。

（2）同一高压配电站、开闭所内，在几个电气连接部分上依次进行的同类型不停电工作。

3. 工作票使用中的注意事项

（1）配电第一种工作票，应在工作前一天送达设备运维管理单位（包括信息系统送达）；通过传真送达的工作票，其工作许可手续应待正式工作票送到后履行。

（2）一回线路检修（施工），邻近或交叉的其他电力线路需配合停电和接地时，应在工作票中列入相应的安全措施。若配合停电线路属于其他单位，应由检修（施工）单位事先书面申请，经配合停电线路的运维管理单位同意并实施停电、验电、接地。

（3）在原工作票的停电及安全措施范围内增加工作任务时，应由工作负责人征得工作票签发人和工作许可人同意，并在工作票上增添工作项目。若需变更或增设安全措施，应填用新的工作票，并重新履行签发、许可手续。

（4）在原工作票的停电及安全措施范围内增加工作任务时，应由工作负责人征得工作票签发人和工作许可人同意，并在工作票上增添工作项目。若需变更或增设安全措施，应填用新的工作票，并重新履行签发、许可手续。变更工作负责人或增加工作任务，若工作票签发人和工作许可人无法当面办理，应通过电话联系，并在工作票登记簿和工作票上注明。

4. 工作票的有效期与延期及存档

（1）配电工作票的有效期，以批准的检修时间为限。批准的检修时间为调度控制中心或设备运维管理单位批准的开工至完工时间。

（2）办理工作票延期手续，应在工作票的有效期内，由工作负责人向工作许可人提出申请，得到同意后给予办理；不需要办理许可手续的配电第二种工作票，由工作负责人向工作票签发人提出申请，得到同意后给予办理。工作票只能延期一次。延期手续应记录在工作票上。

（3）已终结的工作票至少应保存1年。

5. 工作票执行流程

工作票的执行流程如图2-16所示。

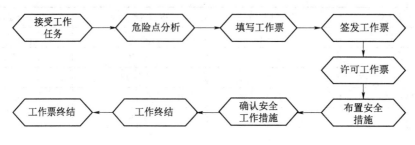

图2-16　工作票的执行流程

二、工作票的填写

（一）填写方式

1. 手工票填写

采用手工方式填写时，应用黑色或蓝色的钢（水）笔或圆珠笔填写和签发，至少一式两份。工作票票面上的时间、工作地点、线路名称、设备双重名称（即设备名称和编号）、动词、压板、插头；操作"动词"："拉开""合上""开""关""启""停""送"等关键字不得涂改。若有个别错、漏字需要修改、补充时，应使用规范的符号，字迹应清楚。工作票应由工作票签发人审核，手工签发后方可执行。

2. 电子工作票填写

使用工作票系统开票时，用计算机生成或打印的工作票应使用统一的票面格式。工作票应由工作票签发人审核，电子签发后方可执行。

（二）工作票填写要求

（1）工作票由工作负责人填写，也可由工作票签发人填写。

（2）一张工作票中，工作票签发人、工作许可人和工作负责人三者不得为同一人。工作许可人中只有现场工作许可人（作为工作班成员之一，进行该工作任务所需现场操作及做安全措施者）可与工作负责人相互兼任。若相互兼任，应具备相应的资质，并履行相应的安全责任。

（3）填用配电第一种工作票的工作，应得到全部工作许可人的许可，并由工作负责人确认工作票所列当前工作所需的安全措施全部完成后，方可下令开始工作。所有许可手续（工作许可人姓名、许可方式、许可时间等）均应记录在工作票上。填用配电第二种工作票的配电线路工作，可不履行工作许可手续。

（三）第一种工作票的填写说明

第一种工作票格式见本小节后附录A。

单位名称栏：系统票填写根据用户名进入 PMS 系统生成的单位、手工票填写所在单位。

编号：系统票进入开票系统自动生成连续的编号。

手工票采用阿拉伯数字自行编写，如配 201903001 手（2019 年 3 月第一张工作票）。

（1）工作负责人：是完成工作票上所列工作任务的总负责人。单班组工作时，填写班组的工作负责人，多班组工作时，工作负责人栏填写总工作负责人，不同单位的多个班组工作时，总工作负责人由申请检修工作的单位指派人员担任。

班组：填写工作负责人所属班组全称，不得使用简称

（2）工作班人员：填写不包括工作负责人在内的工作班人员。单班组工作时，填写全部人员姓名。工作使用的临时工和民工，只填写人员数量（可以不填写姓名），共几人应为包含工作负责人、工作班人员及临时工和民工在内的所有工作人员总数。一般要求人员名字要手工签名。

（3）工作任务：一般是关于设备消缺、维护、调试、改造、安装、事故处理等。应填写具体线路名称。除应填写设备双重名称外，还应填写起止杆号、工作内容，填写工作内容应明确简洁清楚。多个工作点必须分别写出。

（4）计划工作时间项：填写调度批准的停电检修时间段。

（5）安全措施：

1）5.1 项和 5.2 项按工作的分工不同来填写，运检合一的单位，填写在工作票所列的 5.2 工作班完成的安全措施框内，对于运检分开的，要分别填写，即运行人员（或者调控下令到某个班组）填写 5.1 框内，现场检修人员填写在 5.2 框内，填写内容根据分工职责来写。

应采取的措施包括：

a. 需是工作时的要求状态，与工作现场的过去运行状态无关。

b. 填写检修状态的线路、设备名称，应断开的断路器（开关）、隔离开关（刀闸）、等，必须填写双重编号。

c. 装设的接地线一定要说明具体位置和组数，并写明编号。

d. 对于绝缘隔板、遮拦（围栏）和标识牌，在室内工作的时候，应悬挂"在此工作"标示牌，并设置遮拦，留有出入口。应在检修设备两侧、检修设备对面间隔的遮拦上、禁止通行的过道处悬挂"止步，高压危险！"标示牌，在一经合闸即可送电到工作地点的断路器（开关）和隔离开关（刀闸）的操作把手上，均悬挂"禁止合闸，有人工作！"的标示牌等。

e. 如果说明内容太多，填写不完时可以增加附页，写明"接附页"，必要时可附页绘图。

2）5.3 项工作班装设（或拆除）接地线。根据实际工作内容，在确保安全的条件下确定应装设接地线的位置和组数，应装设接地线要写明装设的具体地点，装设地点的设备须写双重名称；在同一工作地点有交叉作业的情况下，由于各小组工作内容不同，可能要求应装设接地线的地点也不同。在确保全部作业人员在地线保护范围内的原则下，工作票签发人（工作负责人）与工作许可人协商后确定应装设接地线的位置；工作票面已装设接地线（接地刀闸）的编号由工作许可人填写。

3）5.4 项配合停电线路应采取的安全措施。视现场工作情况定，如线路设备检修、

试验、清扫工作时，填写对侧接地的。对于交叉跨越线路等配停线路需挂明显标识。

4）5.5项保留或邻近的带电线路、设备。对于室内设备将带电的设备装设的遮拦，对于工作现场线路的带电部分需挂标识以划分区域。

5）5.6项其他安全措施和注意事项。以上措施不能包含的安全措施。

6）5.7项其他安全措施和注意事项补充。

a. 由工作负责人或工作许可人填写，补充一些注意事项或者安全措施。

b. 签发人的签名项必须由工作票签发人本人签名，不允许跨专业签发工作票。

c. 工作负责人的签名项须由工作票中的工作负责人签名。

（6）工作许可：工作许可是对工作票的一种确认，许可的线路或设备与工作任务项所列的一致，许可方式为下述两种：

1）当面许可。工作许可人和工作负责人应在工作票上记录许可时间，并分别签名。

2）电话许可。工作许可人和工作负责人应分别记录许可时间和双方姓名，复诵核对无误。

工作许可人的签名项须由有许可工作权并履行许可手续的值班员（含值班负责人）签名。

（7）工作任务单登记项：一个工作负责人不能同时执行多张工作票。若一张工作票下设多个小组工作，工作负责人应指定每个小组的小组负责人（监护人），并使用工作任务单，工作任务单应一式两份，由工作票签发人或工作负责人签发。工作任务单由工作负责人许可，一份由工作负责人留存，一份交小组负责人。工作结束后，由小组负责人向工作负责人办理工作结束手续。

无工作任务单可不用填写此项。

（8）现场交底：工作班成员确认工作负责人布置的工作任务、人员分工、安全措施和注意事项并签名。

此项需班组工作成员手工签名进行确认。

（9）人员变更：

1）工作负责人变动情况：手工填写工作票签发人姓名，原、现工作负责人签名。

2）工作班成员变动情况：增加、减少、变更工作班成员填写在此项。必须由工作负责人通知工作许可人后填写。

（10）工作票延期：

1）在工作票的有效期内，工作负责人向工作许可人申请办理延期手续。得到同意后给予办理。

2）工作负责人与工作许可人签名认可。

3）工作票只能延期一次。延期时间应记录在工作票上。

4）不延期的工作票本栏不填写。

（11）每日开工和收工记录：此项针对多天现场工作，在每天工作开始和结束时填写此项，使用一天的工作票不必填写。

（12）工作终结：

1）对工作班现场所装设接地线、个人保安线全部拆除。装设多少组接地线要拆除多少组，一定要核对数量。

2）工作终结报告：

a. 报告方式分当面报告、电话报告，并经复诵无误。

b. 应简明扼要，主要包括下列内容：工作负责人姓名，某线路（设备）上某处（说明起止杆塔号、分支线名称、位置称号、设备双重名称等）工作已经完工，所修项目、试验结果、设备改动情况和存在问题等，工作班自行装设的接地线已全部拆除，线路（设备）上已无本班组工作人员和遗留物。

c. 工作许可人在接到所有工作负责人（包括用户）的终结报告，并确认所有工作已完毕，所有工作人员已撤离，所有接地线已拆除，与记录簿核对无误并做好记录后，方可下令拆除各侧安全措施。

d. 由许可人在工作负责人持有工作票的盖章处加盖"工作终结"章，至此工作负责人的工作票手续全部办理完毕。

（13）备注：

1）指定专责监护人。对有触电危险、检修（施工）复杂容易发生事故的工作，应增设专责监护人，并确定其监护的人员和工作范围。专责监护人不得兼做其他工作。专责监护人临时离开时，应通知被监护人员停止工作或离开工作现场，待专责监护人回来后方可恢复工作。专责监护人需长时间离开工作现场时，应由工作负责人变更专责监护人，履行变更手续，并告知全体被监护人员。

此项要明确写出监护的地点和具体工作。并由专责监护人签名确认。

2）其他事项。

a. 填写以上 1～13.1 工作票内容未提及的有必要记录在案的事项。

b. 配电第一种工作票涵盖了配电第二种工作票，因此填写方法参照配电第一种工作票。

（四）第二种工作票填写说明

第二种工作票格式见本小节后附录 B。其内容填写参照第一种工作票。

附录 A　配电第一种工作票格式

单位＿＿＿＿＿＿＿＿＿＿　　　　　　编号＿＿＿＿＿＿＿＿＿＿

1. 工作负责人班组

2. 工作班人员（不包括工作负责人）

共＿＿＿＿＿人。

3. 工作任务

工作地点或设备［注明变（配）电站、线路名称、设备双重名称及起止杆号]	工　作　内　容

4. 计划工作时间：自_____年_____月_____日_____时_____分至_____年_____月_____日_____时_____分。

5. 安全措施［应改为检修状态的线路、设备名称，应断开的断路器（开关）、隔离开关（刀闸）、熔断器，应合上的接地刀闸，应装设的接地线、绝缘隔板、遮栏（围栏）和标识牌等，装设的接地线应明确具体位置，必要时可附页绘图说明］

5.1　调控或运维人员［变（配）电站、发电厂］应采取的安全措施	已执行

5.2　工作班完成的安全措施	已执行

5.3　工作班装设（或拆除）的接地线

线路名称或设备双重名称和装设位置	接地线编号	装设时间	拆除时间

5.4　配合停电线路应采取的安全措施	已执行

5.5　保留或邻近的带电线路、设备

_____

_____

5.6　其他安全措施和注意事项

_____

_____

工作票签发人签名：_____　_____年_____月_____日_____时_____分

工作负责人签名：_____　_____年_____月_____日_____时_____分

5.7　其他安全措施和注意事项补充（由工作负责人或工作许可人填写）

_____

_____

6. 工作许可

许可的线路或设备	许可方式	工作许可人	工作负责人签名	许可工作的时间			
				年　　月　　日　　时　　分			
				年　　月　　日　　时　　分			
				年　　月　　日　　时　　分			

7. 工作任务单登记

工作任务单编号	工作任务	小组负责人	工作许可时间	工作结束报告时间

8. 现场交底，工作班成员确认工作负责人布置的工作任务、人员分工、安全措施和注意事项并签名：

_____

_____

9. 人员变更

9.1　工作负责人变动情况：原工作负责人离去，变更为工作负责人。

工作票签发人：_____　　____年____月____日____时____分

原工作负责人签名确认：_____　　新工作负责人签名确认：_____

　　　　　　　____年　　　　月　　　　日　　　　时　　　　分

9.2　工作人员变动情况

新增人员	姓名					
	变更时间					
离开人员	姓名					
	变更时间					

工作负责人签名：_____

10. 工作票延期：有效期延长到_____年_____月_____日_____时_____分。

工作负责人签名：_____　　____年____月____日____时____分

工作许可人签名：_____　　____年____月____日____时____分

11. 每日开工和收工记录（使用一天的工作票不必填写）

收工时间	工作负责人	工作许可人	开工时间	工作许可人	工作负责人

12. 工作终结

12.1   工作班现场所装设接地线共组、个人保安线共组已全部拆除，工作班人员已全部撤离现场，材料工具已清理完毕，杆塔、设备上已无遗留物。

12.2   工作终结报告

终结的线路或设备	报告方式	工作负责人	工作许可人	终 结 报 告 时 间
				年 月 日 时 分
				年 月 日 时 分
				年 月 日 时 分
				年 月 日 时 分

13. 备注

13.1   指定专责监护人负责监护

（地点及具体工作）

13.2   其他事项

附录 B   配电第二种工作票

单位＿＿＿＿＿＿＿＿＿＿＿＿＿＿＿＿＿＿＿   编号＿＿＿＿＿＿＿＿＿＿＿＿＿＿＿＿＿＿＿

1. 工作负责人班组

2. 工作班人员（不包括工作负责人）

共＿＿＿＿＿人。

3. 工作任务

工作地点或设备［注明变（配）电站、线路名称、设备双重名称及起止杆号］	工 作 内 容

4. 计划工作时间：自＿＿＿＿＿＿年＿＿＿＿＿＿月＿＿＿＿＿＿日＿＿＿＿＿＿时＿＿＿＿＿分至＿＿＿＿＿年＿＿＿＿＿月＿＿＿＿＿日＿＿＿＿＿时＿＿＿＿＿分。

5. 工作条件和安全措施（必要时可附页绘图说明）

＿＿＿

＿＿＿

＿＿＿

工作票签发人签名：_____ _____年_____月_____日_____时_____分

工作负责人签名：_____ _____年_____月_____日_____时_____分

6. 现场补充的安全措施

_____

_____

7. 工作许可

许可的线路、设备	许可方式	工作许可人	工作负责人签名	许可工作（或开工）时间				
				年	月	日	时	分
				年	月	日	时	分

8. 现场交底，工作班成员确认工作负责人布置的工作任务、人员分工、安全措施和注意事项并签名：

_____

工作开始时间：_____年_____月_____日_____时_____分

工作负责人签名：_____

9. 工作票延期：有效期延长到_____年_____月_____日_____时_____分。

工作负责人签名：_____ _____年_____月_____日_____时_____分

工作许可人签名：_____ _____年_____月_____日_____时_____分

10. 工作完工时间：_____年_____月_____日_____时_____分

工作负责人签名：_____

11. 工作终结

11.1 工作班人员已全部撤离现场，材料工具已清理完毕，杆塔、设备上已无遗留物。

11.2 工作终结报告

终结的线路或设备	报告方式	工作负责人签名	工作许可人	终结报告（或结束）时间				
				年	月	日	时	分
				年	月	日	时	分
				年	月	日	时	分
				年	月	日	时	分

12. 备注

12.1 指定专责监护人负责监护

（地点及具体工作）

12.2 其他事项

【案例分析】

试题 10kV 昭国北线 #01～#17 杆 LGJ－120 裸铝导线更换为 JKYGLJ－240 绝缘导线。

1. 试题素材

(1) 工作任务：10kV 昭国北线 #01～#17 杆 LGJ-120 裸铝导线更换为 JKYGLJ-240 绝缘导线。

(2) 工作单位：配电运检室。说明：配电运检室的运维和检修业务采用运检分离模式。

(3) 工作班组：配电检修二班。

(4) 工作负责人：宋运鹏（配电检修二班班员）。

(5) 工作班成员：李志刚、吴奎东、史玉州、孔江、陈长虎、秦玉敬、秦强、费兆滨、卢雷远、王刚、刘祥合、秦泗星。

(6) 工作票签发人：徐传光（配电运检室专工）。

(7) 工作许可人：田利坤（配电运维一班班长）。

(8) 计划工作时间：2015 年 1 月 22 日 7：00—16：00

(9) 其他说明：

1) 停电设备：110kV 昭园站、10kV 昭国北线、10kV 昭国南线、10kV 昭北西线全线停电。

2) 作业现场条件：本工作涉及线路改造前均为裸导线；10kV 昭国南线 01#～17# 杆与 10kV 昭国北线同杆架设，面向大号侧，左线为 10kV 昭国北线，右线为 10kV 昭国南线；10kV 昭北西线 #05～#06 杆架设于 10kV 昭国北线下侧，无法装设跨越架。10kV 昭国北线、10kV 昭国南线、10kV 昭北西线全部为单电源辐射线路。施工地段位于圆中南路南侧绿化带内，#2 杆至 #3 杆间及 #8 杆至 #9 杆间跨越道路，#1 杆与 #2 杆间跨越河流。

3) 系统接线图如图 2-17 所示。

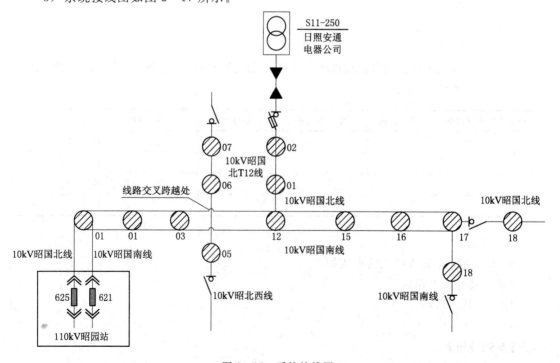

图 2-17　系统接线图

2. 答题要求

请根据所示电力线路第一种工作票找出票面上存在的错误并改正。

配 电 第 一 种 工 作 票

单位 配电运检室　　　　　　　　编号 03041501005

1. 工作负责人 宋运鹏；班组 配电检修二班

2. 工作班成员（不包括工作负责人）李志刚、吴奎东、史玉州、孔江、陈长虎、秦玉敬、秦强、费兆滨、卢雷远、王刚、刘祥合、秦泗星共 12 人。

3. 工作任务

工作地点或设备［注明变（配）电站、线路名称、设备双重名称及起止杆号］	工 作 内 容
10kV 昭国北线#01～#17 杆间线路，黑色，左线（面向小号侧）	LGJ－120 裸铝导线更换为 JKYGLJ－240 绝缘导线

4. 计划工作时间：自 2015 年 1 月 22 日 7 时 0 分至 2015 年 1 月 22 日 16 时 0 分。

5. 安全措施［应改为检修状态的线路、设备名称，应断开的断路器（开关）、隔离开关（刀闸）、熔断器，应合上的接地刀闸，应装设的接地线、绝缘隔板、遮栏（围栏）和标示牌等，装设的接地线应明确具体位置，必要时可附页绘图说明］

5.1　调控或运维人员［变（配）电站、发电厂］应采取的安全措施	已执行
（1）拉开 110kV 昭国变电站 10kV 昭国北线 625 开关，将昭国北线 625 开关小车拉至试验位置，合上昭国北线 625－D3 接地刀闸，在昭国北线 625 开关及开关小车操作把手上挂"禁止合闸，有人工作"标示牌	√
（2）拉开 110kV 昭国变电站 10kV 昭国南线 621 开关，将昭国南线 621 开关小车拉至试验位置，合上昭国南线 621－D3 接地刀闸，在昭国南线 621 开关及开关小车操作把手上挂"禁止合闸，有人工作"标示牌	√
（3）拉开 10kV 昭国北线#17 杆开关，在 10kV 昭国北线#17 杆开关操作处悬挂"禁止合闸，线路有人工作"标示牌，在 10kV 昭国北线#17 杆小号侧装设接地线一组	√
（4）拉开 10kV 昭国南线#18 杆开关，在 10kV 昭国南线#18 杆开关操作处悬挂"禁止合闸，线路有人工作"标示牌，在 10kV 昭国南线#18 杆小号侧装设接地线一组	√
（5）拉开 10kV 昭北西线#05 杆开关、#07 杆开关，在 10kV 昭北西线#05 杆、#07 杆开关操作处悬挂"禁止合闸，线路有人工作"标示牌，在 10kV 昭北西线#07 杆大号侧装设接地线一组	√
5.2　工作班完成的安全措施	已执行
（1）拉开 10kV 昭国北 T12 线#02 杆跌落式熔断器，在 10kV 昭国北 T12 线#02 杆小号侧装设接地线一组，在已拉开的 10kV 日照安通电器公司配电室配变低压侧开关及进高压侧进线开关操作把手上、10kV 昭国北 T12 线#02 杆跌落式熔断器操作处悬挂"禁止合闸，线路有人工作"标示牌	√
（2）在 10kV 昭国北线#01 杆大号侧装设接地线一组	√
（3）在 10kV 昭国南线#01 杆大号侧装设接地线一组	√

5.3　工作班装设（或拆除）的接地线

线路名称或设备双重名称和装设位置	接地线编号	装　设　时　间	拆　除　时　间
10kV 昭国北线#01 杆小号侧	#01	2015 - 01 - 22　07：14	2015 - 01 - 22　15：19
10kV 昭国南线#01 杆小号侧	#02	2015 - 01 - 22　07：18	2015 - 01 - 22　15：20
10kV 昭国北 T12 线#02 杆小号侧	#03	2015 - 01 - 22　07：19	2015 - 01 - 22　15：22

5.4　配合停电线路应采取的安全措施	已执行
无	

5.5　保留或邻近的带电线路、设备

无

5.6　其他安全措施和注意事项

本施工地段位于圆中南路南侧绿化带内，#2 杆至#3 杆间及#8 杆至#9 杆间跨越道路，两道路口和通行道路上施工工作地点周围装设遮栏，并面向外悬挂"止步，高压危险！"标示牌；在#1 杆和#17 杆处分别悬挂"在此工作！"标示牌。提前联系交警部门，在换线时采取交通限行措施。#1 杆与#2 杆间跨越河流，施工时加强监护，防止人员落水。

工作票签发人签名：徐传光，2015 年 1 月 21 日 16 时 54 分

工作负责人签名：宋运鹏，2015 年 1 月 21 日 16 时 56 分

5.7　其他安全措施和注意事项补充（由工作负责人或工作许可人填写）

无

6. 工作许可

许可的线路或设备	许可方式	工作许可人	工作负责人签名	许可工作的时间
10kV 昭国北线#01～#17 杆间线路	当面许可	田利坤	宋运鹏	2015 年 7 月 22 日 7 时 3 分
				年　　月　　日　　时　　分

7. 工作任务单登记

工作任务单编号	工作任务	小组负责人	工作许可时间	工作结束报告时间
无				

8. 现场交底，工作班成员确认工作负责人布置的工作任务、人员分工、安全措施和注意事项并签名：

李志刚、吴奎东、史玉州、孔江、陈长虎、秦玉敬、秦强、费兆滨、卢雷远、王刚、刘祥合、秦泗星。

9. 人员变更

9.1 工作负责人变动情况：原工作负责人离去，变更为工作负责人。

工作票签发人：＿＿＿＿＿＿＿＿ ＿＿＿年＿＿＿月＿＿＿日＿＿＿时＿＿＿分

原工作负责人签名确认：＿＿＿＿＿＿＿＿ 新工作负责人签名确认：＿＿＿＿＿＿

＿＿＿＿年＿＿＿月＿＿＿日＿＿＿时＿＿＿分

9.2 工作人员变动情况

新增人员	姓名				
	变更时间				
离开人员	姓名				
	变更时间				

工作负责人签名：＿＿＿＿＿＿＿＿

10. 工作票延期：有效期延长到＿＿＿年＿＿＿月＿＿＿日＿＿＿时＿＿＿分。

工作负责人签名：＿＿＿＿＿＿＿ ＿＿＿年＿＿＿月＿＿＿日＿＿＿时＿＿＿分

工作许可人签名：＿＿＿＿＿＿＿ ＿＿＿年＿＿＿月＿＿＿日＿＿＿时＿＿＿分

11. 每日开工和收工记录（使用一天的工作票不必填写）

收工时间	工作负责人	工作许可人	开工时间	工作许可人	工作负责人

12. 工作终结

12.1 工作班现场所装设接地线共3组、个人保安线共0组已全部拆除，工作班人员已全部撤离现场，材料工具已清理完毕，杆塔、设备上已无遗留物。

12.2 工作终结报告

终结的线路或设备	报告方式	工作负责人	工作许可人	终结报告时间
10kV 昭国北线#01～#17 杆间线路	当面报告	宋运鹏	徐传光	2015 年 1 月 22 日 15 时 52 分

13. 备注

13.1 指定专责监护人负责监护

（地点及具体工作）

13.2 其他事项

指定刘祥合、秦泗星分别负责看守 10kV 昭北西线#06 杆小号侧接地线、10kV 昭国北 T12 线#02 杆小号侧装设接地线。

试题 1　存在错误

1. "工作地点或设备"栏：同杆双回线路位置填写错误，"面向小号侧"应改为"面向大号侧"。

2. "5.1　调控或运维人员［变（配）电站、发电厂］应采取的安全措施"栏：

（1）在昭国北线 625 开关及开关小车操作把手上挂"禁止合闸，有人工作"标示牌，所挂标志牌名称不准确，应改为：在昭国北线 625 开关及开关小车操作把手上挂"禁止合闸，线路有人工作"标示牌。

（2）在昭国南线 621 开关及开关小车操作把手上挂"禁止合闸，有人工作"标示牌，所挂标志牌名称不准确，应改为：在昭国南线 621 开关及开关小车操作把手上挂"禁止合闸，线路有人工作"标示牌。

（3）在 10kV 昭国北线 #17 杆小号侧装设接地线一组，接地线装设地点不准确，改为：在 10kV 昭国北线 #17 杆大号侧装设接地线一组。

（4）在 10kV 昭北西线 #07 杆大号侧装设接地线一组，接地线装设地点不准确，改为：在 10kV 昭北西线 #06 杆小号侧装设接地线一组。

3. "5.2　工作班完成的安全措施"栏：

（1）未实施客户变压器开关停电措施，应增加：拉开 10kV 日照安通电器公司配电室配变低压侧开关及高压侧进线开关。

（2）接地线装设地点不准确，在 10kV 昭国北线 #01 杆大号侧装设接地线一组，改为：在 10kV 昭国北线 #01 杆小号侧装设接地线一组。

（3）接地线装设地点不准确，在 10kV 昭国南线 #01 杆大号侧装设接地线一组，改为：在 10kV 昭国南线 #01 杆小号侧装设接地线一组。

4. "5.6　其他安全措施和注意事项"栏：

本栏内容应填写现场环境因素而采取的安全措施，应填写：

（1）本施工地段位于圆中南路南侧绿化带内，#2 杆至 #3 杆间及 #8 杆至 #9 杆间跨越道路，两道路口和通行道路上施工工作地点周围装设遮栏，并面向外悬挂"止步，高压危险！"标示牌；在 #1 杆和 #17 杆处分别悬挂"在此工作！"标示牌。提前联系交警部门，在换线时采取交通限行措施。

（2）#1 杆与 #2 杆间跨越河流，施工时加强监护，防止人员落水。

5. "12.2　工作终结报告"栏：

工作许可人填写错误，应填写"田利坤"。

试题　正确工作票示意

配 电 第 一 种 工 作 票

单位配电运检室　　　　　　编号03041501005

1. 工作负责人：宋运鹏；班组配电检修二班

2. 工作班成员（不包括工作负责人）：李志刚、吴奎东、史玉州、孔江、陈长虎、秦玉敬、秦强、费兆滨、卢雷远、王刚、刘祥合、秦泗星共12人。

3. 工作任务

工作地点或设备［注明变（配）电站、线路名称、设备双重名称及起止杆号］	工 作 内 容
10kV 昭国北线#01～#17 杆间线路，黑色，左线（面向大号侧）	LGJ－120 裸铝导线更换为 JKYGLJ－240 绝缘导线

4. 计划工作时间：自2015 年1 月22 日7 时0 分至2015 年1 月22 日16 时0 分。

5. 安全措施［应改为检修状态的线路、设备名称，应断开的断路器（开关）、隔离开关（刀闸）、熔断器，应合上的接地刀闸，应装设的接地线、绝缘隔板、遮栏（围栏）和标示牌等，装设的接地线应明确具体位置，必要时可附页绘图说明］

5.1　调控或运维人员［变（配）电站、发电厂］应采取的安全措施	已执行
（1）拉开 110kV 昭园变电站 10kV 昭国北线 625 开关，将昭国北线 625 开关小车拉至试验位置，合上昭国北线 625－D3 接地刀闸，在昭国北线 625 开关及开关小车操作把手上挂"禁止合闸，线路有人工作"标示牌	√
（2）拉开 110kV 昭园变电站 10kV 昭国南线 621 开关，将昭国南线 621 开关小车拉至试验位置，合上昭国南线 621－D3 接地刀闸，在昭国南线 621 开关及开关小车操作把手上挂"禁止合闸，线路有人工作"标示牌	√
（3）拉开 10kV 昭国北线#17 杆开关，在 10kV 昭国北线#17 杆开关操作处挂"禁止合闸，线路有人工作"标示牌，在 10kV 昭国北线#17 杆大号侧装设接地线一组	√
（4）拉开 10kV 昭国南线#18 杆开关，在 10kV 昭国南线#18 杆开关操作处挂"禁止合闸，线路有人工作"标示牌，在 10kV 昭国南线#18 杆小号侧装设接地线一组	√
（5）拉开 10kV 昭北西线#05 杆开关、#07 杆开关，在 10kV 昭北西线#05 杆、#07 杆开关操作处挂"禁止合闸，线路有人工作"标示牌，在 10kV 昭北西线#06 杆小号侧装设接地线一组	√
5.2　工作班完成的安全措施	已执行
（1）拉开 10kV 日照安通电器公司配电室配变低压侧开关及高压侧进线开关，拉开 10kV 昭国北 T12 线#02 杆跌落式熔断器，在 10kV 昭国北 T12 线#02 杆小号侧装设接地线一组，在已拉开的 10kV 日照安通电器公司配电室配变低压侧开关及进高压侧进线开关操作把手上、10kV 昭国北 T12 线#02 杆跌落式熔断器操作处悬挂"禁止合闸，线路有人工作"标示牌	√
（2）在 10kV 昭国北线#01 杆小号侧装设接地线一组	√
（3）在 10kV 昭国南线#01 杆小号侧装设接地线一组	√

5.3　工作班装设（或拆除）的接地线

线路名称或设备双重名称和装设位置	接地线编号	装 设 时 间	拆 除 时 间
10kV 昭国北线#01 杆小号侧	#01	2015－01－22　07：14	2015－01－22　15：19
10kV 昭国南线#01 杆小号侧	#02	2015－01－22　07：18	2015－01－22　15：20
10kV 昭国北 T12 线#02 杆小号侧	#03	2015－01－22　07：19	2015－01－22　15：22

5.4　配合停电线路应采取的安全措施	已执行
无	

5.5　保留或邻近的带电线路、设备

无

5.6　其他安全措施和注意事项

本施工地段位于圆中南路南侧绿化带内，#2 杆至 #3 杆间及 #8 杆至 #9 杆间跨越道路，两道路口和通行道路上施工工作地点周围装设遮栏，并面向外悬挂"止步，高压危险！"标示牌；在 #1 杆和 #17 杆处分别悬挂"在此工作！"标示牌。提前联系交警部门，在换线时采取交通限行措施。#1 杆与 #2 杆间跨越河流，施工时加强监护，防止人员落水。

工作票签发人签名：徐传光，2015 年 1 月 21 日 16 时 54 分。

工作负责人签名：宋运鹏，2015 年 1 月 21 日 16 时 56 分。

5.7　其他安全措施和注意事项补充（由工作负责人或工作许可人填写）

无

6. 工作许可

许可的线路或设备	许可方式	工作许可人	工作负责人签名	许可工作的时间
10kV 昭国北线 #01～#17 杆间线路	当面许可	田利坤	宋运鹏	2015 年 7 月 22 日 7 时 3 分
				年　月　日　时　分

7. 工作任务单登记

工作任务单编号	工作任务	小组负责人	工作许可时间	工作结束报告时间
无				

8. 现场交底，工作班成员确认工作负责人布置的工作任务、人员分工、安全措施和注意事项并签名：

李志刚　吴奎东　史玉州　孔江　陈长虎　秦玉敬　秦强　费兆滨　卢雷远　王刚
刘祥合　秦泗星

9. 人员变更

9.1　工作负责人变动情况：原工作负责人离去，变更为工作负责人。

工作票签发人：＿＿＿＿＿＿＿＿　＿＿＿年＿＿月＿＿日＿＿＿时＿＿＿分

原工作负责人签名确认：＿＿＿＿＿＿　新工作负责人签名确认：＿＿＿＿＿＿
　　　　　　　　　　　　　　　　＿＿＿年＿＿月＿＿日＿＿＿时＿＿＿分

9.2　工作人员变动情况

新增人员	姓名				
	变更时间				
离开人员	姓名				
	变更时间				

工作负责人签名：＿＿＿＿＿＿＿＿＿

10. 工作票延期：有效期延长到＿＿＿＿年＿＿＿＿月＿＿＿＿日＿＿＿＿时＿＿＿＿分。

工作负责人签名：＿＿＿＿＿＿＿＿＿　　＿＿＿年＿＿＿月＿＿＿日＿＿＿时＿＿＿分

工作许可人签名：＿＿＿＿＿＿＿＿＿　　＿＿＿年＿＿＿月＿＿＿日＿＿＿时＿＿＿分

11. 每日开工和收工记录（使用一天的工作票不必填写）

收工时间	工作负责人	工作许可人	开工时间	工作许可人	工作负责人

12. 工作终结

12.1　工作班现场所装设接地线共3组、个人保安线共0组已全部拆除，工作班人员已全部撤离现场，材料工具已清理完毕，杆塔、设备上已无遗留物。

12.2　工作终结报告

终结的线路或设备	报告方式	工作负责人	工作许可人	终结报告时间
10kV 昭国北线 #01～#17 杆间线路	当面报告	宋运鹏	田利坤	2015 年 1 月 22 日 15 时 52 分
				年　　月　　日　　时　　分

13. 备注

13.1　指定专责监护人负责监护

（地点及具体工作）

13.2　其他事项

指定刘祥合、秦泗星分别负责看守 10kV 昭北西线 #6 杆小号侧接地线、10kV 昭国北 T12 线 #2 杆小号侧装设接地线。

模块 4　电　气　识　图

【学习目标】

（1）了解配网通信链路图。

（2）掌握配电自动化主站系统专题图。

（3）掌握典型设备铭牌解读方法。

（4）掌握常用配电设备原理图和接线图。

【知识点】

介绍配网自动化主站系统相关架构及分区系统，专题图分类及成图范围，配网通信方式。其适用于主站方向相关运维人员、项目人员等。

介绍了各类设备典型铭牌解读，常用设备铭牌内容识读，常用配电设备接线图及原理图。其适用于终端方向相关运维人员。

一、配电自动化主站系统相关结构图

配电自动化主站系统是利用现代电子技术、通信技术、计算机及网络技术，将配电网实时信息、离线信息、用户信息、电网结构参数、地理信息进行集成，构成完整的自动化管理系统，实现配电系统正常运行及事故情况下的监测、保护、控制和配电管理。它是实时的配电自动化与配电管理系统集成为一体的系统。

(一)配电网通信链路图

配电通信网是配电自动化系统的重要组成部分，配电网运行状态的监视、控制和故障处理都依赖通信网来实现。配电自动化业务传输宽带不高但对通信系统可靠、实时性要求较高，对数据传输时延与完整性有严格要求，对通信故障率及修复时间有严格要求，对运维管理要求较高，对信息安全要求较高。由于配电自动化通信系统的建设受一次网架结构、施工、成本以及信息安全等元素制约，在智能配电网通信方式的选择上，应该因地制宜，结合不同自动化功能需求，综合选用多种通信方式，按经济技术指标来搭配最优组合。配电网通信实现方式主要包括光纤通信、载波通信、无线专网和无线公网，具体见图 2-18。

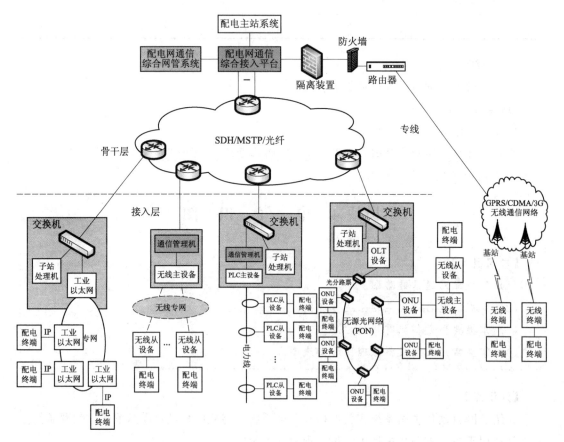

图 2-18 通信方式

1. 光纤通信

配电自动化系统中的通信方式有很多种，包括光线通信、无线通信和载波通信等。下面主要介绍 EPON 光网络接入层通信链路。"手拉手"链路原理图如图 2-19 所示。

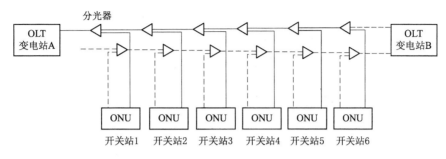

图 2-19　"手拉手"链路原理图

首先介绍光网络通信回路元件。

（1）OLT：光线路终端，用于连接光纤干线的终端设备，可以与前端交换机用网线连接，转化成光信号；实现对用户端设备 ONU 的控制和管理，是光电一体化的设备。

（2）分光器：又称光分路器，实现对光功率的分配，其优点是无源，且光通过分光器后，光信号没有丢失，只是光功率减弱。

（3）ODF：光纤配线箱，用于光纤通信系统中局端主干光缆的成端和分配，可方便地实现光纤线路的连接、分配和调度。

（4）ONU：光网络单元，主要作用是将光网络信号即电信号转换成光信号在光纤上传输。另外还可提供用户侧的接口。

（5）DTU：配电自动化终端设备。

光信号在链路中传输分为上行和下行。

下行：假设有光信号从变电所 A 的 OLT 发出，经分光器 1 后，分成两路；一路进入开关站 1 的 ONU，另一路继续下行，经分光器 2 后，光信号又被分成两路，一路进入开关站 2 的 ONU，另一路继续下行，以此类推，直至最后一个开关站 6 的 ONU 收到光信号。变电站 B 的光信号下行与变电所 A 一致。

上行：假设有光信号从开关站 6 的 ONU 发出，经分光器 6 上送至分光器 5，与开关站 5 的 ONU 发出的光信号汇合后，上送至分光器 4，以此类推，直至上送至变电站 A 的 OLT。

然而，原理图只能表明出各元件的连线，但元件内部具体接线等细节不能表示出来，所以还需要有元件的具体接线图，如图 2-20 所示。

以两个开关站为例，下行信号从与变电站 1 内的 OLT1 讲起：变电站内的 OLT1 发出一定功率的光信号，由于变电站离开关站 1 和开关站 2 较远，因此通过光纤先连接至 ODF1 中，然后通过光缆连接至开关站 1 的 ODF2 中，再通过光纤将光信号传输至分光器。分光器按照 50%、50% 或者 90%、10% 的比例对光信号的功率进行两路分配。

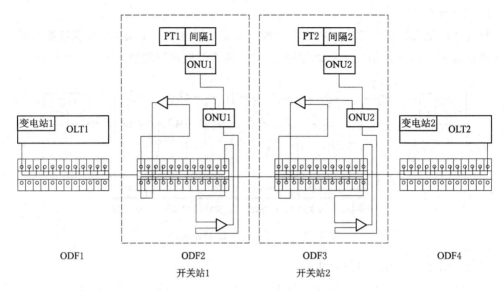

图 2-20 光通信"手拉手"链路接线图

一路通过光纤传输至 ONU1，ONU1 将这些光信号转换成电信号，再通过网线连接至 DTU1，DTU1 对相应的信号进行处理。

另一路则继续接到 ODF2 中，然后通过光缆连接至下一个开关站 2 的 ODF3 中，再通过光纤将光信号传输至分光器。经分路后，一路连接至 ONU2 直至 DTU2，另一路则继续连接到 ODF3 中，然后通过光缆连接至下一个开关站。

再说上行，开关站 2 的开关间隔信号经控制电缆上送至 DTU2，通过网络将信号上送至 ONU2，ONU 将电信号转换成光信号，经分光器送至 ODF3，经光缆送至开关站 1 的 ODF2，再送至开关站 1 的分光器，并与开关站 1 的 ONU1 的光信号汇合后，送至 ODF1，再通过光缆送至上一个开关站，最终送至变电站 1 的 OLT1。

同理，另一条链路，变电站 2 的 OLT2 的传输原理与变电站 1 的相同。

这样，就构成了通信"手拉手"链路接线图。

2. 无线通信

无线通信按照网络性质分为无线公网和无线专网。相较于光纤通信，无线通信具有安装方便、成本低、抗自然灾害能力强等优点，是对光纤通信的很好补充。尤其对于城市郊区、农网中一些偏远的站点来说，敷设光纤成本比较高，无线通信是一种很好的替代解决方案。

无线公网为运营商无线网络，技术标准完备，技术成熟，产业链成熟完整。无线公网通信技术有全球移动通信系统（GSM）与码分多址系统（CMDA）两种。目前，在配电网自动化系统中应用的主要是 GSM 中的 GPRS。GPRS（General Packet Radio Service）是在现有 GSM 网络上开通的一种新型分组数据传输技术，能够满足可持续传送业务数据的需求，并且能够进行实时的交互数据传送，业务数据以数据包为单位，使用 GPRS 可以实现点对点以及点对多点的数据传输。GPRS 通信技术在传输速率，信号覆盖范围等方面有突出的优势，比较适合远程电能抄表、远程变压器监控、远程仪表监控等领域的通信要求。相对于其他通信方式，GPRS 的不足之处是传输延迟较大，有"掉线"现象，但能够满足大部分配电网自动化应用要求，是可以接受的。我国一些城市配电网自动化工程实际运行结果表明，GPRS 通信的在线率可以达到 95％以上。

考虑到安全防护要求，一般采用 VPN 方式来提高无线公网传输的安全性，避免受到外网的攻击。即移动运营商在内部网络中为电力公司构建一个虚拟的专网，该专网拥有自己私有的网络名称，以区别公网的 CMNET 接入点。这样，不是该网络的 SIM 卡终端，即非注册用户，登录运营商网络后，是无法穿过虚拟通道访问 VPN 专网的。在电力公司设立一套无线公网通信的中心端，通过路由器、防火墙等设备，经 IP 专线连接到移动运营商的网络，通过移动运营商内部数据隧道，无线终端就可以与数据中心端建立网络通信，如图 2-21 所示。

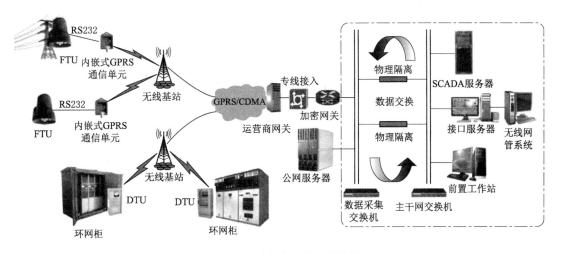

图 2-21　无线公网通信结构图

电力无线专网相对光纤专网无线专网技术运用最多的是 230MHz 数传电台。无线专网具有建设便利快捷、覆盖范围广、组网灵活等优势，可以较好地满足点多、线长、面广、网络架构复杂、管理模式差异化的配用电网通信需求，实现对配电自动化、负荷控制、用电信息采集等多种业务的有效支撑。电力无线专网前期试点应用规模较小，对频段选择、频率带宽、技术体制选择、网络性能等缺乏完整性的验证和评估。未来，随着接入网建设发展要求，要进一步扩大试点规模，对承载业务的吞吐量、时延、安全性、可靠性等技术指标等进行完整的验证和评估。

3. 载波通信

电力载波是将模拟信号或数字信号经合适的调制方式，调制到一定的频段，通过交流或直流输电线路传送信号的通信方式。载波通信主要服务于用电力线传输继电保护，SCADA 和语音通信所需信息。这种通信方式可以沿着电力线传输到电力系统的各个环节，不必考虑架设专用线路，并且可满足双向通信的要求。载波通信的缺点是数据传输速率较低，容易受干扰、非线性失真和信道间交叉调制的影响，可靠性较低。载波通信结构图如图 2 - 22 所示。

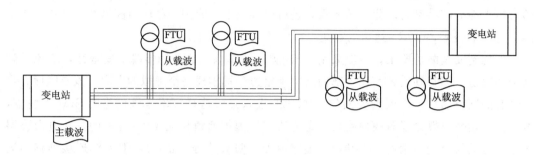

图 2 - 22   载波通信结构图

（二）配电自动化系统专题图

结合实际的配电网运行管理方式，采用分层分区思想，将配电网专题图分为：站间联络图、区域系统图、单线图、站室图四类。这四类专题图从不同的维度，从整体到局部，互为补充，共同组成完整的配电网电气图体系结构，描述和反映当前配电网的现状，为不同的业务应用提供精简准确的图形。其中站间联络图、区域系统图主要展现配电网主干线路和环网线路的网架结构，单线图和站室图主要展现单条线路或站房范围内的电气接线情况。

1. 站间联络图

站间联络图是以变电站为单位，由当前变电站出线及其联络线路组成的供电范围所生成的专题图。通过对变电站房有线路进行拓扑分析，根据线路的联络情况，变电站供电范围可按照辐射、闭合、环网等联络方式自动划分为多个供电区域，每个供电区域对应一幅区域系统图，通过站间联络图可快速定位到对应的区域系统图。

站间联络图生成内容包括：变电站、供电范围、供电连接线。

站间联络图生成图规则如下：

（1）站间联络图的变电站居中显示，站间联络图内相关的供电范围对称分布于变电站的上下两侧。

（2）供电范围与变电站间通过供电连接线连接，展示每个供电范围包含的线路。

（3）站间联络图的供电范围可根据供电范围内线路联络复杂度，手动或按配置进行拆分和合并为一个或多个供电范围，拆分方式可按线路、联络开关或指定设备等，拆分后的供电范围名称可手动命名，对应的区域系统图需增量更新。

（4）一个变电站只能对应一幅站间联络图，不允许存在废图。

典型站间联络图如图 2 - 23 所示。

2. 区域系统图

区域系统图是站间联络图中每个供电范围的详细展现，包含供电范围内所有线路设备、厂站设备和站内设备。区域系统图只生成线路主干设备和联络分支。区域系统图内的设备都保持正交布局，尽量不交叉重叠，可清晰地查看线路和设备的联络、供电情况。

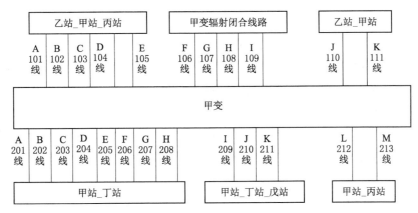

图 2-23　站间联络图

区域系统图生成内容包括站室设备（变电站、开关站、环网单元、配电室、箱式变压器、电缆分支箱）、线路设备（柱上负荷开关、柱上断路器、柱上隔离开关、跌落式熔断器、中压架空线、中压电缆、杆塔）、站内设备（母线、站内负荷开关、站内断路器、站内隔离开关、站内熔断器、站内连接线）。

区域系统图生成图规则如下：

（1）站间联络图的变电站居中显示，站间联络图内相关的供电范围对称分布于变电站的上下两侧。

（2）区域系统图生成时需保证配网线路主干层设备的布局效果，整个图形保持一定的长宽比例，全屏显示时图形充满整个屏幕。

（3）全图显示时，能清楚查看主干层的电气拓扑关系和主要的调度开关的状态，尽量减少线路的弯曲和交叉，图形符号符合调度使用规范。

（4）区域系统图内同一层级的站房尽量处于同一水平或竖直方向，站间母线保持对齐，间距尽量保持一致，以保证布局的层次感。

（5）设备标注调整至合适大小，保证清晰可认，易于辨识，并能清楚识别标注所属设备。

典型区域系统图如图 2-24 所示。

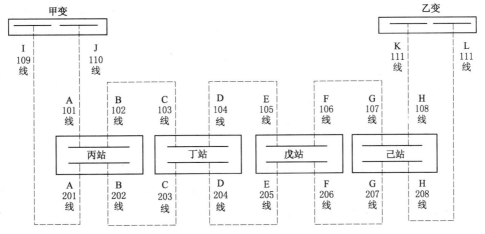

图 2-24　区域系统图

3. 单线图

单线图是以单条配网线路（大馈线）为单位的，采用一定布局算法自动生成的从变电站出线到配电变压器或线路联络开关之间的线路相关所有设备，包含变电站、电缆、架空线、开闭所、环网柜、配电变压器等的示意专题图形，并附有一定的统计信息，如线路总长度、配电变压器容量等。

单线图生成内容包括变电站、环网柜、开闭所、柱上负荷开关、柱上断路器、柱上隔离开关、跌落式熔断器、中压架空线、中压电缆、配电变压器、配电室、箱式变压器、分支箱、杆塔等。

单线图生成图规则如下：

（1）采用横平竖直的正交布局方式，对于较长架空线路主干线允许单线图主干线出现折弯情况，主干线上的支线尽量不要折弯（考虑设备数量），能够将支线的分支线清晰展示，达到主分线层次清晰。

（2）优先保证主干线的布局，图内线路与设备不能有交叉重叠；对于分支线需显示分支线名称，所有杆塔显示运行编号（杆号）。

（3）根据需要提供显示站内接线与不显示站内接线两种成图方式，建议采用不显示站内接线方式。

（4）单线图中需要显示名称的电力设备有变电站、开闭所、环网柜、开关类设备、杆塔、配电变压器、电杆等。

（5）单线图的配电室、箱变压器、柱上变压器要标注名称和容量。

（6）单线图中需要显示双路用户的另一路进线，应与联络线路区别开来。

（7）单线图中需要显示出联络开关的对侧线路的大馈线名称。

典型单线图如图 2-25 所示。

4. 站室图

站室图是以开关站、环网单元和起环网作用的配电室等站房为单位，通过生成站房内部接线和其间隔出线的联络情况，直观展示站房供电范围的示意专题图形。图形分布在 A3 幅面内，整体要求清晰、均匀、美观，线路保持正交，尽量避免交叉，线路和设备要保持原有的电气连接关系。站室图不仅清晰反映开关站内部图的接线情况，而且，该开关站的上游电源设备和下游一级关联设备都能在图中得到很好体现。

站室图生成内容包括：变电站、中压电缆、中压架空线、开闭所、环网柜、柱上负荷开关、柱上断路器、柱上隔离开关、跌落式熔断器、配电室、箱式变压器、分支箱、母线、站内开关、母联电缆、杆塔、站内电压互感器等。

站室图生成图规则如下：

（1）以开关站、环网单元或环网供电的配电室为单位生成图形，显示与该站房连接的所有电气设备，当前站房内部图中的母线、间隔和母联电缆等设备全部生成到站室图中。

（2）当其上游一级电源设备为变电站时，应将该变电站以及连接的电缆显示到图上。

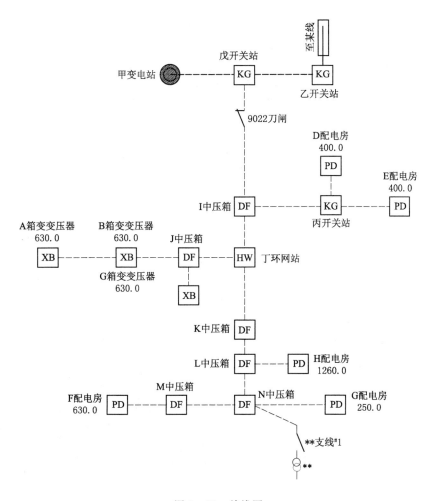

图 2 - 25　单线图

（3）当其上游一级电源设备为其他站房时，应将该站房的名称、间隔数（号）和母线名称及型号显示到图上。

（4）当其上游一级电源设备为主干架空线时，应将架空线及其名称显示到图上。

（5）当其下游一级关联设备为变电站时，应将该变电站以及连接的电缆显示到图上。

（6）当其下游一级关联设备为站房时，应将该站房的名称和间隔显示到图上。

（7）当其下游一级关联设备为主干架空线时，则同第 4 点；当遇到分线架空线时，除按照第 4 点外，还需要将连接的架空线和相应杆号生成。

（8）其下游关联的一级配电室或多级配电室都要生成（配电室或箱式变电站不需要展开）。

（9）其下游一级关联分支接线箱也要生成，分支箱下游设备生成规则同第（4）点至第（8）点。

典型站室图如图 2 - 26 所示。

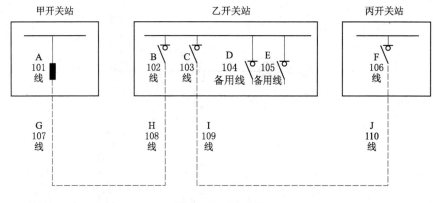

图 2-26 站室图

二、配电自动化终端系统相关电气图

(一) 典型设备铭牌解读

1. 电流互感器铭牌解读

某电流互感器铭牌如图 2-27 所示。

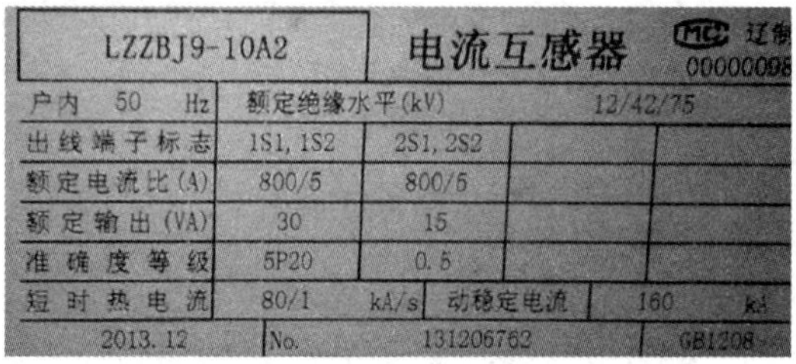

在铭牌上的技术参数有许多是控制设备通用的，这些参数和符号有如下解读：

(1) MC：仪表通用的计量标志，生产资质。

(2) 户内 50Hz：安装为户内，使用频率为 50Hz。

(3) 型号：LZZBJ9-10A2，每个字母代表的含义如图 2-28 所示。

图 2-27 电流互感器铭牌

(4) 额定绝缘水平：设备最高电压/额定短时工频耐受电压/额定雷电冲击全波耐受电压。

(5) 额定短时热电流：在二次绕组短路的情况下，电流互感器能承受 1s 且无损伤的一次电流方均根值。

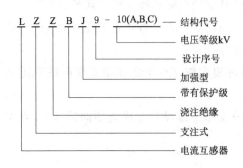

图 2-28 电流互感器型号规则

(6) 额定动稳电流：在二次绕组短路的情况，电流互感器能承受住其电磁力的作用而无电气或机械损伤的最大一次电流峰值。

(7) 额定连续热电流：在二次绕组接有额定负荷的情况下，一次绕组允许连续过流且温升不超过规定限值的一次电流值。

(8) 额定电流比（变比）：一次额定电流与二次额定电流之比。

（9）额定绝缘等级：设备最高电压 12kV（方均根值），额定工频耐受电压 42kV（方均根值），额定雷电冲击耐受电压 75kV（峰值）。

（10）准确度等级：表示互感器本身误差（比差和角差）的等级。电流互感器的准确度等级分为 0.001～1 多种级别，与原来相比准确度提高很大。用于发电厂、变电站、用电单位配电控制盘上的电气仪表一般采用 0.5 级或 0.2 级；用于设备、线路的继电保护一般不低于 1 级。

2. 电压互感器铭牌解读

某电压互感器铭牌如图 2 - 29、图 2 - 30 所示。

图 2 - 29　电压互感器铭牌一　　　　　　图 2 - 30　电压互感器铭牌二

国产电压互感器铭牌上常标有下列技术数据：

（1）型号：国产电压互感器的型号由 3～4 个拼音字母及数字组成。字母表示电压互感器的绕组形式、绝缘种类、铁芯结构及使用场所等；字母后面的数字，表示电压等级（kV）。电压互感器型号由以下几部分组成，各部分字母，符号表示内容：

第一个字母：J——电压互感器；

第二个字母：D——单相；S——三相；C——串联绝缘；

第三个字母：J——油浸；Z——浇注；G——干式；Z——浇筑式；

第四个字母：数字——电压等级（kV）；W——无铁芯柱式。

（2）变压比：变压比常以一次、二次绕组的额定电压标出。

（3）容量：容量包括额定容量和最大容量。额定容量是指在负荷功率因数为 0.8 时，对应于不同准确度等级的伏安数。最大容量则指满足绕组发热条件下，所允许的最大负荷（VA）。当电压互感器按最大容量使用时，其准确度将超出规定值。

（4）误差等级：误差等级即电压互感器变比误差的百分值，通常分为 0.2 级、0.5 级、1 级、3 级，使用时根据负荷需要来选用。

（5）联结组别：联结组别表明电压互感器一次、二次线电压的相位关系。

3. 变压器铭牌解读

某变压器铭牌如图 2 - 31 所示。

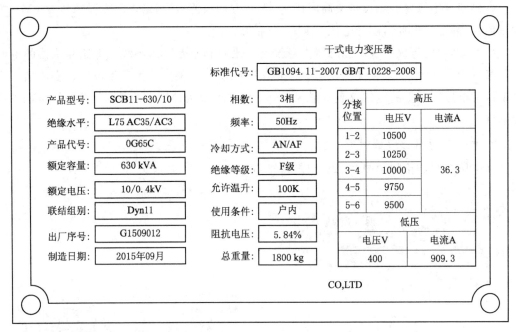

图 2-31　变压器铭牌

在铭牌上的技术参数有许多是控制设备通用的，这些参数和符号有如下解读：

（1）额定容量（kVA）：额定电压、额定电流下连续运行时，能输送的容量。

（2）额定电压（kV）：变压器长时间运行时所能承受的工作电压，为适应电网电压变化的需要，变压器高压侧都有分接抽头，通过调整高压绕组匝数来调节低压侧输出电压。

（3）额定电流（A）：变压器在额定容量下，允许长期通过的电流。

（4）空载损耗（kW）：当以额定频率的额定电压施加在一个绕组的端子上，其余绕组开路时所吸取的有功功率。与铁芯硅钢片性能及制造工艺、施加的电压有关。

（5）空载电流（%）：当变压器在额定电压下二次侧空载时，一次绕组中通过的电流。一般以额定电流的百分数表示。

（6）负载损耗（kW）：把变压器的二次绕组短路，在一次绕组额定分接位置上通入额定电流，此时变压器所消耗的功。

（7）阻抗电压（%）：把变压器的二次绕组短路，在一次绕组慢慢升高电压，当二次绕组的短路电流等于额定值时，此时一次侧所施加的电压，一般以额定电压的百分数表示。

（8）相数和频率：三相开头以 S 表示，单相开头以 D 表示。中国国家标准频率 f 为 50Hz。

（9）温升与冷却：变压器绕组或上层油温与变压器周围环境的温度之差，称为绕组或上层油面的温升，油浸式变压器绕组温升限值为 65K，油面温升为 55K。冷却方式也有多种：油浸自冷、强迫风冷、水冷，管式、片式等。

（10）绝缘水平：有绝缘等级标准。绝缘水平的表示方法举例如下：高压额定电压为

35kV 级、低压额定电压为 10kV 级的变压器绝缘水平表示为 LI200AC85/LI75AC35，其中 LI200AC85 表示该变压器高压雷电冲击耐受电压为 200kV，工频耐受电压为 85kV，LI75AC35 表示该变压器低压雷电冲击耐受电压为 75kV，工频耐受电压为 35kV。

（11）联结组标号：根据变压器一、二次绕组的相位关系，把变压器绕组连接成各种不同的组合，称为绕组的联结组。为了区别不同的联结组，常采用时钟表示法，即把高压侧线电压的相量作为时钟的长针，固定在 12 上，低压侧线电压的相量作为时钟的短针，看短针指在哪一个数字上，就作为该联结组的标号，如 Dyn11 表示一次绕组是（三角形）联结，二次绕组是带有中心点的（星形）联结，组号为（11）点。

4. 柱上断路器铭牌解读

某柱上断路器铭牌如图 2-32 所示。

在铭牌上的技术参数，有许多是各种高压开关设备通用的。通常用下列铭牌参数表征高压断路器的基本工作性能：

（1）额定电压（V）：它是表征断路器绝缘强度的参数，它是断路器长期工作的标准电压。

（2）额定电流（A）：它是表征断路器通过长期电流能力的参数，即断路器允许连续长期通过的最大电流。

（3）额定开断电流（A）：它是表征断路器开断能力的参数。在额定电压下，断路器能保证可靠开断的最大电流。

（4）遮断容量（MVA）：开关在短路情况下可断开的最大容量。

图 2-32　柱上断路器铭牌

（5）动稳定电流（kA）：它是表征断路器通过短时电流能力的参数，是指断路器能承受短路电流的第一频率峰值产生的电动力效应，而不致损坏的峰值电流，为额定开断电流的 2.55 倍。

（6）热稳定电流（kA/s）：热稳定电流是指断路器处于合闸状态下，在一定的持续时间内，所允许通过电流的最大周期分量有效值，此时断路器不应因短时发热而损坏。额定热稳定电流的持续时间为 2s，需要大于 2s 时，推荐 4s。

5. 环网柜断路器铭牌解读

某环网柜断路器铭牌如图 2-33 所示。

断路器的主要技术参数有额定电压、额定电流、脱扣器额定电流、极限短路分断能力等。

在铭牌上的技术参数，有许多是各种高压开关设备通用的。这些参数应该用相同的符号表示。这些参数和符号有如下解读：

1）额定电压 U_n：断路器能够长期正常工作的最高电压值。

PHLF-12-C	出厂编号：PH191691 制造年月：2019.8
额定电压：12kV	额定频率：50Hz
额定电流：630A	额定短路开断电流：20kA
额定雷电冲击耐受电压：75kV	额定短路持续时间：4s
额定短时工频耐受电压：42kV	开关柜外壳防护等级：LP4X
SF$_6$气室防护等级：IP67	适用标准：GB3906

江苏南瑞帕威尔电气有限公司

江苏省南京市江宁区科学园帕威尔路8号

图 2-33   环网柜断路器铭牌

2）额定电流 I_n：对于塑壳断路器和低压断路器来说，是其壳架额定电流。该额定电流是指能够长期通过断路器本体的最大电流值。

3）脱扣器额定电流 I_n：能够长期通过脱扣器的最大电流值。

4）极限短路分断能力 I_{cu}：断路器能够分断的最大电流值。

5）额定短路开断电流（kA）：额定短路电流中的交流分量有效值，它应大于或等于计算的最大短路电流。

6）额定频率：断路器正常工作的电网频率（我国为 50Hz）。

（二）常用配电自动化设备接线原理图

1. 架空线路自动化设备接线原理图

架空线路要实现配电自动化的功能，需要包含以下设备：负荷开关（或断路器）、电源变压器、配电终端等，其接线原理如图 2-34 所示。

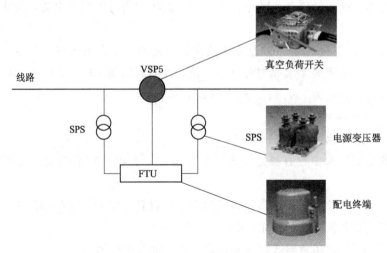

图 2-34   架空线路自动化设备接线原理图

2．电缆线路自动化设备接线原理图

电缆线路要实现自动化功能，需要包含以下设备：压变（或低压配电箱）、负荷开关（或断路器）、站所终端等，其接线原理如图 2-35 所示。

3．电流互感器原理图

电流互感器二次回路工作原理如图 2-36 所示。它的原绕组由一匝或几匝截面积较大的导线构成，并串入需要测量电流的电路。副边的匝数较多，可将线路上的大电流变为小电流来测量。

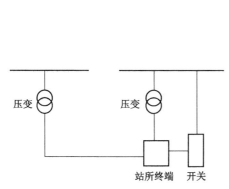

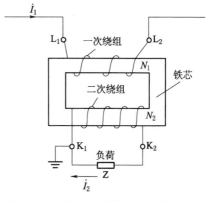

图 2-35　电缆线路自动化设备接线原理图　　图 2-36　电流互感器二次回路原理图

测量精度：按照误差大小，分为 0.2 级、0.5 级、1.0 级、3.0 级和 10 级等几个标准等级。例如 0.5 级准确度表示在额定电流是：原、副边电流变比的误差不超过 0.5%。

4．电压互感器原理图

电压互感器的主要结构和工作原理与变压器类似，同样是由相互绝缘的一次、二次绕组和闭合铁芯组成，如图 2-37 所示，电压互感器的一次线圈匝数 N_1 较多，直接与一次高压设备相连，二次线圈匝数 N_2 较少，接于高阻抗的测量仪表和继电器电压线圈，正常运行时，电压互感器接近于空载状态。

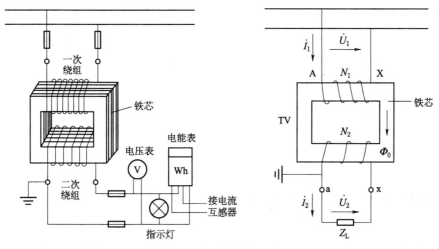

图 2-37　电压互感器二次回路原理图

电压互感器一次线圈与二次线圈额定电压之比，称为电压互感器的额定变比，即 $K_n = U_{1n}/U_{2n}$。其中，一次线圈额定电压 U_{1n} 是电网的额定电压，二次电压则统一定为 100V（线电压）或 57.7V（相电压）。

5. 变压器原理图

变压器工作原理：由铁芯（或磁芯）和线圈组成，线圈有两个或两个以上的绕组，其中接电源的绕组叫初级线圈，其余的绕组叫次级线圈。它可以变换交流电压、电流和阻抗。最简单的铁芯变压器由一个软磁材料做成的铁芯及套在铁芯上的两个匝数不等的线圈构成，如图 2-38 所示。

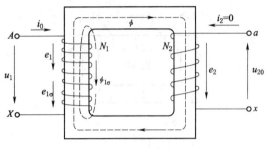

图 2-38 变压器二次回路原理图

当变压器一次侧施加交流电压 U_1，流过一次绕组的电流为 I_1，则该电流在铁芯中会产生交变磁通，使一次绕组和二次绕组发生电磁联系，根据电磁感应原理，交变磁通穿过这两个绕组就会感应出电动势，其大小与绕组匝数以及主磁通的最大值成正比，绕组匝数多的一侧电压高，绕组匝数少的一侧电压低，当变压器二次侧开路，即变压器空载时，一、二次端电压与一、二次绕组匝数成正比，即 $U_1/U_2 = N_1/N_2$，但初级与次级频率保持一致，从而实现电压的变化。

6. 台区自动化设备接线原理图

台区要实现自动化功能，需要包含以下设备：配电变压器、温湿度数据汇集单元、台区智能终端、智能漏保、智能开关、LTU、智能电表等。其接线原理如图 2-39 所示。

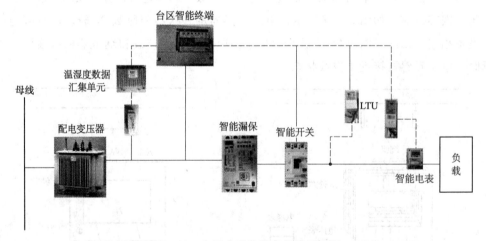

图 2-39 台区自动化设备接线原理图

(三) 终端与一次设备的二次回路原理图

1. 遥测回路原理图和接线图

遥测回路是由电压、电流等一次模拟量的测量回路组成。其作用是指示或记录一次设备的运行参数,以便运行人员掌握一次设备运行情况。它是分析电能质量、计算经济指标、了解系统潮流和主设备运行工况的主要依据。

图 2-40 为遥测回路原理图,图中三相的三个电流互感器是相互独立的。以 A 相为例,TAa 电流互感器,其作用是采集电流,将大电流转变成小电流。小电流流经一次开关柜上的电流表计,即 PAa,就可以在柜上就地读出电流大小。再流经 DTU,形成了一个回路,经 DTU 交流采样处理后传输至主站实现遥测功能。

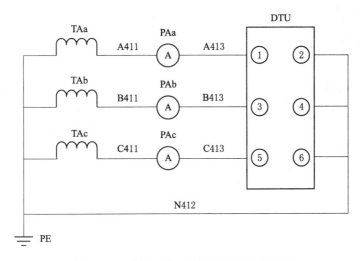

图 2-40　采取电流信号的遥测回路原理图

从遥测原理图可以看出,电流流经 DTU,采用的是三相四线制,中性线连接到三个电流互感器的 S2 端,即公共端,且公共端工作接地。

虽然遥测回路原理图能画出各元件的连线,但元件内部具体接线,引出端子、回路标号等细节不能表示出来,所以还需要有元件接线图。图 2-41 为遥测回路接线图。

(1) 开关柜上遥测回路所涉及的元件。

1) TA 为电流互感器,其作用是将高电压的大电流转换为低电压的小电流,供测量、计量、保护等采集用,注意电流互感器的二次输出回路不能开路。

2) PA 为电流表,其作用是测量回路中的电流。

3) XT1 为开关柜中的电流端子排,其作用是将柜内元件的接线端子引到端子排上,并与柜外相应设备相连,起到电流传输的作用,方便二次回路的检修与测试。

(2) DTU 柜上遥测回路的元件。

1) X1a 为 DTU 装置的遥测模块,其作用是采集回路中的交流电流和电压,从而计算出功率,并将采集到的数据经模数转换后传送至主站实现遥测功能。

2) 1XL 是 DTU 柜中的电流端子排,其作用与开关柜中的 XT1 功能一样。

遥测控制电缆,其作用是将开关柜中采集的遥测模拟量连接至 DTU 柜。

从图 2-41 可以看出元件 TAa 共有 1S1 和 1S2 两个端子,1S1 端子可以表示为 TAa:1s1,1S2 端子可以表示为 TAa:1s2。

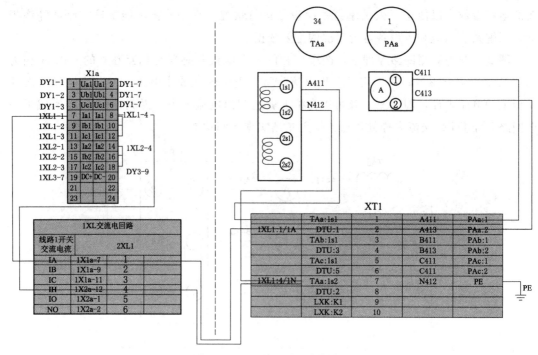

图 2 - 41 电流遥测回路接线图

TAa:1s2 接点上有 TAb:1s2 标识，即说明 TAa:1s2 接点连接到 TAb:1s2 接点，先找到元件 TAb，然后找其 1s2 接点，同时在 TAb:1s2 接点处，标注标识 TAa:1s2。

再来看 TAa:1s1，连接至 XT1:1，找到端子排图 XT1:1，即端子排 XT1 的 1 号接点，可以看出 XT1:1 连接至 PAa:1，找到元件 PAa:1，经过电流表 PAa:2 连接至 XT1:2，找到端子排图，XT1:2 通过电缆连接至 DTU 柜的 1XL1:1，中性线由 DTU 柜的 1XL1:4，连接至 XT1:7，在端子排上，XT1:7 接点和 XT1:8 接点是短接的，通过 XT1:8 接点连接到公共端 TAa:1s2，这样就形成了从 TAa:1s1 经过元件 PAa，DTU，终至 TAa:1s2 的一个回路。

其他两相亦是如此。

2. 遥信回路原理图和接线图

图 2 - 42 为遥信回路原理图。

S7.1 为开关辅助接点，如果 S7.1 的 1、2 合，3、4 分，在 DTU 内形成回路，代表开关合闸，反之，开关分闸。

S10 为接地闸刀辅助接点，如果 S10 的 3、4 接点合，在 DTU 内形成回路，代表接地闸刀合闸，反之，接地闸刀分闸。

SA 为转换开关，如果 SA 的 7、8 接点合，在 DTU 内形成回路，代表远方控制，反之，就地控制。

S30 为气体继电器中的接点。如果 S30 的 3、4 接点合，在 DTU 内形成回路，代表低气压告警，反之正常。

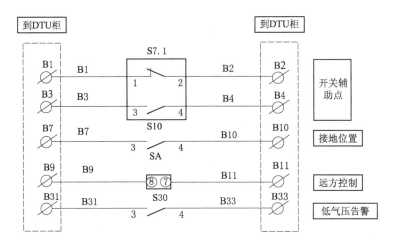

图 2-42 遥信回路原理图

虽然遥测回路原理图能画出各元件的连线,但元件内部接线,引出端子、回路标号等细节不能表示出来,所以还需要有元件接线展开图。图 2-43 为遥信回路接线图。

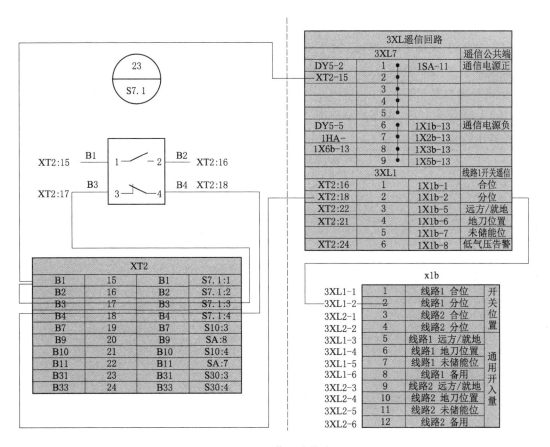

图 2-43 遥信回路接线图

（1）XT2 为开关柜中的遥信端子排，其作用是将柜内元件的接线端子引到端子排上，并与柜外相应设备相连，起到信号传输的作用，方便二次回路的检修与测试。

（2）X1b 为 DTU 装置的遥信模块，其作用是采集回路中的状态量，将数据经模数转换后传送至主站实现遥信功能。

（3）3XL 为开关柜中的遥信端子排，其作用与开关柜中的 XT2 功能一样。

遥信控制电缆，其作用是将开关柜中采集的遥信状态量送至 DTU 柜。

从图可以看出元件 S7.1 共有 4 个端子，1 端子可以表示为 S7.1:1，代表元件 S7.1 的 1 接点。如 S7.1:1，连接至 XT2:15，先找到元件 XT2，然后找其 15，则 XT2:15 连接至 S7.1:1。

回到遥信回路原理图，B1 通过元件 S7.1 与 B2 相连，B1 和 B2 均为 DTU 柜的接点，以此形成回路。

在端子排图中，B1 接遥信电源正，由 DTU 提供，B1 即 XT2:15 接点，接至 S7.1:1，根据元件 S7.1 展开图，若现开关处于合闸位置，S7.1:1 和 S7.1:2 接点接通，S7.1:2 接 XT2:16，XT2:16 即 B2，再接至 DTU 柜中 3XL1:1，如此形成回路，DTU 采集到正电压，则说明开关处于合闸位置，经过模数转换将遥信合闸信号传送至主站。

同理，B3 接遥信电源正，由 B1 短接提供，B3 即 XT2:17 接点，接 S7.1:3，根据元件 S7.1 展开图，若现开关处于分闸位置，S7.1:3 和 S7.1:4 接点接通，S7.1:4 接 XT2:18，XT2:18 即 B4，再接至 DTU 柜中 3XL1:2，如此形成回路，DTU 采集到正电压，则说明开关处于分闸位置，经过模数转换将遥信合闸信号传送至主站。

3. 遥控回路原理图

图 2-44 为某 DTU 柜遥控原理图。KM+、KM− 为遥控回路操作电源，目前常用的遥控操作电源电压为 DC 48V。

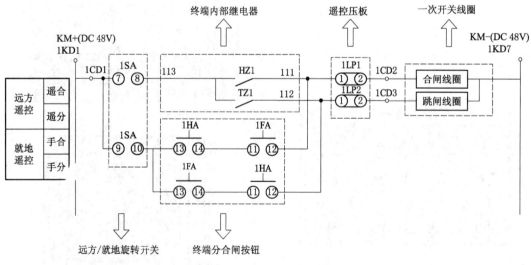

图 2-44　DTU 柜遥控原理图

（1）DTU 柜远方分、合闸回路。

当 DTU 柜转换开关打到远方，1SA 的 7、8 触点接通。发出合闸命令时，DTU 内部的 HZ1 接通，则合闸回路接通，合闸线圈得电；当发出分闸命令时，DTU 内部的 TZ1 接通，分闸回路接通，分闸线圈得电。

（2）DTU 柜就地分、合闸回路。

当 DTU 柜转换开关打到就地，1SA 的 9、10 触点接通。

合闸时，按下 DTU 柜面板上的合闸按钮 1HA，1HA 的常闭触点 13、14 接通，常开触点 11、12 断开，此时分闸按钮 1FA 的常闭触点 13、14 断开，常开触点 11、12 接通，合闸回路接通，合闸线圈得电。

分闸时，按下分闸按钮 1FA，1HA 的常闭触点 13、14 断开，常开触点 11、12 闭合，分闸按钮 1FA 的常闭触点 13、14 闭合，常开触点 11、12 断开，分闸回路接通，分闸线圈得电。

图 2-45 为典型的开关柜遥控回路原理图，遥控操作电源电压为 DC48V。该遥控回路包括电机驱动回路、闭锁回路、遥控分合闸回路、自保持回路、就地分合闸回路等。其中，S7、S8 为负荷开关辅助接点；S9、S10、S11 为接地开关辅助接点；S13 为电缆室门与接地开关联锁辅助接点；S15 为负荷开关电动与手动联锁辅助接点；GL 为 SF6 气压表辅助接点。

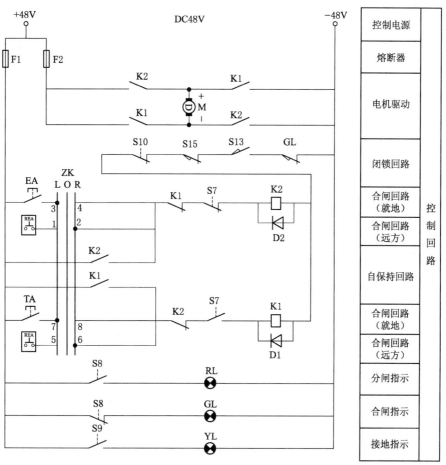

图 2-45 开关柜遥控回路原理图

遥控回路应满足最基本的功能要求：①电缆室门开启、接地开关闭合、SF6压力闭锁电动分合闸功能；②负荷开关电动与手动联锁功能；③防跳功能；④分合闸自保持功能。

动作原理分析如下：

（1）开关柜就地合闸回路。

合闸回路（就地）中，EA为开关柜就地合闸按钮，按下按钮，触点闭合；ZK为开关柜远方就地转换开关，当切换至"就地"时，34接点接通；K1为分闸线圈K1的常闭辅助触点，当分闸线圈不得电时，K1闭合；S7为负荷开关辅助接点，负荷开关分闸状态下，S7闭合；K2为合闸线圈，二极管D2为K2线圈断电时的放电路径。

当闭锁回路中S10、S15、S13、GL满足要求都闭合时，且负荷开关在断开位置，远方就地转换开关切至接地，按下EA按钮，合闸线圈K2得电，电机驱动回路中两副K2触头闭合，电动机M得电正转，负荷开关合闸。

此时，自保持回路中K2触头闭合，在EA按钮断开后继续保持K2线圈得电。而分闸回路中的K2断开，对分闸线圈K1联锁。

当负荷开关合闸后，合闸回路（就地）中的S7触点断开，K2线圈失电，电机驱动回路中两副K2触头断开，电动机M失电停止转动。同时，自保持回路中K2触头也断开，解除自保持。

同时，分闸指示回路中，S8触头由合至分，RL分闸指示灯灭；合闸指示回路中，S7触头由分至合，GL合闸指示灯亮。

（2）开关柜远方合闸回路。

合闸回路（远方）中，远方就地转换开关切至远方，则ZK的12接点合；REA在DTU柜遥控回路中的合闸线圈得电后，会闭合。其余部分见上面（1）。

开关柜就地分闸回路与开关柜远方分闸回路，请读者自行分析。

4. 电源回路原理图

图2-46为电源回路图。

第一个是交流电源输入回路部分，本回路包含独立的两路交流输入，AC1和AC2，两路通过1ZJ继电器相互联锁供电。如图2-46所示，当AC1给电源模块供电时，继电器线圈通电，其使处于常开状态的3、5接点和4、6接点闭合，继电器接点1、5接点和2、6接点断开。反之，AC2给电源模块供电时，继电器的3、5接点和4、6接点断开，接点1、5接点和2、6接点闭合。

第二部分是通信电源回路，交流输入电源AC经电源模块整流后，输出DC 48V，给ONU装置供电，注意极性。如配置的ONU装置的供电电源要求为DC 24V，还需要配置直流电源变送器，将DC 48V转换DC 24V。

第三部分是装置电源部分，交流输入电源AC经电源模块整流后，输出DC 48V，用于DTU装置供电，连接到相应的装置电源板卡上，注意极性。

第四部分是操作电源部分，交流输入电源AC经电源模块整流后，输出DC 48V，用于电操控制器供电，注意极性。

第五部分是蓄电池部分，用于蓄电池充放电、监测及活化。正常时，整流装置给其浮充，保持正常容量，在交流失电时，由其对装置进行供电。

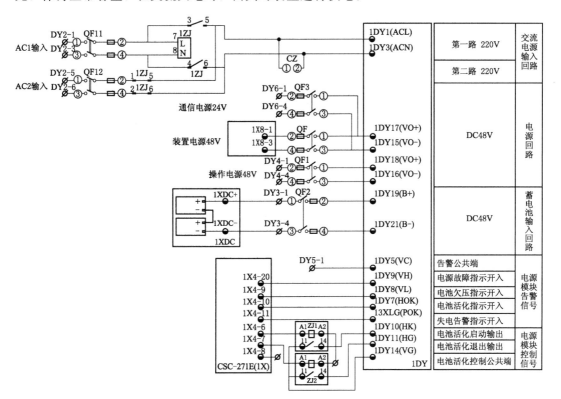

图 2-46　电源回路图

第二部分

配电主站系统

第三章

配电主站系统运行操作

模块1 主 站 系 统 组 成

【学习目标】
(1) 掌握配电主站的基本软硬件架构及功能。
(2) 掌握配电主站基本运行维护及操作常识。

【知识点】

一、配电主站系统硬件平台

配电主站硬件平台是实现配电网运行监控、状态管理等各项应用需求的主要载体。硬件结构采用结构化设计，可以根据地区配电网规模、应用需求以及未来规划，按照大、中、小型进行差异化配置。可伸缩、高可靠、组态灵活是主站平台的基本要求之一。

(一) 硬件结构

经典配电主站硬件从逻辑上由前置子系统、后台子系统、Web子系统及工作站组成，设备类型分为服务器、工作站、网络设备和采集设备。服务器和工作站均按逻辑划分，物理上可任意合并和组合，具体硬件配置与系统规模、性能约束和功能要求有关。所有设备根据安全防护要求分布在不同的安全区中，安全区 I 与安全区 III 之间设置正向与反向专用物理隔离装置。网络部分除了系统主局域网外还包括专网数据采集网、公网数据采集网、Web 发布子系统局域网等，各局域网之间通过防火墙或物理隔离装置进行安全隔离，经典配电主站硬件网络结构示意图如图 3-1 所示。

(二) 前置子系统

前置子系统 (FES, Front End System) 由数据采集服务器、前置网络组成，是配电主站系统中实时数据输入、输出的中心，主要承担配电主站与所辖配电网各站点（配电站点、相关变电站、分布式电源）之间、与上下级调控中心自动化系统之间的实时通信任务，还包括完成与自身配电主站后台系统之间的通信任务。必要时也可与其他系统进行通信。前置子系统与现场终端装置通信，对数据预处理，以减轻 D-SCADA 服务器负担，此外，还有系统时钟同步、通道的监视与切换以及向其他自动化系统或管理信息系统转发数据等功能。

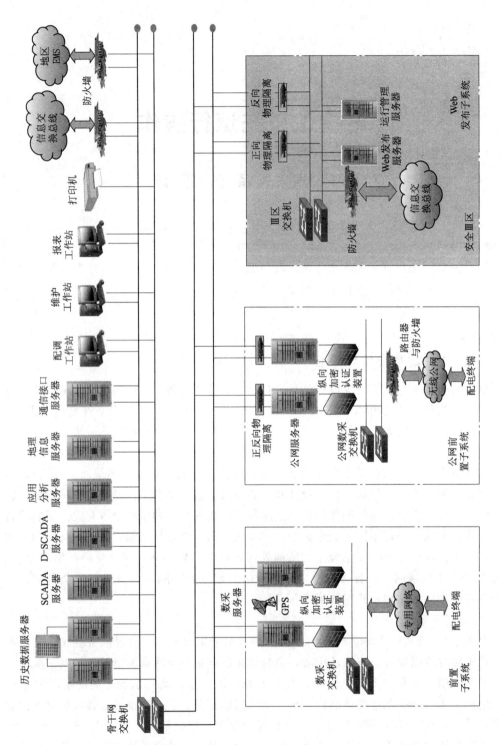

图 3-1 经典配电主站硬件网络结构图

前置子系统是配电调度与现场联系的枢纽，向上接入主站局域网，与 D - SCADA 应用交换数据；向下与各种现场终端装置通信，采集配电网实时运行数据，下发控制调节命令。前置系统一旦出现故障，将造成运行数据丢失，运行可靠性要求极高。采集服务器一般是选用高可靠性的工业控制计算机，并采用双机热备用工作方式；与现场终端之间支持 CDT 、IEC 60870 - 5 - 101 等点对点、点对多点等专线通道通信规约，也支持 IEC 60870 - 5 - 104 等网络通信规约。

前置子系统按照通信通道不同，可分为专网数据采集和公网数采集。

（1）专网前置采集子系统。专网前置采集子系统是配电主站眼睛，负责通过配电通信专网与配电终端进行通信，采集开关、配电变压器等一次设备的测量数据。配电主站接入终端的数量可以伸缩按需配置，比如配置 8，每组通常有 2 台 4 网卡前置服务器组成，2 块网卡与终端层通信，2 块网卡与运行监控子系统通信。

（2）公网前置采集子系统。公网前置采集子系统扮演角色与专网前置子系统相同，差别在于公网前置通过社会公共通信网（通常是移动、联通等通信公司通信网）实现与配电终端通信，因此按照安全防护要求，公网前置服务器与后台系统通过满足公网隔离的安全要求进行通信。

事实上，只要配置上满足信息安全要求，专网和公网都能支撑配电自动化对无线通信的应用需要，对生产控制大区和管理信息大区均适用。

（三）后台子系统

后台子系统与前置子系统配合，完成遥信、遥测量的处理、越限判断、计算、历史数据存储和打印等电网的实时监控功能，实现馈线自动化及应用分析功能。同时，后台子系统将系统数据向订阅的各个应用及人机界面推送实时数据，支持应用分析功能运行。

后台系统是配电主站系统中数据处理、承载应用、人机交互的中心，主要承担配电主站系统基础平台、基础功能、扩展功能应用，完成调度员、运维人员进行人机交互功能，完成与其他系统交互功能，后台服务器一般是选用高可靠性的工业控制计算机，并采用双机热备用工作方式。

后台子系统部署在安全Ⅰ区，是整个配电主站的核心主系统，面向配电网实时运行控制业务。后台子系统硬件通过主干网连接，逻辑上分为磁盘阵列、数据库服务器、D - SCADA 服务器、应用分析服务器等服务器，完成数据处理、采样及存储服务。工作站根据需要配置为配调工作站、运维工作站等客户端，支持具体运行监控专业应用。

（四）新一代配电主站

（1）硬件结构。新一代配电主站硬件结构的特征体现在标准化、网络化、开放式、安全性等几个方面，与传统主站相比的显著特征是扩充了Ⅲ区配置，将后台系统从Ⅰ区延伸到Ⅲ区，分别支撑Ⅰ区的运行监控业务和Ⅲ区运行状态管控业务。因此，新一代配电主站硬件结构从逻辑上可分为采集与前置系统、运行监控子系统和状态管控子系统。

新一代配电主站硬件网络结构示意图如图 3 - 2 所示。

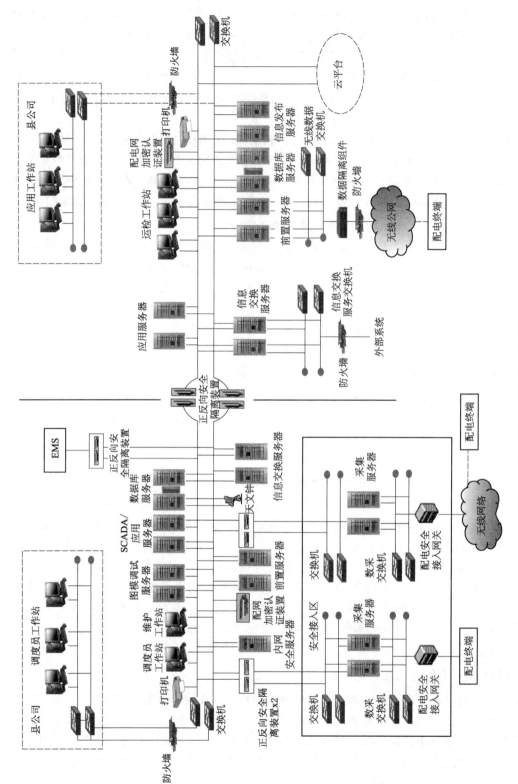

图 3-2 新一代配电主站硬件网络结构图

（2）前置子系统。与经典配电主站的相比，新一代配电主站的前置子系统将采集与前置服务器分离。采集服务器根据通信类型和配电终端的不同，分别接入安全Ⅰ区和Ⅲ区的前置服务器。"三遥"配电终端通过采集服务器部署在安全接入区，通过物理隔离与Ⅰ区前置服务器通信，实现数据接入后台；基于无线公网的"二遥"配电终端，则通过隔离组件直接接入Ⅲ区前置服务器。

（3）后台子系统。新一代配电主站后台系统在经典配电主站的基础上拓展了状态管控子系统。状态管控子系统部署在安全Ⅲ区，支撑配电运行趋势分析、数据质量管控、配电自动化缺陷管理等状态管控应用，并具备对外数据发布功能。硬件上包括公网数据采集前置服务器、信息发布服务器、运行管理应用服务器和数据库服务器等。Ⅰ、Ⅲ区系统间协同管控、一体化运行。

（五）主站系统规模

主站系统可以根据需要划分其规模大小，便于选用，比如根据国家电网公司技术标准《配电自动化系统典型设计主站分册》，不同类型的配电主站，对硬件配置分为小、中、大3类，主站系统规模配置见表 3-1。

表 3-1　　　　　　　　　　　　主 站 系 统 规 模 配 置

主站类型	生产控制大区配置		管理信息大区配置	
	相　同	区　别	相　同	区　别
小型	2 台数据库服务器，2 台 SCADA 服务器，1 台接口服务器，1 台磁盘阵列。安全接入区相应专用软硬件及网络设备若干	由 SCADA 服务器兼前置服务器和应用服务器	2 台无线公网采集服务器，1 台接口服务器，二次安全防护装置及相关网络设备	1 台 Web 服务器
中型		2 台前置服务器，1台应用服务器		1 台 Web 服务器
大型		2 台前置服务器，2台应用服务器		2 台 Web 服务器，1 台磁盘阵列

二、配电主站系统基础平台

配电主站系统基础平台是具有先进、成熟、稳定特征的标准化工业应用软件，软件配置满足开放式系统要求。配电主站系统基础平台一般包含实时多任务操作系统、商用数据库、中间件等支持软件，在此基础上构建的应用软件则采用模块化结构设计。总之，配电主站系统基础平台满足实时性、可靠性、适应性、可扩充性及易维护性的基本要求。

配电主站系统基础平台管理监视整个运行系统中的进程，分配管理系统资源，为用户提供一个良好的运行开发环境。配电主站系统基础平台是配电主站开发和运行的基础，采用面向服务的体系架构，为各类应用的开发、运行和管理提供通用的系统支撑，为整个系统的集成和高效可靠运行提供保障，为配电主站生产控制大区横向集成、纵向贯通提供基础技术支撑。

目前国内实时监控类配电主站系统基础平台，大都采用面向服务架构，基于通用计算机和安全操作系统及统一、标准、容错、高可用率的支撑软件，例如关系数据库软件，存储电网静态模型及相关设备参数；数据总线由消息总线和服务总线组成，能够在各种主流操作系统环境下运行，其中消息总线提供进程间（计算机间和内部）的信息高速传输，服务总线采用面向服务架构（SOA），提供服务封装、注册、管理等系列功能。

配电主站系统基础平台主要包括系统管理、数据存储与管理、数据传输总线、公共服务、平台功能和安全防护等功能模块。

新一代配电主站在经典配电主站基础上作了延伸，其配电主站系统基础平台与经典配电主站平台的显著区别是增加了跨越Ⅰ、Ⅲ区的信息交换总线，用于支撑Ⅰ区运行监控应用与运行状态监控应用的数据同步和服务联动。

（一）操作系统及数据库管理

数据库管理提供数据维护工具，完善的交互式环境的数据库录入、维护、检索工具和良好的用户界面，可进行数据库删除、清零、拷贝、备份、恢复和扩容等操作，并完备数据修改日志；提供全网数据同步功能，任一元件参数在整个系统中只输入一次，全网数据保持一致，实时数据和备份数据保持一致。

数据库管理具有多数据集功能，可以建立多种数据集，用于各种场景如培训、测试、计算等；提供离线文件保存，支持将在线数据库保存为离线的文件和将离线的文件转化为在线数据库的功能；支持带时标的实时数据处理，在全系统能够统一对时及规约支持的前提下，可以利用数采装置的时标而非主站时标来标识每一个变化的遥测和遥信，更加准确地反映现场的实际变化；具备可恢复性，主站系统故障消失后，数据库能够迅速恢复到故障前的状态。

（二）消息总线与服务总线

1. 消息总线

基于事件的消息总线提供进程间（计算机间和内部）的信息传输支持，具有消息的注册/撤销、发送、接收、订阅和发布等功能，以接口函数的形式提供给各类应用；支持基于 UDP 和 TCP 的两种实现方式，具有组播、广播和点到点传输形式，支持一对多、一对一的信息交换场合。针对电力调度的需求，支持快速传递遥测数据、开关变位、事故信号、控制指令等各类实时数据和事件；支持对多态（实时态、反演态、研究态、测试态）的数据传输。

消息总线通过基于共享内存的进程间通信和节点间的消息传输构成消息总线，完成消息的收发功能。消息总线对上层应用封装成 6 个通用的基本服务接口。应用进程通过调用 6 个接口函数使用消息总线。

实时消息总线的实现机制主要通过 UDP、TCP 通信协议实现事件的发布/订阅。在同一节点内部，消息的发布者和消息的接收者之间的消息传递基于共享内存。在不同节点之间实现消息的发布者和消息的接收者之间的消息传递基于组播技术或点对点。

组播是消息发布者将消息报文发布给同组的各个节点，接收节点的消息代理再通过共享内存等通信方式将消息传递到接收者。

消息总线部署在各个发布/订阅的节点，消息总线提供报文重传机制，保证报文的有效传递。

2. 服务总线

服务总线采用 SOA 架构，屏蔽实现数据交换所需的底层通信技术和应用处理的具体方法，从传输上支持应用请求信息和响应结果信息的传输。

服务总线以接口函数的形式为应用提供服务的注册、发布、请求、订阅、确认和响应等信息交互机制，同时提供服务的描述方法、服务代理和服务管理的功能，以满足应用功能和数据在广域范围的使用和共享。

服务总线作为配电主站系统基础平台的重要内容之一，为系统运行提供技术支撑。服务总线目标是构建面向服务（SOA）的系统结构，为此，服务总线不仅提供服务的接入和访问等基本功能，同时也提供服务的查询和监控等管理功能。

服务总线针对电力行业的应用特点，提供请求/应答和订阅/发布应用开发模型。服务总线屏蔽网络传输、链路管理等细节内容，便于服务开发。

服务总线支持面向服务（SOA）的体系结构。提供的服务管理原语可以用于服务的注册、查询和监控，使服务使用具有较好的透明性，方便服务部署以及支持系统可扩展性。

（三）权限管理

权限管理是一组权限控制的公共组件和服务，具有用户的角色识别和权限控制的功能，其权限控制包括基于对象的控制（包括菜单、应用、功能、属性、画面、数据和流程等）、基于物理位置的控制（如系统、服务器组和单台计算机）和基于角色的控制功能。

（1）基于对象的控制功能。权限管理中具有功能和特殊属性两种权限单位，功能用于实现一类权限控制操作，特殊属性用于对具体权限对象（比如关系表、表域或画面等）的权限控制，通过将功能和特殊属性一并授予到用户上，可以实现用户对各类权限对象灵活的权限控制功能。

（2）基于物理位置的控制功能。用户具有用户组的属性，一个用户必须且只能属于一个用户组，用户组上具有物理位置的属性，一个用户只能在所属用户组的物理位置上执行登录操作。通过用户、用户组和物理位置的关联，实现用户基于物理位置的权限控制功能。

（3）基于角色的控制功能。权限管理中的角色是一组功能和特殊属性的组合。用户具备的功能和特殊属性既可以在用户上直接定义，也可以通过为用户定义角色，然后继承角色的权限定义。用户最终具有的权限是用户包含的全部角色的权限和用户单独定义权限的并集，通过角色继承的方法，实现用户基于角色的权限控制功能。

（四）告警服务

告警服务统一处理不同应用的各种告警和事件，并根据定义以某种具体方式发出告警信息，如推画面、声光报警、短信通知等，是配电主站系统基础平台提供的一个公共服务，同时告警服务提供统一的事件/报警记录、保存、打印，检索和分析等服务。

告警定义，常见的告警包括电网事故引起的状态变化、量测越限，电网运行考核数据越限，以及软硬件系统设备故障等。配电主站系统基础平台提供告警服务来统一处理各种报警和事件，根据定义以某种方式发出告警信息，如推画面、声光报警等，同时对电网事件、系统事件等各种事件分开进行记录、保存和打印，并提供检索、分析等服务。可以作为告警来处理的有：①非法更改状态量点的状态；②为响应管理命令而引起的设备故障；③系统装置或主要部件出故障或有的错误几乎不能恢复时，例如服务器故障；④现场通信的永久性故障（FTU、DTU通信故障），或者其他网络系统的通信故障，或者直接与系统主站连接的通信故障；⑤厂家或用户编写的应用程序发出告警。

事件定义，系统中事件主要是指用户操作的信息，主要包括用户登录和退出、模型操作、告警抑制和确认等操作，可以根据用户需求定义新的事件类型。系统中可以根据不同事件定义不同的处理方式。

从宏观上来看，告警分为传统流水账式告警和智能告警两类。

1. 传统流水账式告警服务

告警和事件处理，系统主站提供方便的告警定义工具。通过告警定义工具，不同的告警和事件可以根据具体要求有不同的处理方式。在每一类型的告警中，最多可以定义64个不同的告警状态（如开关的分和合，保护信号的动作和复归），同样系统对于同一告警类型的不同告警状态也可以有不同的处理方式。主要有告警显示、语音报警、推画面报警、打印报警、中文短消息报警、登录历史告警库和是否需要告警确认等。

告警根据告警的严重程度不同，通常可以分成紧急、重要、一般告警三类，对于不同等级的告警，可以定义不同的告警处理方式。

告警和事件汇总，系统中的告警汇总信息通过窗界面来显示。告警窗上有两部分组成，上部分显示重要告警，下部分显示全部告警。重要告警和次要告警可以通过定义不同的颜色来显示。窗口显示的告警是以时间顺序的方式显示，即最新来的告警在最下面，用户可以通过拖动滚动条或者按 Page Up/Down 按钮来浏览窗口其余部分的告警。告警窗上未确认的告警根据预先定义的颜色来回闪烁，用户确认后告警停止闪烁。

告警和事件日志，系统中所有的告警和事件都有日志记录。日志中每一行代表一条告警或事件信息，每条日志中都包含告警或事件的发生时间、关键字和告警的内容。系统中不同类型的告警和日志写在不同的登录表中，这样可以方便查询某段时间内同一类型的告警或事件。系统提供专门的告警和事件查询工具，通过查询界面用户可以根据输入的查询条件得到相应的告警日志记录。

2. 智能告警服务

智能告警服务是在传统流水账式告警基础上实现告警信息在线综合处理、显示与推理，支持汇集和处理各类告警信息，对大量告警信息进行分类管理和综合/压缩，对不同需求形成不同的告警显示方案，利用形象直观的方式提供全面综合的告警提示。

告警信息分类采用统一的信息描述格式接收和汇总电网实时监控与故障应用的各类告警信息，并根据各自的特征对大量的告警信息进行分类，主要包括电力系统运行异常告警、二次设备异常告警和网络分析预警三大类。

告警信息综合与压缩提供告警信息综合功能，对系统中由同一原因引起的多个告警信息进行合并，只给出核心的告警或者引起故障的原因。所有的告警信息都进入历史数据库，并支持在实时告警界面通过综合告警信息查看与之相关的详细告警信息。

对频繁出现的告警信息（如开关位置抖动、保护信号复归等），提供时间周期（一般取24h）内重复出现的次数，同时在实时告警界面需自动删除前面相同设备的同样告警信息。

告警智能推理提供告警信息的统计和分析功能，给出故障发生的可能原因和准确、及时、简练的告警提示。采用告警信息规则库等技术，方便用户改变、完善规则库中的规则内容，以提高告警智能化水平。提供单一事件推理、管理事件推理等功能，给出故障或异常发生的可能原因，综合归纳同一段时间内不同告警事件，验证出是否故障发生。

告警智能显示可以按告警类型、告警对象等多种条件配置，各告警等级的处理原则按重要等级进行区分，对于多页面的综合告警智能显示界面，采用多种策略实现自动滤除多余和不必要的告警，并按不同用户的职责需求以及不同的故障条件定制告警显示方案。

（五）运行状态管理

系统管理功能通过提供一整套的平台管理软件，实现对整个系统中设备、应用功能等的分布式管理，适应安全防护Ⅰ、Ⅱ、Ⅲ区应用的要求，协助各应用的功能实现，达到统一管理和协同工作的目的，方便运行维护人员对系统运行的监控和管理。

平台管理功能包括节点及应用管理、进程管理、网络管理、资源监视、时钟管理、日志管理、定时任务管理、CASE管理和备份/恢复管理等，并提供各类维护工具以维护系统的完整性和可用性，提高系统运行效率。

（六）信息安全防护

承载配电主站的电力调度数据网作为电力系统的重要基础设施，不仅与电力系统生产、经营和服务相关，而且与电网调度与控制系统的安全运行紧密关联。随着配电自动化系统的逐渐建成及配电业务融合程度深入，配电自动化系统与营销系统、GIS/PMS等管理系统甚至用户之间进行的数据交换也越来越频繁。这对调度数据网络的安全性、可靠性提出了新的挑战，根据国家能源局国能安全〔2015〕36号文《电力监控系统安全防护总体方案》"安全分区、网络专用、横向隔离、纵向认证"的总体原则，配电主站系统基础平台应实现加密认证和安全访问，建立纵深的安全防护机制。

三、主要应用软件

配电主站的应用软件功能主要包括运行监控应用和运管状态管控应用。其中，配电网运行监控应用属于实时应用，部署在生产控制大区，同时可以为Ⅲ/Ⅳ应用提供服务支撑；配电网运行状态管控应用部署在安全信息管理大区，以满足电网及设备运行数据分析与管控、二次设备管理以及信息共享发布等方面配电网运行检修需求。其中配电网运行监控应用主要服务于大运行，配电网运行状态管控应用主要服务于大检修，新一代配电主站的系统功能如图3-3所示。

（一）配电网运行监控应用

配电网运行监控（D-SCADA）是架构在配电主站系统基础平台上的配电网调度最核心的具体应用。配电网SCADA是配电主站系统最基本的应用，实现完整的、高性能的、实时的数据采集和监控功能。主要包含的功能模块有数据采集与处理、远方控制与调节、馈线自动化、配电网设备操作、事故反演和系统接口与通信等。

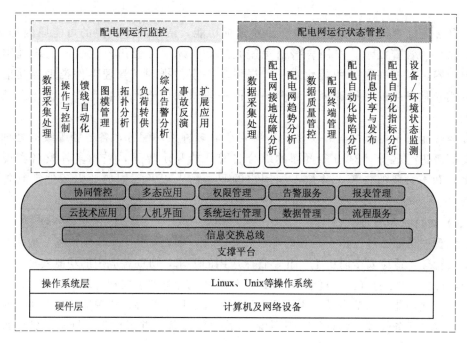

图 3-3 新一代配电主站系统功能

1. 数据采集与处理

数据采集是整个主站系统与外部系统进行实时数据及其实时信息交换的桥梁和中心，具体包含数据采集、数据通信、数据预处理和控制命令执行四方面的功能。

数据采集需要面对多种通信介质、多种通信方式、多种通信协议、多种数据采集单元、其他多种不同的自动化通信系统。数据采集总体上应满足配电网实时监控的需要。采集的数据类型包括：电力系统运行的一次设备（线路、变压器、母线、开关等）的有功功率、无功功率、电流、电压值以及主变压器挡位等模拟量和开关与隔离开关的状态量，保护、安全自动装置、备用电源自动投入（备自投）等二次设备数据的保护信号等，还包括其他计算机系统和设备（卫星、UPS 等）传送来的数据。通信方式存在多种通信方式（光纤、载波、无线等），通信协议支持 104/101 通信规约或符合 IEC 61850 的通信协议。对接收数据有错误条件检查和处理功能，对终端运行工况、通信通道流量、具备完善的监测功能。数据采集应符合国家发展改革委 2014 年第 14 号令《电力监控系统安全防护规定》。

数据处理是配电网 SCADA 的重要功能模块，为人机展示、应用分析功能提供坚实的数据基础，是数据采集的下一个环节。数据处理应具备模拟量处理、状态量处理、非实测数据处理、点多源处理、数据质量码、平衡率计算、统计计算等功能。

（1）模拟量处理一次设备（线路、变压器、母线、开关等）的有功功率、无功功率、电流、电压值以及主变压器挡位等模拟量，同时设置处理数据的质量标签。模拟量的处理流程依次是工程量单位转换、零漂处理、有效数据判断、越限判断和告警、日数据统计。

（2）状态量处理包括开关位置、隔离开关位置、接地开关位置、保护状态以及远方控制投退信号等其他各种信号量在内的状态量，设置处理状态量的质量标签。统计开关、隔离开关类设备的变位次数、保护信号的动作次数等，当次数越限时发送报警。

（3）非实测数据处理，非实测数据可由人工输入也可由计算得到，与实测数据采用相同的数据处理办法。

（4）数据质量码处理，数据质量码反映数据的质量状况。人机界面根据数据质量码对设备量进行展示，计算量的数据质量码由相关计算元素的质量码获得。数据质量码至少可以标识出的类别有未初始化数据、不合理数据、计算数据、实测数据、采集中断数据、人工数据、坏数据、可疑数据、采集闭锁数据、控制闭锁数据、替代数据、不刷新数据和越限数据等。

（5）统计计算功能根据调度运行的需要，对各类数据进行统计，提供统计结果，常用的统计功能有数值统计、极值统计、次数统计、合格率统计、负载率统计、停电设备统计、终端运行工况统计和系统运行指标统计。

（6）数据记录指的是事件顺序记录、周期采样、变化存储功能。

（7）事件顺序记录（SOE）以毫秒级精度记录所有电网开关设备、继电保护信号的状态、动作顺序及动作时间，形成动作顺序表，并提供 SOE 记录分类检索功能。提供设备的 SOE 屏蔽和 SOE 解除屏蔽功能。周期采样对系统内所有实测数据和非实测数据进行周期采样，支持批量定义采样点及人工选择定义采样点，采样周期可选择。变化存储对系统内所有实测数据和非实测数据进行变化存储，完整记录设备运行的历史变化轨迹，可批量定义存储点及人工选择定义存储点。

2. 远方控制与调节

控制操作严格按照控制流程执行远方调控操作。对开关设备实施控制操作一般应按选点—返校—执行 3 步进行，只有当"返校"正确时，才能进行"执行"操作。在进行"选点"操作时，当遇到如下情况之一时，选点应自动撤销：①控制对象设置禁止操作标识牌；②校验结果不正确；③遥调设点值超过上、下限；④当另一个控制台正在对这个设备进行控制操作时；⑤选点后有效期内未有相应操作。

对属于其他系统（如上级调度自动化系统）控制范围内的设备控制操作，配电主站能够通过信息交互接口将控制请求向其提交。

安全措施方面，操作必须从具有控制权限的工作站上才能进行，操作员必须有相应的操作权限，双席操作校验时，监护员需确认，操作时每一步应有提示，每一步的结果有相应的响应，操作时应对通道的运行状况进行监视，系统提供详细的存档信息，所有操作都记录在历史库，包括操作人员姓名、操作对象、操作内容、操作时间和操作结果等，可供调阅和打印。

防误闭锁方面，系统提供多种类型的远方控制自动防误闭锁功能，包括基于预定义规则的常规防误闭锁和基于拓扑分析的防误闭锁功能。常规防误闭锁在数据库中针对每个控制对象预定义遥控操作时的闭锁条件，如相关状态量的状态、相关模拟量的量测值等，并能实现多种闭锁条件的组合。实际操作时，应按预定义的闭锁条件进行防误校验，校验不通过时应禁止操作，并提示出错原因。拓扑防误闭锁通过网络拓扑分析设备运行状态，约束调度员安全操作。

开关操作的防误闭锁功能包括具备合环提示、解环提示，挂牌闭锁负荷失电提示，负荷充电提示、带接地开关合断路器提示等。接地开关操作的防误闭锁功能包括带电合接地开关提示、带隔离开关合接地开关提示等；挂牌闭锁功能。

控制种类包括：①单设备控制，常规的控制方式，针对单个设备进行控制；②序列控制，应提供界面供操作员预先定义控制条件及控制对象，可将一些典型的序列控制存储在数据库中供操作员快速执行；③群控，与上述序列控制类似，有所区别的是群控在控制过程中没有严格的顺序之分，可以同时操作。

3. 馈线自动化

当配电线路发生故障时，馈线自动化根据故障信息进行故障定位，隔离和非故障区域的恢复供电。馈线自动化能够对发生的各种配电网故障进行处理，具有处理短时间内发生多点故障的能力，可以快速恢复配电网供电，并具有模拟研究功能。

按照故障处理方式的不同，馈线自动化系统可以分为就地型和集中型两种模式。就地型馈线自动化系统是利用自动化开关相互配合，不需要配电主站参与就能完成故障处理，但是只能在故障发生时起作用，而且故障处理过程严格按照事先的整定进行。集中型馈线自动化系统需要建设通信网络并在配电主站控制下进行故障处理，不仅可以在故障发生时起作用，而且在正常运行时也可以对配电网进行监控，其故障处理策略也可以根据实际情况自动调整。

集中型馈线自动化系统分为全自动式和半自动式两种方式。全自动式是主站通过收集区域内配电终端的信息，判断配电网运行状态，集中进行故障定位，自动完成故障隔离和非故障区域恢复供电。半自动式是主站通过收集区域内配电终端的信息，判断配电网运行状态，集中进行故障识别，通过遥控完成故障隔离和非故障区域恢复供电。

在配电自动化实施过程中，一般先建设配电主站，按照满足覆盖全市规模建成，而对于配电终端的建设，采取统筹规划、分步实施的原则，随着配电自动化建设的深入，按馈线逐条接入配电终端，逐步实现地区配电网的配电自动化全覆盖。

4. 配电网设备操作

（1）母线操作。选择"设置标志牌"菜单项，调度员可以对母线进行挂牌操作，对挂好的标志牌也可以通过右键点击标志牌进行移动、删除和查看修改注释的操作。

（2）断路器操作。选择"测点信息"菜单项，将弹出母线信息模板，模板中显示所选母线设备的基本信息。在馈线接线图中，选中断路器，点击右键，弹出右键菜单。以下介绍常用的菜单操作：

1）断路器操作。选择该菜单项可以对所选断路器挂标志牌。具体操作方式同母线设置标志牌操作方式，对挂好的标志牌也可以通过右键点击标志牌进行移动、删除和查看修改注释的操作。

2）遥信封锁（分）/遥信封锁（合）。选择该菜单项可以对断路器进行人工置位（分）/遥信封锁（合）操作，封锁操作后系统将以人工封锁的状态为准，不再接受实时的状态，直到遥信解封锁为止。

3）遥信对位。单个断路器变位后，将闪烁显示，用以提示变位信息。"遥信对位"操作确认并停止闪烁，恢复断路器正常显示。

4）遥控操作。选择"遥控"菜单项后，将弹出遥控对话窗。

5）遥控禁止。选择该菜单，系统将封闭开关的遥控功能，同时该开关的遥信状态将被置上"遥控禁止"。

6）遥控允许。选择该菜单，针对"遥控禁止"，接触遥控闭锁，恢复断路器的遥控功能，未被遥控闭锁的断路器，该菜单项被隐去。

7）抑制告警。选择该菜单项后，该断路器的告警信息将不出现在告警窗中，但可以通过告警查询查到。

8）恢复告警。选择该菜单，将解除断路器的"抑制告警"设置，断路器的告警信息重新上告警窗。未被抑制告警的断路器，该菜单项被隐去。

9）召唤全数据。选择该菜单，将向现场终端通过前置发送总召命令，实时刷新画面上量测的数据信息。

10）测点信息。选择该菜单项，将弹出断路器信息模板，模板中显示所选断路器设备的基本信息。

11）前置信息。选择该菜单后，将弹出断路器在前置库中的相关信息，包括通道的IP、端口等。

（3）遥测量操作。在厂站接线图中，选中遥测量动态数据，点击右键，具有如下常用操作：

1）遥测封锁选择该菜单项，弹出遥测封锁对话框，调度员可以输入遥测值，将当前设备的遥测值设为输入值，当有变化数据或全数据上送后，置数状态及所置数据即被刷新。

2）解除封锁选择该菜单项，解除当前遥测量的封锁状态。若当前遥测量未被置封锁，则该菜单项被隐去。在对话框中输入"置入值"，点击"确认"按钮。

3）今日曲线选择该菜单项，系统即启动曲线浏览器，显示所选遥测量的今日曲线，若该遥测量已被定义采样，则有曲线显示，显示内容为当天的 0 点至当前的所定义采样周期的曲线。

4）实时曲线选择该菜单项，系统即启动曲线浏览器，显示所选遥测量的当前实时曲线，若该遥测量已被定义采样，则有曲线显示，显示内容为从调显时刻开始所定义采样周期的曲线，实时更新。

通常记录现在时刻之前 8 天内（参考值，可调整）的电力系统的实时运行状态，包括多个电力系统的实时断面以及断面之间的全部实时消息。全部实时消息包括数据采集设备采集上来的所有数据包、通过人机界面操作而发生的消息、各个应用程序实时运行而产生的结果值（如计算量等）。可允许事故反演多重激发多重记录（即允许记录时间部分重叠）。激发后事故场景文件时间重叠时自动将事故后的记录时间顺延保证记录事故的完整性。

（4）事故反演。事故反演是数据处理的增强功能。系统检测到预定义的事故时，可以自动记录事故时刻前后一段时间的所有实时稳态信息，以便调度员在一个特定的事件（扰动）发生后，可以重新展现扰动前后系统的运行情况和状态，以进行必要的分析。主要包含事故追忆和事故重演两个步骤。

通常有自动启动和手动启动两种激发或启动模式：①自动启动，发生事先定义的触发事件（事故源）；②手动启动，调度员手动激发。触发事件可以由用户定义，可以是设备状态变化、测量值越限、测量计算值越限、逻辑计算值为真、操作命令及其组合等。触发事件的最大数目可达到 500 个。手动启动可以在 8 天之内的任何时刻作为触发点，保存触发点前 30min 和后 30min（用户可调）的运行数据。

事故反演的记录程序每分钟将系统中消息记录为一组日志文件（包括日志索引文件、小尺寸消息日志文件、最小尺寸消息日志文件），每隔一定的时间向 CASE（事件）管理服务发送形成 CASE 请求。这些日志文件放在一个中间文件夹目录下，文件会根据配置的时间定时删除（如自动删除 24h 之前的文件）。事故反演记录部分收到激发消息后，在场景表中形成一条记录，将激发时间前后一定时间的日志文件拷贝到相应的场景文件夹中，并将拷贝文件信息写入到永久保存日志文件表中。

重演功能是事故发生时期所有信息环境的重现，包括画面、数据和报警灯。重演时，重演进程与 CASE 管理功能配合启用与事故时刻对应的电网模型、图形及数据，确保三者完全匹配，调度员可以通过任意一台工作站在研究态下进行事故反演。并可以允许多台工作站同时调用研究态的画面，进行观察。研究态与实时环境互不干扰。在反演时，首先将实时库信息根据 CASE 文件和日志文件恢复到场景开始时刻，然后从日志文件中读取消息头和消息体，并将这些消息经消息总线发给研究态的其他进程，SCADA 进程接收这些消息后解析处理并将数据写入到实时库，已记录的消息和断面逐个重放，调度员即可通过人机画面观察该场景的整个变化过程。

还可以将网络分析应用软件和事故反演相结合使用。当重演到某个时刻时，可以直接启动该断面下的状态估计、潮流计算等。

5. 系统接口与通信

配电主站系统基础平台与其他系统之间通过文件、规约、服务等多种方式进行通信。常见使用的包括与主网系统之间的通信，采用串口或者网络的方式以 IEC 101、IEC 104、DL 476、E 语言等不同的规约将主网的实时数据传送到配电主站系统，从而获得系统运行的电网数据，包括模型信息和一、二次设备实时监测数据等；与 GIS 平台之间的通信，采用服务调用的方式将图模数据传送到配电主站系统，从而获得 GIS/PMS 维护的中压配电网（包括 6~20kV）的单线图、区域联络图、地理图以及网络拓扑等。

（二）运行状态管控应用

1. 配电接地故障分析

我国 6~35kV 配电网中性点广泛采用小电流接地方式，即中性点不接地或经消弧线圈接地这两种接地方式。运行经验表明，电压等级越低，接地故障越多，从故障类型来看，最常见的是单相接地故障，占 80% 以上。单相接地故障可能产生过电压，烧坏设备，甚至存在造成人身伤亡的危害，因此快速确定故障位置并且排除故障，是提高配电网可靠安全运行的重中之重。

由于我国配电网结构复杂、故障类型复杂多样、现场中性点接地方式不固定等，这些客观问题均给单相接地故障时的选线定位工作带来一系列的困难和问题。因此亟须开展配电网单相接地故障选线定位方法的适应性研究，并充分发挥配电自动化系统在数据采集、传输、分析与应用方面的优势，结合配电自动化系统开展配电网不同接地系统下单相接地故障信息采集、传输以及单相接地定位策略等关键技术的研究工作，研发配电线路单相接地故障定位装备，提出适应我国配电网发展需要的单相接地故障定位一体化解决方案，促进配电网安全可靠运行水平的全面提升。

配电线路故障定位装备（故障指示器）可以仅包含配电线路故障定位传感探头作为就地型的一遥装置来运行，主要通过故障时启动感应翻牌的方式来展示故障情况，巡线员工就地查看翻牌情况从而确定故障定位情况。而带有通信汇集装置的故障指示装置具有远传功能，通常是采集故障信号和量测信息并上传远方主站，这种装置需要有系统通信作为支撑，系统通信通常采用无线通信方式。通信系统采用短距 MESH 和远程 GPRS 混合组网方式；配电线路故障定位装置由 3 只线路监测球和 1 台通信终端构成，分布在线路关键节点，负责采集线路工况信息，通过通信系统将实时信息传递给配电主站系统，线路正常运行时实现配电网线路综合运行工况在线监测和预警分析，故障时发出告警信息，显示故障类型与定位故障区域，从而实现对线路工况信息和故障信息的监测；配电主站系统在现有配电主站的基础上新增配电线路故障定位处理模块，实现配电线路故障的分析处理。

在单相接地故障接地选线定位方法方面，目前国内外学者在理论研究方面卓有成效，已成熟的方法大致分为利用故障信号的选线方法和利用注入信号的选线方法两大类：

（1）利用故障信号的选线方法分为利用零序信号的方法和利用非零序信号的方法，其中利用零序信号的方法包括利用稳态信号和利用暂态信号。利用稳态信息的选线方法大致有零序过电流法、零序电流群体比幅法、零序电流比相法、零序电流群体比相法、残流增量法和有功分量法等；利用暂态故障信息的选线方法有首半波法、暂态无功方向法、暂态能量法、基于小波变换的暂态电流法等。由于故障暂态信号幅值远大于稳态信号，且不受消弧线圈的影响，因而利用故障暂态信号的特征来选线是近年来新的研究方向。

（2）利用注入信号的选线方法有脉冲信号注入法、变频信号注入法等。配电主站系统中的配电线路单相接地故障定位处理模块主要包括故障发生的判定、故障特征分量计算、故障信息判定等功能。

（1）启动单相接地故障判定的条件（两者之一）：

1）主站接收到地调系统 $3U_0$ 越限信号，主动召唤母线上所有线路故障录波文件，进入故障判定流程。

2）主站接收故障指示器动作信号，线路所属母线上所有线路故障录波文件，进入故障判定流程。

（2）故障特征分量计算。通过对配电线路故障定位装置上送的暂态波形进行解析，采用成熟的故障选线定位方法，计算提取出故障特征分量，主要包含暂态电流突变量、相电流突变值等。

（3）故障信息判定。采用同母线多线路间的故障录波信息对比分析，依据故障线路波形与非故障线路波形不一致，故障线路故障上、下游波形不一致等原理，进行故障区间的判断。

2. 运行趋势分析

配电网运行状态纷繁复杂，信息量巨大，为减少调度人员认知负担，有必要利用简洁而全面的抽象指标予以描述。需要对电网的各个侧面进行分析，从而筛选出能全面反映电网状态的指标，构成清晰的指标体系，并对电网运行趋势的指标进行计算。其内涵是配电网的当前状态作为进一步计算的依据，结合构建的状态指标体系，对问题区域进行具体的指标精算。对于问题区域的具体指标进行定量计算，有助于准确找到具体安全问题，方便调度人员进行精准的安全预防和校正控制。

配电网运行趋势分析以电网模型、在线电网实时数据为基础，短期负荷预测数据为补充，综合应用配电网潮流计算、状态估计，测算出配电网的"健康水平"，并分析潜在风险，同时，它还能结合薄弱环节诊断结果，科学启动"免疫系统"，自动推荐薄弱环节替换、运行方式改变、自备电源支持三类主动防御措施，推动配电网从事后故障处理转变为事前风险防范。运行趋势分析利用配电自动化数据，对配电网运行进行趋势分析，支持对配电变压器及线路重载、过载趋势分析与预警，主要是根据配电网当前的运行状态，考虑电网电源、负荷、运行方式以及外部环境可能发生的变化，预测配电网的运行趋势走向，预估电网未来运行状态，为调度员提供决策参考。

通常来说，导致配电网存在供电风险运行趋势的隐患主要有环网运行、线路重载运行、保电用户无法转供等。

（1）环网运行：为倒换配电网线路运行方式出现的临时性调整，短时间内对符合条件的线路做环网运行。需要持续关注这部分线路的环网运行情况。

（2）线路重载运行：配电网 10kV、20kV 线路长时间重载运行容易导致设备发热损坏。

根据公式计算线路负载率，其中 I 为线路电流值，I_m 为额定电流值。$rate = I/I_m$ 判断线路是否重载。

根据拓扑分析获取重载线路供电范围，判断供电范围内断路器是否存在合闸变位，如果存在说明为负荷转供导致线路重载。如果不存在，则说明是由现有负荷电流增大导致。

（3）保电用户无法转供：配电网重要用户一般要求多电源供电。为保证供电可靠性，多采取多电源供电措施，多电源来自同一座变电站或者同一条 10kV 母线或者同一条 10kV 线路均判定为无法转供。保电设备分为挂保电牌的设备、一级重要用户、多电源设备 3 类。保电设备要求正常供电，且供电线路需要存在转供电源。

3. 配电终端智能化维护管理功能分析

随着配电自动化覆盖率的逐年提高，配电采集终端的数量日益增长，在配电终端接入调试及后期运行维护过程中的工作量日益繁重，为此配电主站提供配电终端智能化维护管理功能模块，与配电终端密切配合，减少系统与现场配电终端的调试时间，增强系统的终端维护管理功能，为用户提供远程的维护手段，减少系统数据接入时工作量，降低配电终端的运行维护成本，提高整个配电自动化系统的可靠性。

（1）配电终端自动接入。在配电自动化系统的建设工程和日常维护作业中，传统配电终端（DTU、FTU 等）与配电主站之间的信息调试方式是：依靠人工制作和人工传递遥信、遥测、遥控点表，再由主站与厂站双方进行逐点对试校核，出错的概率大、试验周期长，而配电自动化系统中配电终端数量巨大，导致配电自动化系统维护调试量很大。为了缩短配电主站与现场 FTU、DTU 等的调试对试时间，减少系统维护人员的工作量，需要与终端部联合开发，实现配电终端的自动接入。

（2）配电终端蓄电池在线监控。为保证配电终端的正常运行及断路器操作电源的正常提供，特别是在事故停电后的故障隔离与恢复，配电终端设备后备电源，如蓄电池、超级电容等是必要的。主站系统应当具备提供配电终端蓄电池在线监控应用，实现对蓄电池的实时监控管理。

（3）配电终端状态及通信网络一体化监控。配电终端状态及通信网络一体化监控实现对所辖终端、通信接入网设备、光缆、通信通道资源实时监测与管理，根据检测到的终端通信异常状态进行故障分析与定位，并发布终端通信异常报告。

（4）无线终端通信流量监控。无线终端通信流量监控实现 GPRS 无线通信配电终端的流量统计，主要监控无线配电终端的小时通信流量、日通信流量和月通信流量，并记录流量的历史信息，反映无线配电终端的流量变化过程。

（5）微机保护定值远程调用及修改。保护定值是继电保护正确动作的依据，定值的正确性和适应性对继电保护的正确动作及电网的安全运行有着非常重要的作用。随着电力系统的不断发展，配电网的运行方式变化十分频繁，为了保证配电网的安全、稳定、可靠运行，继电保护装置的定值也要随着运行方式的变化进行相应调整。

4. 供电能力分析

配电网供电能力评估是在收集现有的配电网大量基础数据的基础上，通过科学计算，合理地完成对现状网的评估和分析，主要包括配电网网架供电能力薄弱环节分析，配电网负荷分布统计分析，线路在线 $N-1$、配电设备负载情况分析。配电网供电能力评估用来指导电网的建设发展，可以保证资金的有效利用和网络的长期最优发展，可以为电网的安全稳定运行及经营管理奠定基础。

首先对配电网进行合理分区，通过综合每个 110kV（35kV）变电站区域的供电能力并按照其在整个电网中的地位及配电网网络拓扑、负荷分布等将一个大的配电网分解成数个区域配电网，采用层次分析法对区域配电网进行供电能力评估；然后将区域配电网评估结果合理加权后实施整个电网的供电能力评估；最后得到评估结果。这样，不但易于采集评估数据，也可方便地从评估结果中分析出电网存在的薄弱点，便于电网今后规划改进。依据该方法既可以评估出单个供电区域的供电能力，又可评估出整个电网的各项技术指标和整体技术指标情况。

配电网供电能力评估可以自上而下及从整体到局部来考虑该分区电网的电源情况、下级配电变压器的情况、分区配电网整体结构的情况以及具体配电设备的情况。因此，可将静态指标分为电源点分析、配电传输能力、配电网结构分析以及配电设备四个方面来考虑评估。另外，还可将一些难以评价的指标纳入配电网基本状况补充信息，对评估体系起到补充作用，使体系更加完整。

（1）电源点分析。电源点（35kV/110kV 变电站）是整个分区配电网的能量源头，其情况的好坏直接影响分区配电网的健壮性，因此必须对 35kV/11kV 变电站进行主变压器进线 $N-1$ 满足率、主变压器 $N-1$ 满足率、向城市供电母线满足率的校核。另外，容载比是衡量某一配电电压等级的总体规划建设规模、可靠性、适应性和经济性的重要宏观指标，因此对于 35kV/110kV 变电站，其主变压器的容载比进行评价也是一个重要的内容。

（2）配电传输能力。供电能力与传输能力匹配率是对这个方面性能的最直接反映，它体现了下级网络与主变压器的配合情况，反映了配电网的合理性。在正常情况下，由 35kV/110kV 主变压器向用户送出的电能必须经过 10kV/20kV 线路以及 10kV/20kV 配电变压器等中间环节，因此必须对反映它们安全运行水平的线路和配电变压器的负载率进行评价。另外，配电间隔利用率也是必须考虑的一个因素，它反映了随负荷增长配电网络的扩展能力，也是配电传输能力的一个体现。

（3）配电网络结构分析。配电网络的结构对配电网供电的稳定性、可靠性、灵活性和安全性有着最直接的影响。线路的供电半径、负荷转带能力是必须考虑的因素。另外，线路的分段优化程度也是必须计及的一个指标，反映供电的可靠性和经济效益。

（4）配电设备。主变压器进线、主变压器、向城市供电母线、馈线及相关设备的负载率、扩容量、无功补偿调节能力、有载调压开关的占有率等这些指标显示了配电网一些与供电能力联系不是很紧密的一些状况，包括配电网络架空线路的绝缘化率、电缆化率，以及低损耗配电变压器占有率，信息化水平，高压配电变压器标准化状况等。线路的理论网损以及短路容量也纳入此类指标，它们不参与评估，只是作为一个辅助的方面来补充反映该配电网供电能力。

在确定供电能力指标体系的基础上，对现有数据和运行经验的分析，提出了配电区域各个静态指标和动态指标基于模糊层次分析法的隶属度函数，确定了各指标在各层中的相对权重，完成了整个配电网评估系统 35kV/110kV 分区的框架。

由于所采用隶属度函数、权重甚至指标本身的确定方法，并无具体的规程所依，具有主观性，所以有必要对它们进行修正。修正的具体方法是需要用不同的网架信息和运行数据来求取结果，并通过实例验证和结果的反馈信息，找出隶属度函数和权重的某些不合理之处，去反复修正，以提高评估体系的精准性和可行性。

5. 线损计算支撑功能

电力网线损率是电力企业重要的综合性技术经济指标，配电网线损计算是配电网网络规划、经济运行、技术改造、配电网评估等的基础。线损率是线损量占总供电量的百分数，也是国家考核供电企业的重要技术经济指标，还是电力企业完成国家计划和企业考核的主要内容之一，同时，它还是衡量供电企业管理水平的一项重要指标。随着电力体制改革的进一步深化，市场竞争日趋激烈，做好线损管理是供电企业提高经营收入、实现多供少损、节能降耗的重要手段。

目前配电网线损软件多以软件包的形式出现，单机运行，计算分析的各种信息不能共享，数据的传递必须通过人工完成，工作量大、周期长，模型不具有实时性，计算结果展示手法单一，数据可靠性差，在配电自动化系统充分发展的形势下，从数据库中提取实时数据，从主站系统获取实时计算模型及设备电量信息进行计算已不再困难，配电自动化系统中开展配电网线损分析应用成为可能。

配电自动化主站可从海量数据平台，以 E 语言格式方式向线损管理模块提供数据，支撑线损模块分析计算。相关交互的数据内容包括：①配电网运行负荷、电压、电流、遥信变化等数据；②配电网运行日冻结电量、月冻结电量数据；③配电网运行有功电量、无功电量、日冻结电量、月冻结电置、遥信变位时刻冻结电量。

（三）信息发布与共享

配电主站遵循 IEC 61970/IEC 61968 等国际标准，具有良好开放性，在系统设计时就考虑到第三方系统、应用模块接口的要求。主站信息发布与共享功能支持配电网实时运行状态、历史数据、统计分析结果、故障分析结果等信息发布功能。

在与其他信息共享及应用集成过程中，主站严格遵守国家相关的安全防护规定。配电主站严格遵循国家发展改革委 2014 年第 14 号令《电力监控系统安全防护规定》，满足国家能源局国能安全〔2015〕36 号文《电力监控系统安全防护总体方案》等规定。

主站提供的共享方式有多种，既包括符合规范的标准接入方式（基于 IEC 61970/IEC 61968 的组件接口方式、基于 IEC 61970/IEC 61968 的 CIM/XML 接口方式），又包括非标准接入方式（基于数据库的接口方式、基于文件的接口方式、基于专用通信协议的接口方式及基于信息交换总线的接口方式）。

在与其他外部应用系统信息互联中，对于模型、图形等非实时或准实时数据，采用信息交换总线或文件接口方式；对于与调度自动化进行实时数据转发、接入等对实时性要求高的数据，采用系统间直接互联，通过专用通信协议方式实现数据转发。

（1）基于专用通信协议的接口方式。通过专用通信协议的接口方式是最常用的方式。双方约定好专用通信协议并按照此通信协议进行双方的通信，实现双方交互。这种方式的适用范围较大，既可用于不定时的数据交换，也可用于实时数据传送。

（2）基于信息交换总线的接口方式。系统公共服务中具有基于 IEC 61970/IEC 61968 的标准化系统互联模块，通过与信息交换总线互联，实现与其他应用系统信息共享和业务集成，典型的接口有：①基于 IEC 61970 的 CIM/SVG 的图模交换；②基于 CIM/E 与 CIM/G 的图模交换；③基于 IEC 61970 的 CIS 规范；④基于 IEC 61968 - 1 - 13 的业务接口规范；⑤基于 E 格式的断面数据交互；⑥其他基于 SOA 的接口。

（四）扩展功能

配电主站遵循 IEC 61970/IEC 61968 等国际标准，具有良好开放性，在系统设计时就考虑到第三方系统、应用模块接口的要求。主站信息发布与共享功能支持配电网实时运行状态、历史数据、统计分析结果、故障分析结果等信息发布功能。

1. 自动成图

目前配电主站中图形维护主要有手工绘制及 GIS 平台导入提供两种方式。手工绘制是由专业人员在电力系统专用的图形编辑软件上手工绘制的。其缺点主要表现在耗时、易出错，且同步性差。随着电网规模的不断扩大，设备数量和线路复杂度都不断增大，使得手工绘制基本成为不可能。由于 GIS 平台导入提供的图形布局以及图元标准、数据时效性等方面存在缺陷，不能满足调度对辖区内配电网的日常监视控制需要，针对目前图形维护方式的缺陷，自动成图技术被提出并得到研究，自动成图在满足图形准确完整、设备间无交叉重叠的前提下，保证了图形的布局均匀、大小适中、美观清晰，不仅能提高电网调度系统的自动配置能力，更能有效支持调度员的调度决策。

一些主站开发了自动成图软件，用于替代人工完成图形矫正和美化工作，能提高效率使配电自动化系统上的配电网图模尽快投入应用。自动成图工具能根据模型自动生成配电网系统图、单一馈线图、环网回路图，免除人工绘制图形、提高劳动效率。自动成图根据模型变化实现图形增量化修改，更为简便，并且可以自动定义量测，减轻工作量，减少差错，保证图模一致，确保调度用图的准确性，且图形风格规整，易于调度识别。

一般自动成图软件具备配电网全局模型导入、基于自动布局布线方法的自动成图技术、配电网分层多侧面逻辑视图自动生成、配电网独立环网回路图自动生成、配电网单一馈线图自动生成、厂站及容器内部细节展现、复杂 T 形接线展示、增量化布局布线、量测自动关联、配电网自动成图的表达规范、图形导出等功能。

自动成图软件的思想核心是配电网的分层布局。自动成图软件的运行流程为先进行图模错误扫描检查，然后拼接全景模型生成全景图，进一步生成片网图最后生成单线图。流程首先要检查图模的正确性，目前对拓扑连接断开形成孤岛、设备模型无端子、设备无所属容器、设备重名、站所重名、对象错误等类型的图模错误都能有效检查。

2. 分布式电源接入

分布式电源（DR）通常指接入到 35kV 及以下电压等级配电网的小型电源，它是分布式发电和分布式储能装置的总称。分布式发电（Distributed Generation，DG）是指依靠分布式电源进行发电并接入到区域配电网的发电方式，主要有光伏发电、风力发电和小型水电等。分布式储能装置（Distributed Energy Storage，DES）是指模块化、可快速组装并接入配电网的能量存储与转换装置，根据储能形式的不同，DES 可分为蓄电池储能、超导储能、超级电容器储能和飞轮储能等。

分布式电源接入配电网，有利于提高配电网的供电可靠性、抗灾性和能源经济性，但是也在潮流方向、电压调整、电压质量、继电保护、短路保护、线路检修等方面给配电网的安全稳定运行带来了不利的影响。具体表现为配电网潮流由单向转为双向、短路电流和容量增大、电能质量变差、配电网原继电保护系统出现误导或拒动和电网调度困难导致安全隐患等。

分布式电源接入配电自动化系统，可以实现配电自动化系统对分布式发电的检测和控制，解决因信息交流不畅带来的分布式发电并网问题，保证分布式发电安全高效地并网运行。具体表现如下：

（1）能够在线监测分布式电源出口的电压质量，在电压超出范围时，确保分布式电源正确解列。

（2）能够控制分布式电源的启/停，降低区域分布式电源群起群落给系统带来的影响。

（3）能够协调配电网电容投切补偿和分布式电源的无功调节，优化系统的功率因数控制，提高系统供电质量。

（4）能够在保护动作后，对分布式电源状态进行确认，确保分布式电源正确配合保护的动作，降低孤岛对用户及维护人员的安全威胁。

3. 潮流计算

潮流计算根据配电网网络指定运行状态下的拓扑结构、变电站母线电压（即馈线出口电压）、负荷类设备的运行功率等数据，给出所有母线电压的幅值和相位、支路电流、线路的功率分布和功率损耗等，为负荷转供和网络重构等应用提供潮流分布和线损数据。潮流计算功能宜使用在配电网络结构稳定、模型参数完备和量测数据采集较齐全的区域。

4. 解/合环分析

解/合环分析就是通过与上级调度自动化系统进行信息交互，获取端口阻抗、潮流计算等计算结果，对指定方式下的解/合环操作进行计算分析，结合计算分析的结果对该解/合环操作进行风险评估。合环计算除需要校验合环后的稳态电流，避免设备过载外，还需要考虑合环瞬时的冲击电流，以避免过电流保护的动作，造成大面积的停电事故。合环潮流计算可以判定合环电流是否会导致合环断路器过电流保护或速断保护误动作。同时还需要考虑合环是否会导致系统其他断路器过电流保护或速断保护误动作。解环计算则需判定解环后设备是否出现过载情况。

5. 状态估计

在配电自动化系统中，网络分析、计算程序的在线应用有助于调度员掌握系统实际运行状态，解决和分析系统中发现的各种问题，并对系统的运行趋势作出预测。由于配电自动化终端采集数据存在误差，在数据传送过程中各个环节也有误差，使得遥测数据存在不同程度的误差和不可靠性。此外，由于测量装置在数量上及种类上的限制，往往无法得到电力系统分析所需的完整、足够的数据。为提高遥测量的可靠性和完整性，需进行状态估计。

状态估计是根据网络接线的信息、网络参数、有冗余的模拟量测值和开关量状态，求取可以描述电网稳定运行情况的状态量、母线电压幅值和相角的估计值，并校核实时量测量的准确性。通过运行状态估计程序能够提高数据精度，滤掉不良数据，并补充一些量测值，为配电系统其他在线网络分析应用提供可靠而完整的电网运行数据。

6. 负荷预测

配电网负荷预测主要针对 $6\sim20kV$ 母线、区域配电网进行负荷预测，在对系统历史负荷数据、气象因素、节假日以及特殊事件等信息分析的基础上，挖掘配电网负荷变化规律，建立预测模型，选择适合策略预测未来系统负荷变化。

负荷预测按照预测周期可分为超短期、短期、中期、长期负荷预测，超短期负荷预测的使用对象是调度员，一般用于实时控制，需 $5\sim10s$ 的负荷值；或用于安全监视，需 $1\sim5min$ 负荷值；或用于预防控制和紧急状态处理，需 $10\sim60min$ 负荷值。短期负荷预测的使用对象是编制调度计划的工程师，主要用于火电分配、水火电协调、机组经济组合和交换功率计划等，需要 1 日至 1 周的负荷值。中期负荷预测使用对象是编制中长期运行计划的工程师，主要用于水库调度、机组检修、交换计划和燃料计划等，需要 1 月至 1 年的负荷值。长期负荷预测的使用对象是规划设计工程师，用于电源和电网络发展规划，需要数年至数十年的负荷值。

7. 网络重构

配电网网络重构是在满足安全约束的前提下，通过开关操作等方法改变配电线路的运行方式，优化配电网某一指标（降低配电网线损、负荷均衡化、提高供电电压质量、提高系统供电可靠性）或使多个指标组合达到最佳。由于配电网中存在大量的分段断路器和联络断路器，因而配电网络重构是一个多目标非线性混合优化问题。

模块 2　公共平台服务应用及操作

【知识点】

配电网自动化运维人员应熟练掌握系统、进程启停，掌握应用软件及运行状态监视，如网络状态、节点状态等，熟练掌握日志查看，了解数据库基础知识，并掌握数据库备份和恢复，熟练掌握国产安全操作系统常用命令。

一、基本停启操作

配电自动化主站系统验收后即正式投运，所有设备均长期持续带电运行，除非发生设备故障或系统崩溃等特殊情况需要进行系统重启。系统重启需要遵循系统"黑启动"流程和操作，不在本章介绍范围。本章所述系统启动、停止仅限于某台服务器或某台工作站主站系统的启动、停止，这种情况下，系统数据库、服务器或工作站操作系统均正常运行。

（一）系统停启

主站系统一般包括后台进程、调度员界面、实时告警界面、图模维护界面、系统配置界面、前置配置界面、历史告警界面、曲线及报表界面等。

服务器运行后台进程，不同类型的服务器运行的后台进程可以配置，但是所有服务器都需要运行实时数据库，实时数据全网统一刷新。工作站除了运行后台进程之外，根据不同岗位运行不同人机界面，调度员运行调度员界面、实时告警界面，曲线等，运维人员运行图模维护界面、系统配置界面、前置配置界面等。后台进程的运行一般不需用户名和密码，人机界面则需要用户名和密码，且登录时间有限制，超时后要重新登录。

服务器上启动系统：系统服务器均采用机架式服务器，只有主机，服务器的访问通过KVM（Keyboard Video Mouse，键盘显示器鼠标）来管理、切换，同一套显示器、键盘、鼠标可管理几台甚至几十台服务器。切换到要启动系统的服务器上，在命令行终端输入系统启动命令或者在系统可执行程序所在的文件夹中，双击系统可执行程序，完成系统启动。

服务器上停止系统：在命令行终端输入系统退出命令，回车后可退出本服务器上运行的后台系统程序。

工作站上启动系统：系统工作站主机大部分都放在机房屏柜中，用延长器把主机和显示器、键盘、鼠标连接起来，一般是一对一连接，不需要切换。与服务器上启动系统类似，在命令行终端输入系统启动命令或在系统可执行程序所在文件夹中，双击系统可执行程序，或者在桌面双击系统启动快捷方式，然后在登录窗口输入用户名和密码，完成系统启动。

工作站上停止系统：人机界面的退出只需要点击界面中"关闭"的图标即可完成。后台系统的退出与服务器上停止系统操作相同。

如某系统的可执行程序是"startsys"，Linux 操作系统界面，点击右键，选择打开终端，会弹出一个命令行终端小窗，在这个小窗中输入"startsys"，回车开始系统启动，启动成功输出提示信息"System start success"。在命令行终端小窗输入"stopsys"，回车开始停止运行的进程，退出成功后给出提示。

自动化运维人员启动界面程序，如调度员监控"dms"、建模工具"sysmodel"等，与启动"startsys"类似，在命令行终端窗口输入"dms"或"sysmodel"回车开始程序启动，在登录界面中输入用户名和密码，完成人机界面启动。

（二）进程停启

进程是系统可执行程序，不同进程完成不同的功能。后台进程一般都配置由系统带起，并守护方式运行，也就是说系统启动成功时，保证系统正常运行的进程都完成了启动，运行过程中出现问题退出后，系统会再次自动带起。进程的启动、退出都会形成事件，在实时告警界面显示，并能存入历史库，供后期查阅。

进程支持多态运行，或者说不同态下会有不同进程。常用的态包括实时态、未来态、研究态、反演态，各态下有对应的应用。最常用的为实时态 SCADA 应用，未来态常用于图模维护，也就是"红黑图"，黑图为系统中运行的图形，红图为未来态中的图形，图模校验正确，设备投运后，完成红图转黑图操作。配电仿真常运行于研究态，事故分析时常用反演态。

后台进程、人机界面的启动、停止与系统启动、停止类似，不再赘述。

如某系统实时态 SCADA 进程，启动、停止命令分别为"startsys – ctx　real – app scada"，"stopsys – ctx　real – app scada"。

实时态启动、停止命令分别为"startsys – ctx real"，"stopsys – ctx real"，real 即为实时态。

启动、停止 plan 态下的 model 应用里面 model2db _ server 进程的命令分别为"start-proc model2db _ server – ctx plan – app model"，"stopproc model2db _ server – ctx plan – app model"。

二、应用软件及运行状态监视

应用软件及运行状态监视主要包括系统内部网络通信状态、节点状态监视、软硬件管理、状态异常、在线离线诊断工具、运行日志查看及分析。

（一）系统内部网络通信状态

系统按照二次安防规定，设置了生产控制大区（安全区Ⅰ）、管理信息大区（安全区Ⅲ）、安全接入区，部分大型配电主站部署安全区Ⅱ配电仿真功能。各区之间遵循横向隔离、纵向加密的原则，安装物理隔离装置、配电加密认证装置、数据隔离组件、防火墙等二次安防设备。

系统内部网络通信状态主要是指系统内部不同安全区之间以及相同安全区不同服务器、工作站之间的网络通信状态，若状态异常会引起系统局部功能丧失，因此对此状态的监控非常必要。

系统内部网络通信状态若出现中断、阻塞，系统自动生成告警，显示在实时告警界面，并存入历史库。

运维人员也可定时或随时利用命令查看系统内部网络通信状态。

如某系统输入"shownet"回车即可查看各服务器节点网络情况，如图3-4所示，输入"showr"回车即可查看安全区Ⅰ、安全区Ⅲ、安全接入区各区之间的网络状态，跨区隔离状态，如图3-5所示。

```
smart@MODEL1:~$ shownet
    HOST-NAME       NET-A            STATUS   NET-B   STATUS
    ---------       --------------   ------   -----   ------
    DB1             192.188.11.11    OK
    DB2             192.188.11.12    OK
    DBX             192.188.11.100   OK
    SCADA1          192.188.11.13    OK
    SCADA2          192.188.11.14    OK
    FES1            192.188.11.15    OK
    FES2            192.188.11.16    OK
    SCADA3          192.188.11.21    OK
    SCADA4          192.188.11.22    OK
    MODEL1          192.188.11.17    OK
    MODEL2          192.188.11.18    OK
    _SVN_SVR_HOST   192.188.11.14    OK
smart@MODEL1:~$
```

图3-4 网络节点状态

```
smart@MODEL1:~$ showr

[ FORWARD STATUS ]
    FROM_SYS  TO_SYS   STATUS   CUR_IP          MSG_TOTAL(KBYTES)
    --------  ------   ------   -------------   -----------------
    zone1     zone9    OK       172.188.11.47   2479
    zone1     zone11   OK       172.188.11.49   2479
    zone1     zone13   OK       172.188.11.51   2479
    zone1     zone15   OK       172.188.11.53   2479
    zone1     zone3    OK       172.188.11.64   3244

[ REVERSE STATUS ]
    FROM_SYS  TO_SYS   ROLE       STATUS   REFRESH_TIME          CACHE(KBYTES)
    --------  ------   --------   ------   -------------------   -------------
    zone3     zone1    receiver   OK       2019-12-19 16:29:00   0
    zone9     zone1    receiver   OK       2019-12-19 16:29:00   0
smart@MODEL1:~$
```

图3-5 跨区隔离状态

（二）节点状态监视

系统各个应用分布在不同服务器，主要服务器均冗余配置，以保证系统可靠运行。最常用的冗余为一主一备，主节点异常退出时备节点立刻变成主节点运行，节点主备状态的改变形成告警记录，显示到实时告警界面，并存入历史库。也可采用命令方式定时或随时查看。

如某系统"showsys"可查看各节点运行状态，如图3-6所示，其中DUTY表示值班主节点，BACK表示备节点。该系统还支持进程主备运行，"showproc"可查看所在节点进程运行情况。

```
[ SYS  ]
                      MODEL1(LOCAL)  FES1  FES2  MODEL2  SCADA1  SCADA2  SCADA3  SCADA4
                      ------------   ----  ----  ------  ------  ------  ------  ------
    PUBLIC            BACK           BACK  BACK  BACK    BACK    BACK    BACK    DUTY

[ REAL  ]
                      MODEL1(LOCAL)  FES1  FES2  MODEL2  SCADA1  SCADA2  SCADA3  SCADA4
                      ------------   ----  ----  ------  ------  ------  ------  ------
    SCADA                                                BACK    BACK    BACK    DUTY
    FES                              DUTY  BACK
    MODEL             DUTY

[ PLAN  ]
                      MODEL1(LOCAL)  FES1  FES2  MODEL2  SCADA1  SCADA2  SCADA3  SCADA4
                      ------------   ----  ----  ------  ------  ------  ------  ------
    SCADA                                                DUTY    BACK
    MODEL             DUTY

[ SL  ]
                      MODEL1(LOCAL)  FES1  FES2  MODEL2  SCADA1  SCADA2  SCADA3  SCADA4
                      ------------   ----  ----  ------  ------  ------  ------  ------
    SCADA                                                        BACK    DUTY
```

图 3-6　节点状态监视

（三）软硬件管理

系统软硬件管理主要包括服务器、工作站等 CPU、内存、磁盘等使用情况的监视，数据库连接数、表空间占用率，正向隔离装置、反向隔离装置状态、IP、流量，跨区流量统计等信息展示，对一些指标可设置告警阈值，超过时生成实时告警提醒值班人员注意，并存入历史库，如磁盘占用率超过 80% 时，自动告警。

（四）状态异常告警

系统运行状态异常时均生成告警，包括网络状态、节点状态、硬件状态、隔离状态、进程状态等启动、停止、异常、主备切换等都会生成告警，显示在实时告警界面，并存入历史库。

（五）在线/离线诊断工具

系统提供方便的在线诊断工具，可在线监测系统消息、实时浏览进程日志、在线监测通道报文等；也可提供历史事项查询等离线诊断工具，用于系统问题原因定位、排查。

1. 在线/离线监视系统消息

系统消息用于系统内部应用信息传递，比如安全区 Ⅰ 向安全区 Ⅲ 传送图模文件、实时数据等。支持命令方式查看或者通过离线工具查看。

如某系统在线监视系统消息命令 "emsg find 进程名"，可列出进程名，选择进程 ID，就可检测此进程消息。

也可以启动 "建模工具"，打开 "系统总控"，选择 "消息监视"，根据首拼音选择具体的消息，如图 3-7 中 "♯_sys_server_sync_app_msg"，显示了不同区之间系统同步文件的消息记录。

2. 实时浏览进程日志

进程日志的浏览与系统消息类似，支持命令方式或离线工具查看。

如某系统支进程日志命令 "elog find 进程名"，可以列出对应的进程，选择进程 ID，就可以检测实时日志。或通过建模工具查看，如图 3-7 界面中，选择 "日志管理" 即可。

3. 在线检测通道报文

通道报文是比较重要的检测信息，测点数据不对时，需要查看并分析上送的报文。

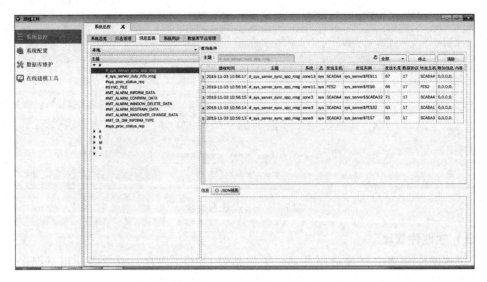

图 3-7 界面化消息查看

某系统提供界面工具"fesmc 前置监视管理工具"显示各通道的报文，如图 3-8 所示。

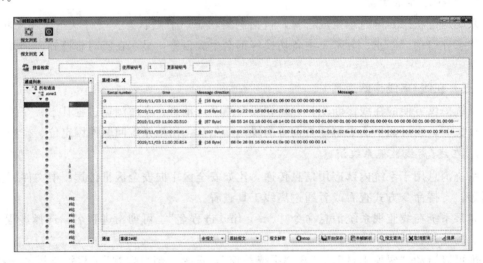

图 3-8 在线报文监视

4. 离线历史事项查询

系统运行的所有告警/事项信息都存入历史数据库，系统提供历史事项查询界面，可按照时间、告警类型、优先级等条件进行查询，也支持模糊查询。

（六）运行日志查看及分析

系统运行日志给运维人员提供了一种查看、分析系统各进程运行是否正常的手段。

如某系统提供命令方式查看运行日志，如前置规约分组，同组规约相同。在命令终端小窗输入"elog find fes"，找到进程 ID，再输入"elog debug ID"，日志很多，可通过"elog debug ID｜grep 通道 ID"来过滤，如图 3-9 所示。

```
smart@FES7:~$ elog debug 55|grep chan_id=3371
read chan_id=3371 form IP 20.11.15.146 port:2404 data len=60
read chan_id=3371 form IP 20.11.15.146 port:2404 data len=60
read chan_id=3371 form IP 20.11.15.146 port:2404 data len=60
read chan_id=3371 form IP 20.11.15.146 port:2404 data len=60
read chan_id=3371 form IP 20.11.15.146 port:2404 data len=60
read chan_id=3371 form IP 20.11.15.146 port:2404 data len=60
read chan_id=3371 form IP 20.11.15.146 port:2404 data len=60
read chan_id=3371 form IP 20.11.15.146 port:2404 data len=60
read chan_id=3371 form IP 20.11.15.146 port:2404 data len=60
```

图 3-9　前置通道日志查看

三、双机切换、系统配置管理

（一）双机切换

为了保证系统可靠运行，重要的设备一般冗余配置，正常运行于热备方式，特殊情况下，也支持人工切换。

某系统人工切换可通过重启 DUTY 值班主机，也可通过命令"switchduty-ctx CTX_NAME-app APP_NAME-host HOST_NAME"。

（二）系统配置

系统正常运行前，要先进行安全区、进程、态、隔离、节点等配置，一般系统建设过程中完成，系统投运后无需修改。若系统扩建，新增节点等需完成系统配置。

四、数据库基本操作

（一）高速缓存

数据高速缓存与操作系统缓存类似，存储最近从数据文件中读取的数据块，其中的数据可以被所有用户访问。如利用 Select 语句从数据库中查询时，先在数据高速缓存中查找，找不到时再从数据文件中查找。这种机制能提高数据库的整体访问效率，因为读取内存的速度比读取磁盘的速度快很多倍。

（二）数据镜像

数据库镜像是数据库管理系统 DBMS（Database Management System）根据数据库管理员 DBA（Database Administrator）的要求，自动把整个数据库或其中的关键数据复制到另一个磁盘上，当主数据库更新时，DBMS 自动把更新的数据复制过去，即 DBMS 自动保证镜像数据与主数据的一致性。

当介质故障时，由镜像磁盘提供数据库服务，同时 DBMS 自动利用镜像磁盘进行数据库修复，无需关闭系统和重装数据库副本。

无故障时，数据库镜像可用于并发操作，即当一个用户对数据库加排他锁修改数据时，其他用户可以读镜像数据库，不必等该用户释放锁。

（三）数据表压缩

表压缩可在创建表时开启，使表数据和索引数据以压缩格式存储，占用较少的内存及硬盘，内存与硬盘之间传输的数据更小，显著提高原生性能和可伸缩性。压缩对于 SSD（Solid State Disk）固态硬盘的存储设备尤为重要，因为 SSD 硬盘比普通 HDD（Hybrid

Hard Disk）混合硬盘更贵但容量更小。

CPU（Central Processing Unit）中央处理器和内存的速度远远大于磁盘，因此数据库服务器磁盘 I/O 可能成为瓶颈。压缩以很小的成本（耗费较多 CPU 资源），让数据库变得更小，从而减少磁盘 I/O，提高系统吞吐量。对于读比重大的应用，压缩特别有用，能让系统拥有足够的内存存储热数据。

在创建 innodb 表时带上 ROW_FORMAT＝COMPRESSED 参数能使用比默认的 16K 更小的页，这样在读写时需要更少的 I/O，对 SSD 硬盘更有价值。页的大小通过 KEY_BLOCK_SIZE 参数指定。不同大小的页需要使用独立表空间，不能使用系统共享表空间，可通过 innodb_file_per_table 指定。KEY_BLOCK_SIZE 的值越小，获得的 I/O 好处就越多。但是最小值有严格限制，因为值太小不满足每页多行数据记录时，会产生额外的开销来重组页，还可能造成 create table 或者 alter table 失败。

在缓冲池中，被压缩的数据存储在小页中，这个小页的实际大小就是 KEY_BLOCK_SIZE 的值。为了提取和更新列值，数据库会在缓冲池中创建一个未压缩的 16K 页，任何更新到此页的数据同时要重新写入压缩的页中，这时需要估计缓冲池的大小以满足压缩和未压缩页，当缓冲空间不足时，未压缩的页会被挤出缓冲池，在下次访问时，重新创建不压缩的页。

（四）数据库并发控制与事务管理

数据库是一个共享资源，可供多个用户程序使用。若这些用户程序串行执行，每个时刻只有一个用户程序运行，执行对数据库的存取，其他用户程序必须等到该用户程序结束后方能对数据库存取。但是如果一个用户程序涉及大量数据的输入/输出交换，则数据库系统大部分时间处于闲置状态。因此，为了充分利用数据库资源，发挥数据库共享资源的特点，应该允许多个用户程序并行地存取数据库。但这样就会产生多个用户程序并发存取同一数据的情况，此时不加控制就可能会存取和存储不正确的数据，破坏数据库的一致性，所以数据库管理系统必须提供并发控制机制。并发控制机制的好坏是衡量一个数据库管理系统性能的重要标志之一。

事务管理对于一系列数据库操作进行管理。一个事务包含一个或多个 SQL 语句，是逻辑管理的工作单元（原子单元），每个语句都是完成整个任务的一部分工作，所有的语句组织在一起能够完成某一特定的任务。一个事务开始于第一次执行的 SQL 语句，结束于 Commit 或 Rollback 或据库模式定义语言 DDL（Data Definition Language）。其中 Commit、Rollback 是显示地提交事务，而 DDL 语句是隐式地提交事务。DDL 语句的操作是无法回滚的。

DBMS 在对事务处理中的语句进行处理时，遵循一个约定，即"事务处理中的所有语句被作为一个原子工作单位，所有的语句既可成功地被执行，也可以没有任何一个语句被执行"。在任何意外情况下，DBMS 都负责确保在系统恢复正常后，数据库内容决不会出现"部分事务处理中的语句被执行完"的情况。

（五）历史数据库备份

历史数据作为系统重要资产，可选择历史数据库自动备份，或手动备份/恢复，并支持数据库对比、跨库对比、数据库扩容。

某系统数据库设计时，将模型库与历史库分开，可分别备份，利用"建模工具"的数据库维护功能，点击"历史数据备份/恢复"，选择时间和数据库结构即可完成此操作，如图 3 - 10 所示。

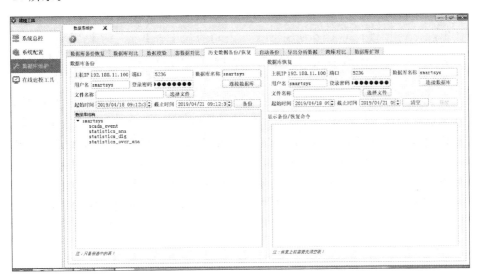

图 3 - 10　历史数据库备份

（六）数据集中控制

数据库的特点如下：

（1）实现数据共享。数据共享包含所有用户可同时存取数据库中的数据，也包括用户可以用各种方式通过接口使用数据库，并提供数据共享。

（2）减少数据的冗余度。与文件系统相比，因数据库实现了数据共享，避免用户各自建立应用文件，减少大量重复数据，减少数据冗余，维护数据的一致性。

（3）数据库的独立性。数据库的独立性包括逻辑独立性（数据库的逻辑结构和应用程序相互独立）和物理独立性（数据物理结构的变化不影响数据的逻辑结构）。

（4）数据实现集中控制。文件管理方式中，数据处于一种分散的状态，不同的用户或者同一用户在不同处理中其文件之间毫无关系。数据库可对数据进行集中控制和管理，并通过数据库模型表示各种数据库的组织以及数据间的联系。

（5）数据一致性和可维护性，以确保数据的安全性和可靠性。主要包括：①安全性控制：防止数据丢失、错误更新和越权使用；②完整性控制：保证数据的正确性、有效性和相容性；③并发控制：在同时间同周期内，允许对数据实现多路存取，能防止用户之间的不正常交互作用。

（6）故障恢复。由数据库管理系统提供一套方法，及时发现故障并修复故障，从而防止数据被破坏。数据库系统能尽快恢复运行时出现的故障，可能是物理上或是逻辑上的错误。

（七）查询语言检索数据库

数据库检索用 SELECT 语句，从一个或多表中返回记录行。SELECT 通常的处理如下：计算列出在 FROM 中的所有元素，每个元素都是一个真正的或者虚拟的表。如果在 FROM 列表里声明了多于一个元素，那么他们就交叉连接在一起。如果声明了 WHERE

子句，那么在输出中消除所有不满足条件的行。如果声明了 GROUPBY 子句，输出就分成匹配一个或多个数值的不同组里。如果出现了 HAVING 子句，那么消除那些不满足条件的组实际输出行时，SELECT 先为每个选出的行计算输出表达式。使用 UNION、IN-TERSECT 和 EXCEPT，可把多个 SELECT 语句的输出合并成一个结果集。UNION 操作符返回在两个结果集或者其中一个结果集中的行，INTERSECT 操作符返回严格地在两个结果集中都有的行。EXCEPT 操作符返回在第一个结果集中，但不在第二个结果集中的行。不管哪种情况，重复的行都被删除，除非声明了 ALL。如果声明了 ORDER BY 子句，那么返回的行按指定顺序排序。如果没有给出 ORDER BY，那么数据行按系统认为可以最快生成的方法给出。DISTINCT 从结果中删除重复的行，返回唯一不同的值。DISTINCT ON 删除那些匹配所有指定表达式的行。ALL（缺省）将返回所有候选行，包括重复的值。如果给出了 LIMIT 或者 OFFSET 子句，那么 SELECT 语句只返回结果行的一个子集。如果声明了 FOR UPDATE 或者 FOR SHARE 子句，SELECT 语句对并发的更新锁住选定的行，必须有 SELECT 权限从表中读取数值。使用 FOR UPDATE FOR SHARE 时还要求 UPDATE 权限。

常用查询语句示例：

(1)单表查询：

```
select *  from con_feeder where recordset= 2;
```

(2)单表查询并按 id 排序：

```
select *  from con_feeder where recordset= 2 order by id;
```

(3)多表查询：

```
select a.id,a.description,b.description from con_feeder a,con_sub-
station b where a.container_id= b.id order by a.id;
```

(4)多个 select 语句合并结果集：

```
select a.id,a.name,a.type,a.projectnature,a.fepgroupid,b.name,c.name
from remoteunit a,dms_feeder b,substation c,dms_compositeswitch d where
a.EQUIPMENTCONTAINER_ID= d.ID and a.EQUIPMENTCONTAINER_TABLEID = 702 and
d.DMS_FEEDER_ID= b.ID and b.SUBSTATION_ID= c.ID and LIFECYCLE= 4;
    union all
select a.id,a.name,a.type,a.projectnature,a.fepgroupid,b.name,c.name
from remoteunit a,dms_feeder b,substation c where a.EQUIPMENTCONTAINER_ID=
b.ID and a.EQUIPMENTCONTAINER_TABLEID = 703 and b.SUBSTATION_ID= c.ID and
LIFECYCLE= 1;
```

（八）全数据备份、指定数据备份、定时自动化备份、全数据恢复、指定数据恢复

备份包括物理备份以及逻辑备份。物理备份实现数据库的完整恢复，通过数据库内部存储结构，完整地复制数据页，涉及数据库所有文件，但不考虑逻辑内容。逻辑备份利用 SQL 语言从数据库中抽取数据，要求数据库在联机状态。

备份工具可以是 SQL 语句也可以是应用程序。物理备份：使用 SQL 命令进行全库备份、增量备份。逻辑备份：使用数据库逻辑备份工具进行表级、模式级、库级备份。

1. 命令行操作

以某数据库逻辑备份工具 dexp 为例：

(1) 导出单张表或多张表：

./dexp TEST/TEST@ mdb　tables= test1,test2　file= out.dmp

(2) 导出一个用户：

./dexp SYSDBA/SYSDBA@ mdb　owner= TEST　file= out.dmp　log= out.log

(3) 导出整个数据库：

./dexp SYSDBA/SYSDBA@ mdb full= y rows= n file= out.dmp log= out.log

(4) 导出一张表的部分内容：

./dexp TEST/TEST@ his tables= test1 query= "where occur_time> = '2013 -12 - 1' and occur_time< '2013 - 12 - 2'" file= test.dmp

(5) 导入整个 DMP 文件：

./dimp　SYSDBA/SYSDBA@ mdb file= out.dmp log= imp.log

(6) 导入 DMP 文件中的部分表：

./dimp　TEST/TEST@ mdb tables= TEST1 file= out.dmp log= imp.log

(7) 导入 DMP 文件到其他用户下，例如，将 TEST 用户备份文件还原到 SYSDBA 用户下：

./dimp SYSDBA/SYSDBA @ mdb fromuser = TEST touser = SYSDBA file = out.dmp log= imp.log

2. 可视化界面操作

可以通过数据库或配电主站系统的数据库管理维护工具，根据界面中的按钮或右键菜单进行全库、单表、多表等备份。

(九) 数据库的基本架构及常用数据表

DM7 数据库管理系统采用类 JAVA 的虚拟机技术和高效的多线程体系架构，由不同功能线程协同完成服务器整体功能，极大提升了数据库性能，同时兼顾 OLTP 和 OLAP 请求。

数据库内核提供词法和语法分析、事务管理、封锁、多核查询引擎、安全管理、备份恢复、缓冲区、日志以及操作系统和硬件抽象层等功能。在此基础上，可基于数据库内核搭建两种类型的集群结构：无共享的大规模并行集群和共享磁盘的集群。在客户端，可通过 DM7 的各种标准接口访问达梦数据库或者是数据库集群，也可通过各种客户端工具对达梦数据库进行管理。

(1) 操作系统和硬件抽象层：对操作系统和硬件环境提供封装 API，使一套源代码可在不同平台下运行，屏蔽操作系统和硬件环境的差异，简化上层处理逻辑。各种操作系统和硬件环境下保持一致的存储格式和消息通信格式。

(2) 缓冲区管理：将用户需要访问的数据从磁盘加载到内存中，并提供高效、高并发的缓冲区访问和淘汰机制，支撑大量并发用户的数据访问。

(3) 日志管理：提供事务的持久性能力，任何已提交的事务都持久性生效。

(4) 锁管理：提供并发更新数据时的封锁功能，避免出现数据不一致。

(5) 多核查询引擎：内置多个查询处理引擎，针对不同的查询使用自适应的查询引擎，如全文检索引擎、对象-关系数据处理引擎、空间数据处理引擎等。

（6）安全管理：内置安全机制，系统安全级别达到四级。

（7）无共享集群：基于 DM7 数据库提供根据数据划分的高性能大规模并行集群功能，多个节点能够并行处理同一个请求，提升系统性能，并通过节点间的守护技术保证系统中的任意节点出现故障时，仍然能够提供不间断的服务。

（8）共享磁盘集群：基于 DM7 数据库提供共享磁盘架构的集群功能，多个集群节点共享一份数据，可通过增加/删除节点来提升系统性能，也能够在节点出现故障时提供不间断的服务。

（9）JDBC/ODBC 等接口：提供应用中常见的 JDBC、ODBC、. NET DATA PRO-VIDER、PHP、OLEDB 等接口，供各种应用程序调用。

（10）管理/交互式工具：提供图形化的数据库管理和 SQL 执行工具，便于 DBA/数据库使用人员对数据库直接进行管理。

（11）性能监视工具：用于监控系统性能，帮助数据库管理人员分析系统瓶颈/错误，并提供适当的系统调整/优化建议。

（12）迁移工具：用于从其他各种主流数据库或者较低版本的 DM7 数据库迁移数据到最新的 DM7 数据库管理系统。

（13）控制台工具：用于配置数据库的各种参数以及进行脱机备份与恢复等。

数据库架构如图 3-11～图 3-13 所示。

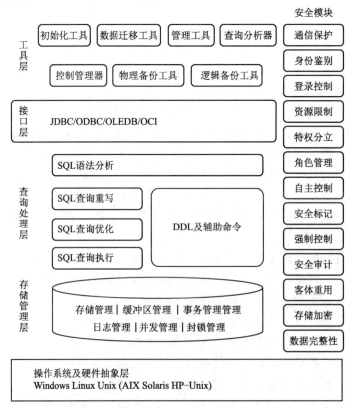

图 3-11　数据库架构-1

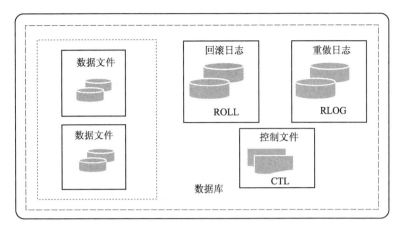

图 3-12　数据库架构-2

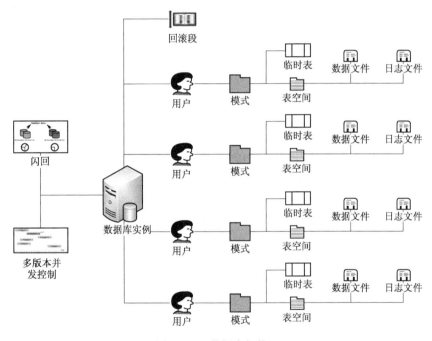

图 3-13　数据库架构-3

五、操作系统基本操作

(一) 系统登录和注销

目前配电自动化系统采用的操作系统基本上是基于 Linux、国产化的凝思操作系统和麒麟操作系统。常用的操作系统命令相同，本小节示例以凝思操作系统为例。

1. 登录

启动计算机后进入 Grub 界面，凝思安全操作系统 V6.0.42 有下述两种模式选择。

(1) Rocky Secure System without root，运行模式，启动的系统中有四个管理员用户

（系统管理员 sysadmin，管理系统设备；安全管理员 secadmin，管理系统用户；网络管理员 netadmin，管理网络；审计管理员 audadmin，管理审计信息）和已建立的其他用户，可以进行日常事务管理和操作。

（2）Rocky Secure System with root，配置模式，启动的系统中除四个管理员用户和已建立的其他用户外，还有超级用户 root，一般用来安装或配置系统。

若选择 Rocky Secure System with root 将启动有 root 用户的系统，使用中可能出现安全漏洞，除特殊情况（如安装、配置系统）外不建议使用。

所有用户都必须进行鉴定。启动系统后，提示输入用户名和口令，即系统中已创建的用户名和口令。如果用户尚未创建，请与安全管理员联系以获取用户名和口令。如果安装了桌面环境，系统将自动进入桌面登录画面。如果没有安装桌面环境，系统将使用控制台登录方式。

1）从桌面登录。登录屏幕中包含 Username（用户名）和 Password（口令）输入字段、Login（登录）及 Menu（菜单项），菜单项的下拉选项包括切换到其他用户、启动不同的登录操作等。远程登录支持登录到远程计算机。

2）从控制台登录。系统启动后，显示登录提示：

login：

输入用户名，按 Enter 键，系统提示输入密码：

Password：

输入正确的密码并按 Enter 键后，即登录到系统，并提示上次登录信息，如：

Last login：Fri Oct 18 08：10：14 2019 on tty1

username@localhost：～＞

2. 注销

（1）从桌面注销。在桌面环境下，不使用计算机时，可单击面板中注销图标注销并让系统保持运行。

（2）从控制台注销。在控制台中，输入 logout，该用户将注销登录，系统返回登录提示：

Login：

用户需重新登录才能使用系统。

（二）系统基本使用

用户登录后进入控制台，通常运行 Bash（Bourne again shell，该程序是 GNU 项目中的一部分）。运行 Bash 后，请查看第一行的提示，通常由用户名、主机名和当前路径组成。但可对其进行自定义。当光标移到该提示后面时，可直接向所在计算机系统发送命令。

1. 命令

一条命令包含若干元素。第一个元素总是真正的命令，随后是参数或选项。按 Enter 键即可执行命令。

ls 是一个最常用的命令，无参数时显示当前目录的内容。选项以连字符为前缀。例如，命令 ls－l 将显示同一目录中内容的详细信息，ls－a 将显示所有文件包括隐藏文件。在每个文件名后，都可以看到文件的创建日期、以字节表示的文件大小和其他详细信息。-- help 是许多命令都有的非常重要的选项。输入 ls -- help 可以显示 ls 命令的所有选项。也可以使用 ls 命令查看指定目录下的内容，如要查看/home 下的内容，应输入 ls-l /home。

2. 文件和目录

可以将目录视为存储文件、程序和子目录的电子文件夹。顶级目录是用/表示的根目录，从根目录可以访问其他所有目录。/home 目录包含用于存储个人用户私人文件的目录。

3. Bash 功能

Bash 提供的两种重要功能让工作变得很简单：

（1）历史记录。要重复以前输入的命令，请按 ↑ 键，直到先前命令在提示符处出现。按 ↓ 键可以在以前输入的命令列表中前移。要编命令行，只需使用箭头键将光标移至所需位置并开始键入。使用 Ctrl+R 可在历史记录中搜索。

（2）展开。在键入文件名的前几个字母后，按 Tab 键展开完整的文件名，直至它可以被唯一标识。如果有多个文件名的前几个字母都相同，则按两次 Tab 键可获取这些文件的列表。

4. 指定路径

处理文件或目录时，指定正确的路径十分重要。可以从当前目录开始指定，直接用~表示主目录。例如主目录下有个 test 目录，有两种方法可以列出 test 目录中的文件：用 ls text 输入相对路径或用 ls ~/test 指定绝对路径。

要列出其他用户主目录的内容，请输入 ls ~username。例如某个用户 testuser，ls ~ testuser 会列出 testuser 主目录的内容。

一个点表示当前目录，两个点表示当前目录的上一级目录。输入 ls.. 可以查看当前目录的上一级目录的内容。命令 ls../.. 可查看比当前目录高两个级别的目录的内容。

5. 通配符

shell 的便捷之处还体现在通配符上。Bash 提供四种不同的通配符：

（1）? 完全匹配任一字符。

（2）*匹配任意数目的字符。

（3）[set] 匹配在方括号中指定的字符组中的任一字符。

（4）[!set] 匹配方括号标识字符之外的任一字符。

假定 test 目录包含文件 testfile、testfile1、testfile2 和 datafile，使用命令 ls testfile? 则可以列出文件 testfile1 和 testfile2。使用 ls test＊，列表还将包括 testfile。ls ＊ fil ＊ 会显示所有示例文件。使用 set 通配符表示所有末尾字符为数字的示例文件：ls testfile [1-9]。

四个通配符中匹配范围最广的是星号。使用它可以将某个目录内的所有文件复制到另一个目录，或通过一个命令删除所有文件。例如，使用命令 rm ＊ fil ＊ 可以删除当前目录中文件名包含字符串 fil 的所有文件。

6. 存档和数据压缩

用命令 tar 可将整个目录打包在一个文件中，用 tar -- help 可查看 tar 命令的所有选项，下面对最重要的一些选项进行说明：

-c　（代表 create）创建新档案。

-t　（代表 table）显示档案中的内容。

-x　（代表 extract）对档案解包。

-r　（append）表示增加文件，把要增加的文件追加在压缩文件的末尾。

-u　（代表 update）添加文件，仅将较新的文件附加到存档中。

-z　--gzip,--gunzip,--ungzip　通过 gzip 来进行归档压缩或解压。

-v　（代表 verbose）创建档案时在屏幕上显示所有文件。

-f　（代表 file）为档案文件选择一个文件名。创建档案时，此选项总应放在最后。

如：命令 tar-czvf　test.tar.gz　test/，将 test 目录下的文件打包成 test.tar.gz，放在 test 目录下。通过使用-z 参数来调用 gzip 程序，对目录/test 进行压缩。.gz 结尾的文件就是调用 gzip 程序进行压缩的文件，相反文件以.gz 结尾的文件需要使用 gunzip 来进行解压。

命令 tar-xzvf test.tar.gz，解压 test.tar.gz 到当前目录下。

（三）常用的 Linux 命令

1. 文件命令

（1）文件管理。

1）ls [option(s)] [file(s)]

2）cp [option(s)] source target

将 source 复制到 target。

-i　在覆盖现有 target 之前等待确认（如果需要）。

-r　递归复制（包含子目录）。

3）mv [option(s)] source target

将 source 复制到 target，然后删除原始 source。

-b　在移动 source 之前创建该文件的备份副本。

-i　在覆盖现有 target 之前等待确认（如果需要）。

4）rm [option(s)] file(s)

从文件系统中删除指定文件。除非使用选项-r，否则不能使用 rm 删除目录。

-r　删除所有现有子目录。

-i　在删除各个文件之前等待确认。

5）ln [option(s)] source target

创建从 source 到 target 的内部链接。通常这种链接直接指向同一文件系统上的 source。但是，如果执行带-s 选项的 ln 命令，则可以创建一个符号链接，指向 source 所在的目录，支持跨文件系统的链接。

-s　创建符号链接。

6）cd [option(s)] [directory]

更改当前目录。执行不带任何参数的 cd 命令将转到用户主目录。

7）mkdir [option(s)] directoryname

创建新目录。

8）rmdir［option(s)］directoryname

删除指定的目录（如果该目录已清空）。

9）chmod［option(s)］mode file(s)

更改访问权限。

10）gzip［parameter(s)］file(s)

使用复杂的数学算法压缩文件内容，扩展名为 .gz，此类压缩文件使用前需解压缩。压缩若干文件或整个目录，请使用 tar 命令。

－d　将打包的 gzip 文件解压缩，使其恢复原始大小，并且能够正常处理（类似命令 gunzip）。

11）tar option(s) archive file(s)

tar　将一个或多个文件放入档案，压缩是可选操作。

（2）用于访问文件内容的命令。

1）cat［option(s)］file(s)

cat　用于显示文件的内容，将所有内容连续打印输出到屏幕上。

－n　在左侧输出编号。

2）less［option(s)］file(s)

用于浏览指定文件的内容，使用 Page Up 和 Page Down 可向上或向下滚动半屏，使用 Space 可向下滚动一整屏，使用 Home 和 End 可跳转至文件开头和结尾，按 Q 可退出程序。

3）grep［option(s)］searchstring filenames

grep　用于在指定 file(s) 中查找特定的搜索字符串，显示找到的 searchstring 所在行及文件名。

－i　忽略大小写。

－H　只显示各个文件的名称，不显示文本行。

－n　另外显示含有匹配项的行编号。

－l　只列出其中不含 searchstring 的文件。

4）diff［option(s)］file1 file2

diff　命令用于比较任意两个文件的内容，列出所有不匹配的行。

－q　只报告两个文件是否不同。

－u　生成一个统一的 diff，从而增加输出的可读性。

2. 系统命令

（1）系统信息。

1）df［option(s)］［directory］

df　（可用磁盘）如不与任何选项一同使用，可显示磁盘容量、当前占用磁盘容量以及所有已装入驱动器上的可用容量等相关信息。如果指定目录，则只显示有关该目录所在的驱动器信息。

－h　以用户可读的格式（以 GB、MB 或 KB 为单位）显示占用的块数。

－T　文件系统的类型（ext2、nfs 等）。

2）du［option(s)］［path］

不带任何参数执行此命令，显示当前目录中的文件和子目录所占用的磁盘总量。

-a 显示各个文件的大小。

-h 以用户可读的格式输出。

-s 仅显示计算的总大小。

3）free［option(s)］

free 用于显示有关占用 RAM 和交换空间的信息，可指明这两个类别中的空间总量和占用量。

-b 以字节为单位输出。

-k 以 KB 为单位输出。

-m 以 MB 为单位输出。

4）date［option(s)］

显示当前系统时间。如果以系统管理员身份运行，date 可用于更改系统时间。

（2）进程。

1）top［option(s)］

top 提供有关当前运行进程的快速概览。按 H 进入一个页面，其中简要说明了用于定义该程序的主要选项。

2）ps［option(s)］［process ID］

未指定任何选项运行，将显示已启动的所有程序或进程列表。ps 选项前不带任何连字符。

aux 显示所有进程的详细列表，不区分拥有者。

3）kill［option(s)］process ID

程序不能正常终止时，采用 kill 命令，发送 TERM 信号，指示程序自行关闭。如果仍无效，可使用以下参数：

-9 发送一个 KILL 信号而不是 TERM 信号，这将在几乎所有情况下终止指定的进程。

4）killall［option(s)］processname

类似 kill，使用进程名（而不是进程 ID）作为参数，可终止具有 processname 的所有进程。

（3）网络。

1）ping［option(s)］hostname | IP address

ping 用于测试 TCP/IP 网络基本功能的标准工具，向目标主机发送一个小的数据包，请求立即回复。如果发送有效，ping 将据此显示一条消息，指明网络链接基本有效。

-c number 确定要发送的数据包总数，并且在发送数据包后终止（默认情况下未设置任何限制）。

-f 溢流 ping：发送尽可能多的数据包；这是为管理员保留的用于测试网络的常用方法。

-i value 指定发送两个数据包之间的时间间隔（默认值：1s）。

2）nslookup

域名系统将域名解析为 IP 地址，可将查询发送到信息服务器（DNS 服务器）。

3）telnet［option(s)］hostname or IP address［Port］

Telnet 实际上是一种 Internet 协议，支持跨网络在远程主机上操作。Telnet 也是一个 Linux 程序的名称，支持远程计算机上的操作。

（4）其他。

1）passwd [option(s)] [username]

更改口令。安全管理员可使用该命令更改系统中任意用户的口令。

2）su [option(s)] [username]

使用 su 可在当前会话中以其他用户名登录。指定用户名及其口令，可使用该用户环境。采用根用户身份时无需提供口令，因为根用户有权采用任意用户的身份。在未指定用户名的情况下使用该命令时，系统将提示输入根用户口令并切换到根用户。

3）clear

用于清空控制台中的可见区域，不带选项。

模块 3　主 站 系 统 操 作

【学习目标】

（1）权限及管理。

（2）告警信息设置及分类。

（3）历史数据查询工具。

（4）曲线工具的使用。

（5）报表工具的使用。

（6）事故反演。

（7）操作与控制。

（8）网络拓扑着色。

【知识点】

配网自动化运维人员应理解权限、拓扑、态的概念，熟练掌握权限管理、告警分类、历史数据、操作与控制、拓扑着色配置等系统常用操作，并能熟练应用曲线、报表等工具，会制作曲线、报表，熟悉事故反演。

一、权限及管理

配电专业设有多个班组，不同班组有不同职责或区域划分，系统中引入用户、用户组、角色的概念。用户属于用户组，用户组对应角色，一个用户组可对应多个角色，角色绑定功能。另外需要配置登录节点，用户只能在授权节点登录。如自动化班运维需要进行系统配置、绘图建模、终端建点等，但是不需要实际遥控操作；调度班需要查询、操作，但不需要运维；运检班只需要查看，不需要操作。自动化班、调度班、运检班就可定义为用户组，维护工作站、调度员工作站为不同类型节点，系统配置、绘图建模、遥控、查看等功能可配置到不同用户组中。

不同用户可能负责不同区域，此时引进责任区的概念，责任区可按照变电站划分，一个变电站中所有线路划分到相同责任区，也可按照具体线路划分。

权限管理主要包括角色管理、用户组管理、用户管理和责任区管理，只有超级用户才能使用本功能。

（一）角色管理

角色管理可新增、修改、删除角色，在"建模工具-权限配置"界面，选中角色，通过右键菜单或点击对应图标，在弹出的对话框中完成相应的操作。新增角色时将系统功能赋予角色，需输入角色名、描述，并勾选功能，如图 3-14 所示。

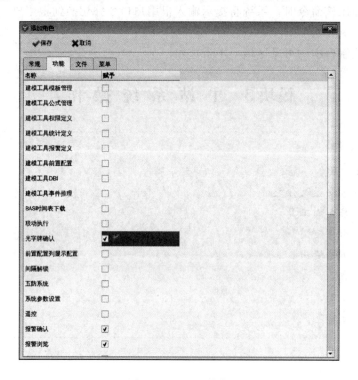

图 3-14 配置功能

（二）用户组管理

用户组管理可新增、修改、删除用户组，在"建模工具-权限配置"界面，选中用户组通过右键菜单或点击对应图标，在弹出的对话框中完成相应的操作。新增用户组时需输入组名、描述，勾选角色，支持勾选多个角色，并配置登录节点。

（三）用户管理

用户管理可新增、修改、删除用户，在"建模工具-权限配置"界面，选中用户，通过右键菜单或点击对应图标，在弹出的对话框中完成相应的操作。新增用户时需要输入用户名、描述、密码、电话等，并勾选用户组。

（四）责任区管理

责任区管理可新增、修改、删除责任区，在"建模工具-责任区配置"界面，通过右键菜单或点击对应图标，在弹出的对话框中完成相应的操作。新增责任区时勾选变电站，再勾选用户，则该用户可对责任区内线路使用本身角色的功能，如图 3-15 所示。

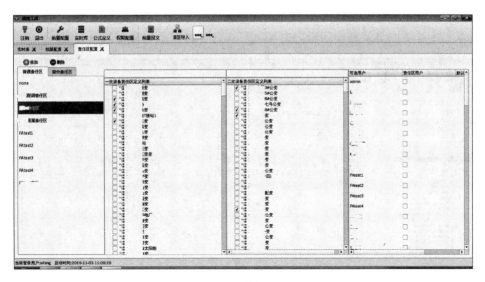

图 3-15　责任区配置

二、告警信息设置及分类

(一) 告警定义、分类

告警作为系统的一个重要提示信息，需及时推送显示，并存入历史数据库中。

告警按性质可分为数字变位、模拟越限、SOE、人工操作、驻站运行、通道事项、网络分析预警、故障处理、联动报警、事件推理、数据库审计日志、AC 告警、综合分析、设备异常、系统缺陷，如图 3-16 所示。

	类型ID*	类型名称*	是否流水账	是否报警对象	语音报警来源	类型定义*	登录表名	描述	系统标识*	online_down_flag
1	1	pub_two_valued_logic		是	报警优先级	DI_CHANGE_ALARM_TYPE	scada_event	数字量变位	一区	0
2	2	analog_limit_login_status	否	是	报警优先级	AI_OVER_ALARM_TYPE	scada_event	模拟量越限	一区	0
3	3	pub_two_valued_logic	是	是	报警优先级	SOE_ALARM_TYPE	scada_event	SOE	一区	0
4	4	manual_operation_state	是	否	报警优先级	OPERATE_ALARM_TYPE	scada_event	人工操作	一区	0
5	5	system_event_status	是	否	报警优先级	SYSTEM_ALARM_TYPE	scada_event	主站运行	一区	0
6	6	fes_matters		是	报警优先级	FES_ALARM_TYPE	scada_event	通道事项	一区	0
7	7	pda_info	是	是	报警优先级	PDA_ALARM_TYPE	scada_event	网络分析预警	一区	0
8	8	intelligent_alarm	是	否	报警优先级	SMART_ALARM_TYPE	scada_event	故障处理	一区	0
9	9	linkage_alarm		是	报警优先级	LINKAGE_ALARM_TYPE	scada_event	联动报警	一区	0
10	10	event_reasoning	是	是	报警优先级	EVENTS_INFER_ALARM_TYPE	scada_event	事件推理	一区	0
11	11	db_audit_log	是	是	报警优先级	DB_MAINTAIN_LOG	scada_event	数据库审计日志	一区	0
12	12	ac_alarm_type	否	否	报警优先级	AC_ALARM_TYPE	scada_event	AC告警	一区	0
13	13	compre_alarm_state	是	否	报警优先级	COMPRE_ALARM_TYPE	scada_event	综合分析	一区	0
14	14	abnormal_alarm_state	是	否	报警优先级	ABNORMAL_ALARM_TYPE	scada_event	设备异常	一区	0
15	15	defect_alarm_state	是	否	报警优先级	DEFECT_ALARM_TYPE	scada_event	系统缺陷	一区	0

图 3-16　告警分类

告警按照优先级可分为一级、二级、三级、四级、五级等。

告警按表现形式可分为语音、推图、闪烁、实时显示等。

(二) 分级告警、语音及画面告警、告警信息存储及打印的设置方法

系统可配置不同类型告警等级、是否语音告警或画面推图等，一般在告警定义界面中

操作。如某系统在"建模工具-告警定义"中配置告警语音文件、推画面，如图 3-17 所示，语音文件需要提前录制放到相应文件夹下，也可选用系统自带的录音文件。

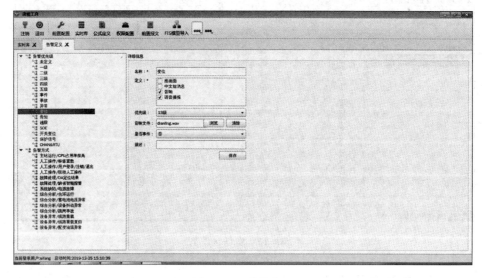

图 3-17　告警定义

告警优先级、告警方式支持增加、修改或删除。

不同信号可定制不同的告警属性，如优先级、自动确认、报警计次等。

系统产生告警后，先在实时告警窗中显示，自动或手动确认或删除，所有记录都会存入历史数据库中。实时告警或历史告警都支持打印。

三、历史数据查询工具

历史数据包括历史告警、历史数据两大类，提供三种查询工具。历史告警可在查询工具中根据告警类型、优先级、时间、告警内容、设备等条件进行查询，也可在单线图、联络图或系统图上点击设备，通过右键菜单查询此设备历史告警。

历史数据可通过曲线工具或报表工具来查询，也可在单线图、联络图或系统图上点击电流、电压等模拟量，查询此模拟量历史曲线。

四、曲线工具的使用

(一) 曲线工具设置

系统模拟量的存储可配置，如是否存历史数据库、模拟量采集系数、存储时间间隔等。采集系数根据终端采集的电流互感器/电压互感器变比确定，时间间隔一般默认 5 min，也可根据现场需要改成 10 min。某系统采用变化存储，存储突变量，比等间隔存储更精确。在"建模工具-实时库"左边选中"定义计算类-模拟量电表"，在"是否采样"列中选"是"完成模拟量存储配置。在"建模工具-实时库"左边选中"fes-定义表类-前置模拟量点表"，在"系数"列填入匹配的采集系数。

(二) 曲线显示、打印

曲线工具可以调阅曲线，支持曲线比对，如图 3-18 所示，并由此分析进出线不平衡、三相不平衡等。

　　曲线可按点、分类等条件查询，可分组、设置曲线颜色、坐标轴、极值显示/隐藏等。点击曲线工具右上角的"打印"图标，完成打印机设置后即可打印曲线。

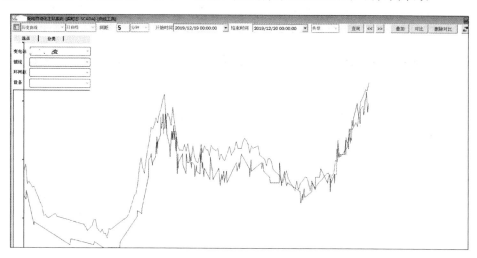

图 3-18　曲线对比

五、报表工具的使用

（一）报表的属性设置、参数设置

　　系统模拟量如电流、有功功率、无功功率等历史数据，及各类统计数据查询与显示另一个重要的工具就是报表，提供日报、周报、月报、季报、年报等模板，也可定制各种工作需要的模板。模板定义完成后查询数据就能生成各类生产报表。

　　某系统定制界面如图 3-19 所示，选择模板、设置周期、输出方式后，系统可自动完成"设备异常统计日报"。

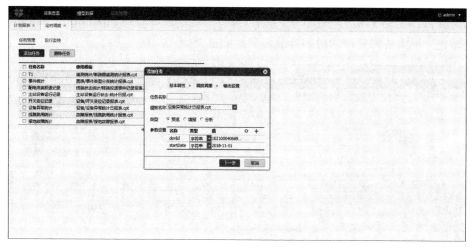

图 3-19　报表定制

（二）报表的浏览、打印

当报表定制完成正常运行后，将根据周期定时生成报表内容。用浏览器登录报表工具，根据日期选择报表完成浏览，可导出 EXCEL 或者 PDF 格式。报表支持直接在浏览器界面打印，也支持导出的 EXCEL 和 PDF 文件打印。浏览器的报表界面如图 3-20 所示。

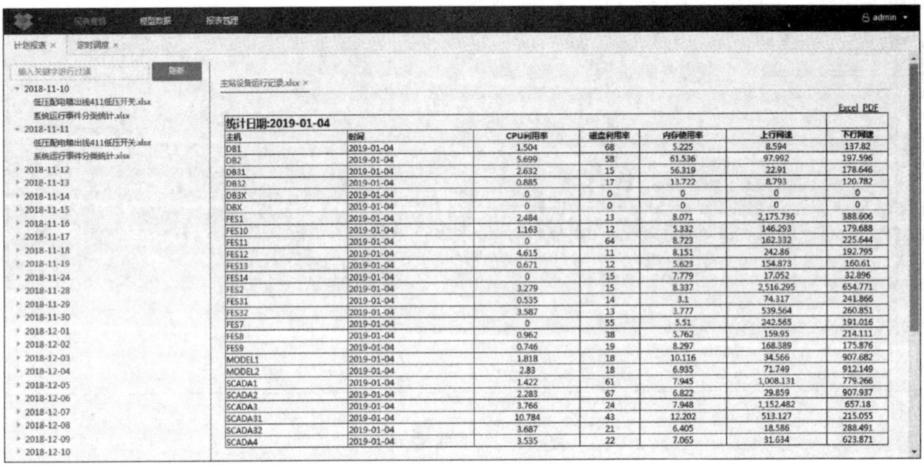

图 3-20　报表浏览

六、历史反演

系统支持实时态、未来态、研究态、反演态等多态。大部分操作都是基于实时态，设备投退、计划检修、网络改造等用到未来态，事故重现、历史反演等用到反演态。

某系统中，除了上述四种态，还有一个系统态，作为支撑程序运行管理的应用。支持多态的应用可在各态之间切换，事故重现、历史反演时，切换到反演态，指定时间范围，人工启动后，即可进行系统全息回放，包括所有告警信息、操作事项。若选择一个故障，则全息反演故障前后的运行情况，故障前后时间取决于 DA（Distribution Automation，配电自动化）搜集故障信号的时间及故障处理完成时间，如图 3-21 所示。

图 3-21　自动故障反演

七、操作与控制

(一) 人工操作

配网点多面广, 现阶段还做不到所有站点都安装配电终端, 未安装配电终端的设备需要人工现场操作, 在主站系统中通过人工置数将设备置分/合, 保证系统中设备运行状态与现场运行方式一致。

配电自动化建设是一个长期过程, 系统投运后, 还需要陆续接入新终端, 在运终端、设备或通信系统可能会出现问题。因此新终端投运前或消缺时, 都需要调试, 调试设备发各种调试信号, 如果不屏蔽, 将会干扰调度值班员的正常工作。因此设备调试时需要挂调试牌, 屏蔽调试信号, 不上实时告警窗, 但是会存入历史库中供运维人员查阅。

标志牌有多种, 每个都有特定含义, 还可根据工作需要新增牌类型, 设置其含义。如调试牌具有 "调试中、禁止 DA" 含义, 检修牌具有 "禁止刷新、禁止控制、禁止 DA" 含义, 故障牌具有 "禁止控制" 含义, 禁止操作牌具有 "禁止控制、禁止 DA" 含义, 保电牌具有 "保持合闸" 含义, 其余标志牌不再列举。

系统对终端在线的设备提供闭锁功能, 与人工置数类似, 将开关置分/合, 并保持至人工解锁。闭锁功能用于终端故障引起开关位置信号频繁分/合, 影响系统正常监控的情况, 将设备闭锁, 屏蔽终端频繁上送的分/合信号, 待终端消缺完成后, 人工解锁。闭锁操作与人工置数的区别是前者用于自动化设备, 后者用于非自动化设备。

目前现场光纤、无线专网通信的终端均具备遥控功能, 当终端和断路器/负荷开关都设置远方位置时, 系统直接远程控制, 可极大节省操作或故障处理时间, 提高工作效率。

(二) 权限及安全措施

安全无小事, 特别是电力生产安全。除了完善健全的安全管理体系, 系统也提供了很多功能确保安全, 前面介绍的权限及管理就是其中一项内容。

现场工作时, 将终端切到就地, 可避免系统遥控造成人员触电事故。

现场下游有检修工作, 系统在上游开关分闸后挂上检修牌, 如图 3-22 所示, 禁止遥控操作, 防止意外。

遥控双机双席监护: A 机调度员甲操作, B 机监控员乙确认批准是常用的一个安防措施。

系统还提供多种提示信息, 如遥控分闸前失电设备提示, 遥控合闸前复电设备提示, 遥控后形成合环或解合环时, 不仅给出提示信息, 还触发合解环分析功能, 给出合环前、中、后的潮流计算数据, 提醒操作人员合解环操作是否可行。

所有操作与控制都会生成告警条显示到实时告警窗中, 并存入历史数据库中, 可随时查阅、打印。

图 3-22　检修禁止操作

八、网络拓扑着色

网络拓扑着色是一个重要的可视化功能，通过在单线图、区域联络图、系统图上对设备进行着色，方便调度员或运维人员的日常操作，设备状态一目了然。系统支持按运行状态、遥信状态、遥测状态、电压等级、未投运、拓扑岛、瓶颈开关不同分类着色，比如运行状态中，停电设置为绿色，带电设置为红色，转供设置为蓝色等，还可设置闪烁。所有颜色均可根据规范或使用习惯定义。

第四章

配电主站系统维护及异常处理

模块 1 主站硬件设备维护

【学习目标】
(1) 掌握主站硬件系统的典型配置。
(2) 掌握主站主要硬件设备的维护要求。

【知识点】

一、主站硬件系统的典型配置

主站硬件系统的配置应充分考虑今后计算机及通信技术的发展水平，以及智能配电网发展对硬件系统的要求，通常情况下应满足投运 8 年内的运行使用需求。总体应遵循以下几点原则：

(1) 系统结构和功能上均应实现分布式、开放式部署，并实行冗余配置，单点故障不会引起系统功能丧失和数据丢失，并达到在关键服务器硬件检修情况下的 $N-1$ 冗余配置要求。

(2) 系统采用标准化的通用硬件产品，包括服务器、工作站、网络设备、安全防护设备、时钟同步装置等，均应遵循相关国际标准、国家标准和电力行业标准。

(3) 系统主网络应采用冗余的双交换式局域网结构，使用具备三层交换功能的企业级交换机，重要服务器、防火墙、核心路由器采用 1000Mbit/s 速率接入，协议为 TCP/IP。

(4) 采用无线公网进行数据采集时，必须满足安全防护要求，配置必要的防火墙或物理隔离装置。

下面将逐一介绍主站系统的主要硬件设备。

1. 数据采集服务器

数据采集服务器也称前置机服务器，一般配置在安全Ⅰ区。

数据采集服务器主要功能：

(1) 负责对终端数据进行预处理，向上接入主站局域网并传输配电网实时运行数据；向下与终端进行通信，下发控制调节命令。

（2）负责系统时钟的同步工作。

（3）负责通信通道的监视与切换工作。

（4）负责向其他信息系统转发数据等工作。

数据采集服务器配置要求：

（1）一般选用高可靠性的工业控制计算机，采用双机热备用工作方式。

（2）与终端通信应支持 CDT、IEC 60870 - 5 - 101、DNP3.0、SC1801 等专线通道通信规约，也支持 IEC 60870 - 5 - 104 等网络通信规约。

2．SCADA 服务器

SCADA（Supervisory Control And Data Acquisition）服务器即数据采集与监视控制服务器，配置在安全Ⅰ区。SCADA 服务器主要完成配电数据处理、操作与控制、事故反演、多态多应用、模型管理、权限管理、报警服务、报表管理、系统运行管理、终端运行工况监视等功能。此外，也可扩展馈线故障处理、配电网分析应用、配电网实时调度管理、智能化应用等功能。

3．历史数据库服务器

历史数据库服务器配置在安全Ⅰ区，主要完成数据库部署及管理、数据存储和记录、数据备份和恢复等功能。

历史数据库服务器配置要求：

（1）一般选用高级 PC 服务器或 RISC 服务器，采用双机热备用冗余配置。

（2）支持双机互为热备用：一台主服务器＋一台镜像服务器，或者双机共享磁盘阵列（RAID）热备用方式。

4．实时数据库服务器

实时数据库服务器也称动态信息数据库服务器，配置在安全Ⅰ区。

实时数据库服务器主要完成全息实时/历史数据的处理、分析、统计和其他管理功能，配置要求同历史数据库服务器。

5．Web 服务器

Web 服务器一般配置在安全Ⅲ区，其主要完成配电 SCADA 数据信息的网上发布功能，Web 服务器从 SCADA 服务器接收实时数据并形成实时数据库，可向 MIS 系统提供配电网运行信息，MIS 网中的所有计算机都可以通过标准化浏览器访问该服务器。

6．接口服务器

接口服务器配置在安全Ⅰ区，主要完成与外部信息系统进行数据交互的接口适配功能。

7．工作站

主站系统工作站配置在安全Ⅰ区，主要完成数据处理、图形显示、任务管理等人机交互功能，按业务分类可配置配电网调度工作站、检修计划工作站、报表工作站、维护工作站等。

8．网络交换机

网络交换机主要可分为主干网交换机和分支网交换机等，如安全Ⅰ区的骨干网交换机、安全Ⅲ区的 WEB 交换机和数采交换机等，主要完成网络设备地址解析、数据包路由等功能。

9. 时钟同步装置

时钟同步装置一般配置在安全Ⅰ区，主要完成主站时钟对时功能，包括北斗、GPS 等对时装置及相应时钟服务器等设备。

10. 安全防护设备

主站安全防护设备主要分为横向隔离装置、纵向加密装置和安全接入网关等。

横向隔离装置是电力专用横向单向安全隔离装置，采用软、硬结合的安全措施，在硬件上使用双机结构通过"安全岛"装置进行通信来实现物理上的隔离，及单向数据流向控制。在软件上，采用综合过滤、访问控制、应用代理、双字节检查技术实现链路层、网络层与应用层的隔离。

纵向加密装置可实现主站与终端之间双向身份认证，以及对控制指令、参数配置、关键采集数据等敏感信息的加密保护。

安全接入网关遵循信息交换安全认证技术要求，通过采用数字证书技术、包捕获技术、预处理器过滤以及报文解析处理单元完成与终端的双向身份认证和报文的转发，防止伪造或非法终端接入生产控制大区。

二、主站硬件设备的维护要求

主站硬件设备除了网络设备、安防设备、服务器、存储设备、对时装置、工作站等专用设备以外，还包括 UPS 电源、空调、低压配电设备、消防系统等辅助设施。通常情况下硬件设备维护是通过日常巡维和专项巡维等方式开展的，日常巡维又可分为日巡维、周巡维、月巡维以及季度巡维，巡维周期视具体情况而定；专项巡维则是围绕某种特殊目的而开展的维护工作，如 UPS 专项巡维、保供电专项巡维等。

1. 专用设备的总体维护要求

（1）首先需检查主站硬件设备的健康状况。通过快速准确地查看各类硬件设备的故障指示灯来对设备运行状态进行初步判断，当发现故障指示灯亮时，再进行深入的故障诊断及分析。

（2）在确保主站硬件设备运行状态良好的情况下，检查服务器的硬盘及数据库剩余空间，统计分析 CPU 负载率，及时进行数据备份和空间清理。

（3）定期对主站系统前置服务器、SCADA 服务器等双机冗余配置设备进行一次人工切换，确保此类硬件设备的运行状态良好。

2. 辅助设备的总体维护要求

（1）UPS 设备。应检查 UPS 电压、电池充电电流、电池电压、UPS 负载、UPS 馈出电压、UPS 馈出电流等情况是否正常。

（2）低压配电设备。应检查低压配电屏的进线电压、进线电流等是否正常。

（3）空调设备。应检查各机房空调面板的告警状态、指示灯状态应处于正常，记录机房各个监测点的温度、湿度是否正常。

（4）消防设备。应检查各机房消防设备压力指示状态、保质期、外观等情况是否正常。

【技能项】

一、主站硬件设备的维护方法

(一) 维护前准备工作

在对主站硬件设备进行维护前应进行安全交底及风险评估工作。

1. 安全交底

维护工作负责人应向维护作业人员交代清楚维护作业具体内容和要求，以及目前系统运行状态及相关安全注意事项。

2. 风险评估

(1) 误触碰风险。应对影响设备正常运行的触碰风险进行危害辨识，并设专人监护，操作前加强沟通与协调。

(2) 误操作风险。应对易导致主站系统运行异常的操作进行风险辨识，提前做好防范措施。

(二) 维护工作内容

1. 主站服务器、工作站维护

(1) 对设备的外观及铭牌等进行检查和维护。

(2) 对设备的状态指示灯、风扇运转、机器温度等进行检查和维护。

(3) 对设备的节点状态、网络状态、操作系统日志等进行检查和维护。

(4) 对设备的主要进程进行检查和维护。

(5) 对设备的 CPU 负荷、磁盘空间等进行检查和维护。

2. 网络设备维护

(1) 对设备的外观及铭牌等进行检查和维护。

(2) 对设备的状态指示灯、风扇运转、机器温度等进行检查和维护。

(3) 对网络设备监视图上交换机的运行状态进行检查和维护。

3. 存储设备维护

(1) 对设备的外观及铭牌等进行检查和维护。

(2) 对设备的状态指示灯、风扇运转、机器温度等进行检查和维护。

(3) 对设备的运行状态、数据读写、磁盘容量等进行检查和维护。

4. 对时装置维护

(1) 对设备的外观及铭牌等进行检查和维护。

(2) 对设备的状态指示灯、风扇运转、机器温度等进行检查和维护。

(3) 对设备的运行状态、信号收发、对时准确情况等进行检查和维护。

5. 安防设备维护

(1) 对设备的外观及铭牌等进行检查和维护。

(2) 对设备的状态指示灯、风扇运转、机器温度等进行检查和维护。

(3) 对设备的数据传送、运行日志等进行检查和维护。

二、主站硬件设备的维护步骤

表 4-1 为主站硬件设备维护的主要步骤。

表 4－1　　　　　　　　　　　主站硬件设备维护的主要步骤

操 作 步 骤	作 业 标 准	工 作 确 认
1. 维护前准备工作		
（1）安全交底	与作业人员交代清楚维护作业具体内容和要求，目前系统运行状态及安全注意事项	确认（　）
2. 主站服务器、工作站维护		
（1）前置服务器	①外观整洁，无灰尘，铭牌清楚； ②指示灯、风扇、温度正常，无异响； ③节点状态、网络状态、操作系统日志正常； ④各主要进程处于正常运行状态； ⑤CPU 负荷＜30％、磁盘使用＜80％； ⑥人机界面界面工作正常，图形、数据正常	正常（　）不正常（　）
（2）SCADA 服务器	①外观整洁，无灰尘，铭牌清楚； ②指示灯、风扇、温度正常，无异响； ③节点状态、网络状态、操作系统日志正常； ④各主要进程处于正常运行状态； ⑤ CPU 负荷＜30％、磁盘使用＜80％； ⑥人机界面界面工作正常，图形、数据正常	正常（　）不正常（　）
（3）历史数据服务器	①外观整洁，无灰尘，铭牌清楚； ②指示灯、风扇、温度正常，无异响； ③节点状态、网络状态、操作系统日志正常； ④各主要进程处于正常运行状态； ⑤ CPU 负荷＜30％、磁盘使用＜80％； ⑥人机界面界面工作正常，图形、数据正常	正常（　）不正常（　）
（4）WEB 服务器	①外观整洁，无灰尘，铭牌清楚； ②指示灯、风扇、温度正常，无异响； ③节点状态、网络状态、操作系统日志正常； ④各主要进程处于正常运行状态； ⑤CPU 负荷＜30％、磁盘使用＜80％； ⑥人机界面界面工作正常，图形、数据正常	正常（　）不正常（　）
（5）接口服务器	①外观整洁，无灰尘，铭牌清楚； ②指示灯、风扇、温度正常，无异响； ③节点状态、网络状态、操作系统日志正常； ④各主要进程处于正常运行状态； ⑤CPU 负荷＜30％、磁盘使用＜80％； ⑥人机界面界面工作正常，图形、数据正常	正常（　）不正常（　）
（6）工作站	①外观整洁，无灰尘，铭牌清楚； ②指示灯、风扇、温度正常，无异响； ③节点状态、网络状态、操作系统日志正常； ④各主要进程处于正常运行状态； ⑤CPU 负荷＜30％、磁盘使用＜80％； ⑥人机界面界面工作正常，图形、数据正常	正常（　）不正常（　）

操 作 步 骤	作 业 标 准	工 作 确 认
3. 网络设备维护		
（1）主干网交换机	①设备的外观整洁，无灰尘，铭牌清楚； ②设备本体指示灯、网络通信状态指示灯、风扇、温度正常，无异响； ③在网络设备监视图上交换机的运行状态正常，双网通信正常	正常（ ）不正常（ ）
（2）分支网交换机	①设备的外观整洁，无灰尘，铭牌清楚； ②设备本体指示灯、网络通信状态指示灯、风扇、温度正常，无异响； ③在网络设备监视图上交换机的运行状态正常，双网通信正常	正常（ ）不正常（ ）
4. 磁盘阵列设备维护		
（1）磁盘阵外观、铭牌检查	工作站的外观整洁，无灰尘，铭牌清楚	正常（ ）不正常（ ）
（2）磁盘阵列指示灯、温度检查	磁盘阵列指示灯、风扇、温度正常，无异响	正常（ ）不正常（ ）
（3）磁盘阵列节点状态检查	磁盘阵列的运行状态、数据读写正常	正常（ ）不正常（ ）
（4）磁盘阵列使用情况检查	磁盘容量使用<80%	正常（ ）不正常（ ）
5. 对时装置维护		
（1）对时装置外观、铭牌检查	装置外观整洁，无灰尘，铭牌清楚	确认（ ）
（2）对时装置指示灯、温度检查	装置指示灯、温度正常	确认（ ）
（3）对时装置运行状态检查	信号收发、对时正常	确认（ ）
6. 安防设备维护		
（1）横向隔离装置	①设备外观整洁，无灰尘，铭牌清楚； ②设备指示灯、风扇、温度正常，无异响； ③数据正常传送； ④运行日志有无异常事件	正常（ ）不正常（ ）
（2）防火墙	①设备外观整洁，无灰尘，铭牌清楚； ②设备指示灯、风扇、温度正常，无异响； ③数据正常传送； ④运行日志有无异常事件	正常（ ）不正常（ ）
7. 维护总体结论		
（1）总体结果	合格（ ） 不合格（ ） 缺陷（ ） 待查（ ）	
（2）结束工作，清理现场	办理工作终结手续，清理现场 确认（ ）	

模块 2　图模及数据维护

【学习目标】
(1) 掌握主站图模及数据基础知识。
(2) 掌握主站图模及数据维护方法及要求。

【知识点】

一、主站的图形及模型

1. 图形

配电主站图形是指在主站中以一定风格显示的配电网逻辑接线单线图、环网图等图元形状。其中，单线图是以单条馈线为单位，描述展示了从变电站出线到线路末端或线路联络开关之间的所有配电网设备；环网图是由两条或多条有联络关系的馈线组成，描述展示了相关馈线的主要设备和联络关系；地理沿布图由单条或多条馈线组成，描述展示了馈线设备拓扑信息及其地理空间信息。

图形文件主要有两种格式，一种是 SVG 格式，该格式规范应遵循 DL/T 890.453《能量管理系统应用程序接口（EMS-API）　第 453 部分：图形布局子集》标准；另一种是 CIM/G 格式，该格式规范应遵循 DL/T 1230《电子系统图形描述规范》标准。

2. 模型

配电主站模型是为了满足配电网运行监视、控制、分析计算等应用需求，在主站系统中表达配电网设备属性及连接关系的集合。配电网模型主要包括容器类和设备类，交互的模型应明确设备与容器的层级关系、电气设备间的拓扑关系。

(1) 容器类包括变电站、馈线和配电站房等。

(2) 设备类包括断路器、负荷开关、隔离开关、熔断器、接地刀闸、储能设备、馈线段、配电变压器、互感器、杆塔、电容器和配电终端等。

3. 图模交互

配电主站的图模交互方式可以采用数据交互或服务调用等方式。

配电主站系统图模同时包含了主网和配网，其中配网图模信息从 PMS/DMS/GIS 系统获取，主网图模信息从 EMS 获取，然后在主站系统完成主、配网模型的拼接以及模型动态变化管理功能。图模交互时，一般是以馈线为单位，生成模型文件（CIM/XML 格式或者 CIM/E 格式）和图形文件（SVG 格式或 CIM/G 格式），发布至主站系统。

二、主站的交互数据

1. 交互数据

配电主站的交互数据主要分为运行数据和地理信息数据，其中运行数据包含实时数据和历史数据，地理信息数据包含地理背景信息和设备地理空间信息等数据。

(1) 实时数据主要指三遥数据，遥信数据包括开关、刀闸等位置信息，以及设备运行告警信号；遥测数据包括电压、电流、有功、无功、功率因数和温度等；运行操作信息包括操作员姓名、操作对象、操作时间、操作类型和操作结果等；故障信息包括终端检测到的馈线故障信号、故障挂牌信息、故障诊断信息和故障处理信息等。

（2）历史数据主要包括电压、电流、有功、无功和故障处理等历史数据。

（3）地理背景信息由地图数学基础信息和基本地理要素信息构成，**地图数学基础信息**包括大地控制点、经纬网和比例尺，基本地理要素信息包括海岸线、水系、地形、建筑物、路网和政区界线等。

（4）设备地理空间信息是指描述设备空间位置的经度和纬度信息，具备条件时可提供高程信息。

2. 数据交互

（1）运行数据交互时，主站系统的实时数据以全量或变化方式发布至 GIS，历史数据以定制化服务方式供 GIS 抽取。其中，全量断面数据交互时，将主站系统采集到的所有遥测（有功/无功/电流/电压等）和遥信（开关刀闸状态）等数据，一般采用 E 语言格式封装，发送频率宜为分钟级或小时级。变化数据交互时，如遥信状态变化数据、运行操作信息及故障信息等事件数据，宜采用 E 语言格式封装，发送频率为秒级。历史数据交互时，如指定时间段内的运行数据、指定时间点的历史断面等，可采用 E 语言或 XML 等结构化方式封装。

（2）地理信息交互时，一般采用地理信息数据交互和地理信息服务调用两种方式。数据交互是指 GIS 将地理背景信息和配电设备的地理空间信息以结构化文件方式提供给主站系统。服务调用是指 GIS 将地理背景信息和配电设备的地理空间信息以服务形式发布，主站系统根据业务需要调用。

【技能项】

一、图模及数据维护

（一）图模导入导出

配电主站系统图模在导入导出交互时，分为存量图模交互和新投异动图模交互。

1. 存量图模交互

GIS 以管理辖区（供电区域）为单位导出辖区内的全量配电线路图模数据给主站系统，主站系统完成数据初始化，并对存在错误的图模数据以馈线为单位反馈至 GIS，最终形成完整的配电网架构。

2. 新投异动图模交互

新投异动图模交互的更新方式宜以馈线为单位更新，若条件许可时，可采用增量方式更新。

（1）在新设备投运或电网图模发生变更时，GIS 将发生变更的馈线通知主站系统，主站系统收到通知后，向 GIS 获取对应馈线的图模文件。

（2）主站系统对获取的馈线图模文件进行校验，将校验结果反馈至 GIS。

（3）主站系统在异动图模投入在线运行后，发布消息通知 GIS。

新投异动图模交互时序图如图 4-1 所示。

（二）模型建立及校验

1. 模型建立

主站系统通常有一个独立的图模库一体化建模工具，负责系统内电网模型的建立及维护。该工具支持灵活的建模方式，可以选择建模工具建立全电网模型；也支持主网模型从调度自动化系统中导入，配网模型使用工具建模；也支持主网模型使用工具建模，配网模型从 PMS 或 GIS 中导入；还可以支持两部分模型均从外部系统中导入，无论以何种方式建模，主站系统均应支持主配网模型拼接，从而构建完整的地区电网模型。

系统提供的图模库一体化建模工具应基于 CIM 的统一建模技术，提供了一套先进的图形制导工具，图形和数据库录入一体化，作图的同时可在图形上录入数据库，使作图和录入数据一次完成，自动建

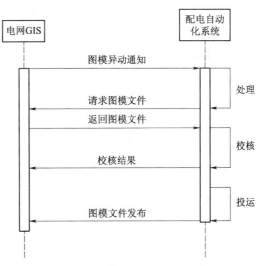

图 4-1　新投异动图模交互时序图

立图形上的设备和数据库中的数据的对应关系。图模库一体化建模工具可以根据接线图上的连接关系自动建立整个电网的网络拓扑关系，简化了系统的工程化工作和维护工作，而且保证了维护工作的正确性，保证图形、模型、数据库的一致性，减少建模和建库时间。

2. 模型校验

主站系统应对导入的图模进行校验，尤其必须检测、修正模型拓扑的连接关系。模型文件中的唯一标识 RDFID 一定要保持在电力系统全部信息及自动化系统范围内唯一，而且不允许擅自修改。

模型校验时一般遵循以下几点主要原则：

（1）一条馈线为一个数据文件，由变电站馈线出线开关、站房内设备、线路上设备的对象组成。有联络关系的两条馈线必须同时包含相同的联络设备。

（2）逻辑层次。GIS 所有设备都要归属到配电房（开闭所、箱变等）或馈线本身，而配电房要归属馈线。设备通过"Equipment. MemberOf_EquipmentContainer"属性来表示与其所属配电房或线路的关联，配电房通"Substation. MemberOf_Circuit""Substation. MemberOf_CircuitSection"属性来表示与其所属馈线、所属线路分支（主干、分支）的关联。目前建议配电房、台变、箱变也使用 Substation 类来建模，通过 PSRType 与变电站分开，使用"Substation. MemberOf_Circuit"来表示关联的馈线。馈线通过 Circuit. SourceSubst 关联变电站。

（3）电压等级。所有设备输出基准电压（BaseVoltage）。

（4）拓扑关系。在附录中有明确规定，应该避免 ACLineSegment 馈线段、BusbarSection 出现多端子情况，同时应该避免端子无设备关联，起连接作用的设备为双端子设备，母线为单端子设备，不允许馈线段及其他任何设备出现两个以上的端子。当线路连接关系为 T 接线路时，连接点处必须由三个线段连接一个端点组成。

（5）边界对应及拼接。边界对应信息包括变电站的对应和馈线的对应（变电站侧一般是负荷）。GIS 根据主网数据录入变电站信息，以及变电站站内出线开关（含调度编号）。

模型校验主要包括语法规则校验、网络模型校验以及人工校验三种方法。

（1）语法规则校验。

语法规则校验是根据元数据中定义的约束进行数据验证，包括且不限于：

1）唯一性验证。

2）数据重复验证。

3）空值验证。

4）值域验证，属性取值范围必须满足条件。

5）关联关系验证，如不能存在无厂站的变压器。

（2）网络模型校验。网络模型验证指验证网络模型的完整性和一致性，保证维护的电网模型可供专业应用分析模块使用。网络模型校验包含完整性校验和一致性校验两个部分。

1）完整性校验指验证模型结构的完整性和模型参数的完整性，原则如下：

a. 模型中表达层次结构的数据必须完整；

b. 模型中表达应用分析计算使用的静态参数的数据必须完整。

2）一致性校验验证模型间的关系是否矛盾，静态参数是否矛盾，原则如下：

a. 模型静态参数与模型结构保持一致；

b. 模型间的层次关系保持一致；

c. 模型中设备及其拓扑连接关系应与 SVG 图形中的设备及其拓扑连接关系一致；

d. 模型内禁止出现循环嵌套的数据。如记录 A 包含记录 B，记录 B 包含记录 C，记录 C 又包含记录 A。

（3）人工校验。即提供工作模型的查看和修改工具，由人工对关键模型数据进行校验。

二、设备异动图模维护

一般情况下配电网的建设和改造较为频繁，这需要一套有效的配电网络模型动态变化处理机制来解决现实模型和未来模型的实时切换和调度问题。目前，常用的方法是以黑图、黑拓扑及黑模型反映现实模型，红图、红拓扑及红模型反映未来模型，进而实现投运、运行、退役等设备异动图模全生命周期管理。

红黑图机制需要提供两个数据模型（现实的和未来的）、多份数据实体以及不同的图形状态并能支持多人同时进行模拟和分析操作。因此，只要能够提供图形版本、数据实体、数据模型以及拓扑形成等最基础的部件及其接口，也就可以满足不同的应用在红黑图机制上实现的需求。

主站红黑图实现流程如下所述。

1. 两个数据模型实现

两个网络模型可使用记录所属应用族的概念来表示。可在一套物理设备库的基础上表达多个不同的模型，这就是多应用族的概念。在商用数据库中，电网模型的设备表只有一份，通过设置每个设备不同的应用属性，可在各应用的实时库中得到不同的电网模型。

2. 设备投运状态实现

每个设备表都设置一个设备投运状态域表示设备的生命周期。

3. 多份数据实体实现

数据模型对应着应用族，而数据实体则对应着应用。具体到配网的红黑图机制也就是在现实模型和未来模型下根据实际情况分别设立一些应用，每个应用都拥有自己的多份数据实体，并且不和别的应用相互干扰。

4. 多个图形版本实现

在红黑图机制下，同一条馈线用不同的图形来表达的，但这些不同版本的图形之间又存在着很强的联系。

(1) 红图/黑图。采用不同的图形文件名后缀表示馈线的红/黑两种不同状态。

(2) 未投运设备的显示方式。不论是哪种图形类型，对于未投运设备一律都用一种颜色（可自定义）来显示，而不是通常的电压等级色。

(3) 红黑状态和应用切换的关系。在配网系统中不同的图形状态下应可以支持应用切换。当一个图形被切换时，应用也会随之被切换。

5. 两套拓扑的形成

拓扑关系是通过馈线单线图的节点入库形成的，节点入库的结果对应着设备表中的节点号域，其中表示现实模型拓扑的节点号域称为黑节点号，表示未来模型拓扑的节点号域称为红节点号。

【案例分析】

案例一：红黑图的操作流程

基于红黑图机制的馈线单线图和拓扑模型的详细使用流程：

(1) 从 PMS/GIS 系统导入一条馈线的图形和数据，形成接口 CIM/SVG 数据提交给总线。

(2) 基于接口 CIM/SVG，系统提供检查该馈线图校验工具，如果正确则将图形和数据正式导入主站系统；否则，形成错误报告返回 PMS/GIS 系统。

(3) 对于设备参数发生变化的情况，如导线类型等，则进行增量判断处理；而对于新增设备，如开关等，则依据数据库中触发器定义自动产生相关遥测、遥信定义，而其中的点号需要自动化人员维护。

(4) 主站系统收到 CIM/SVG 数据后，则在系统中自动形成该馈线的红图版本（原来如果有红图则覆盖，表示未执行计划的变化），原有黑图不作变化，同时自动形成红拓扑。

(5) 无论是在红图还是黑图上所有未投运的设备都被标注为一种颜色（用户可自定义）。

(6) 计划员在红图或者黑图上作操作计划和检修计划，调度员也可以作正常操作或预演。

(7) 红图投运过程：在线路现场施工完成后，由调度确认并在系统中完成红图的投运，即所谓"红转黑"过程。此时，红图转换为黑图，同时红拓扑转换为黑拓扑，删除待退役设备，删除红图。调度员根据实际情况，通过图面操作将新的黑图上的未投运设备转为投运状态。

(8) 所有设备投运状态的变化以及设备运行状态的变化都需要返送给 PMS/GIS 系统。

典型的红黑图操作流程图大致如图 4-2 所示。

案例二：图模异动维护图例

将某地供电公司图模异动维护流程以图例方式分享如下：

(1) GIS 系统将馈线的异动图模推送至配用电系统，配用电系统再将 XML 和 SVG 数据

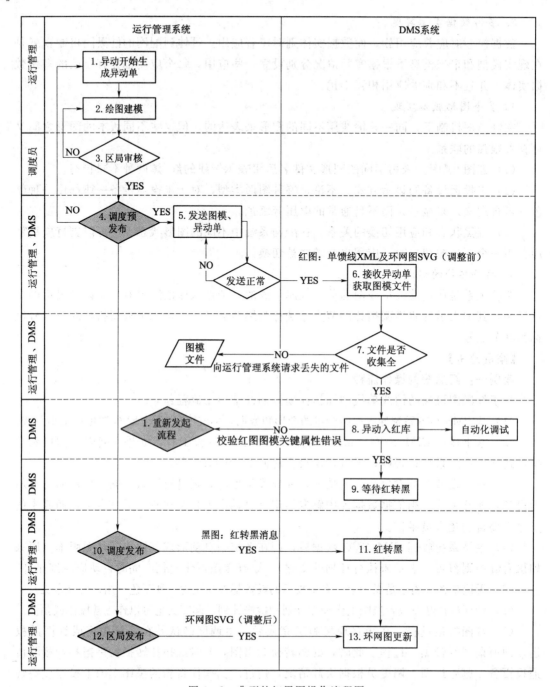

图 4-2 典型的红黑图操作流程图

提交给总线，图例如图 4-3 所示。

（2）配电自动化系统工作站将馈线的异动图模 XML 和 SVG 数据取至本机存储，图例如图 4-3 所示。

（3）配电自动化系统工作站将馈线的异动图模 XML 和 SVG 数据导入至 fs 前置服务器，图例如图 4-4 所示。

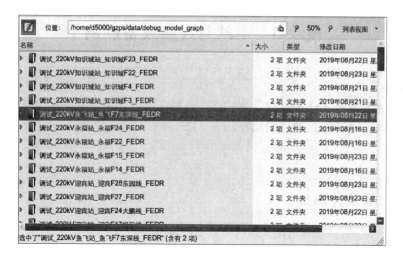

图 4-3　异动图模 XML 和 SVG 数据取至本机存储

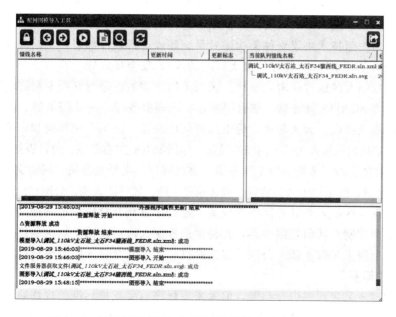

图 4-4　异动图模 XML 和 SVG 数据导入至 fs 前置服务器

（4）馈线的异动图模 XML 和 SVG 数据导入至 fs 前置服务器后形成调试态图模。

（5）主站形成调试态图模后开始建立异动设备档案，输入关键档案信息，如终端名称、所述馈线等。

（6）异动设备档案建立后，分配终端三遥点号，即遥测、遥信、遥控。

（7）建立异动设备通信通道表，输入关键通信参数，如设备 ID、IP 地址、通信规约等。

（8）图模发布前的异动设备调试，主要为三遥调试。

（9）异动设备调试完成，图模由调试态转化为发布态，流程结束。

模块 3　主站与终端设备联调

【学习目标】
(1) 掌握主站与终端设备联调步骤。
(2) 主站与终端设备联调常见问题。

【技能项】

一、主站软硬件准备

以科东 D5000 主站系统与终端设备联调为例进行说明。

(一) 硬件部署

配电网主站部署配电 SCADA 服务器、前置服务器、历史服务器、安全防护设备等硬件，其中 SCADA 服务器进行数据处理，前置服务器进行终端设备数据采集，历史服务器进行数据存储；根据接入方式对安全防护设备进行配置。

配电网主站按照技术协议硬件架构图对系统环境进行硬件部署，主站分为三个区，分别为生产控制大区 (Ⅰ区)、管控信息大区 (Ⅲ区)、安全接入区。

(1) 生产控制大区通过获取安全接入区采集的终端数据进行光纤专网终端数据采集与处理，包括配电 SCADA 服务器、前置服务器、图模服务器、历史服务器、磁盘阵列、光纤交换机、网络交换机、天文时钟、配电加密认证装置、配电专用纵向加密装置等设备。

(2) 管理信息大区接入无线公网终端设备，包括配电应用服务器、前置服务器、信息交互总线服务器、信息发布服务器、历史服务器、磁盘阵列、光纤交换机、网络交换机、天文时钟、入侵检测装置、配电加密认证装置、数据隔离组件、硬件防火墙、公网路由器等设备。

(3) 安全接入区接入光纤专网终端设备，通过信息交互总线穿过物理隔离装置将终端信息传输到生产控制大区前置服务器，并将生产控制大区返回信息发送到终端设备进行数据交互，包括公网采集服务器、公网采集交换机、配电安全接入网关等设备。

(二) 软件部署

对主站侧前置采集程序进行部署，前置采集程序需要支持标准的规约通讯协议，光纤专网应用网络 104 规约，无线公网应用平衡式 101 规约。光纤专网终端接入到安全接入区，安全接入区将接收的终端数据打包并通过信息交互总线穿过反向隔离装置上送到生产控制大区前置采集服务器，前置采集服务器处理后将信息穿过正向隔离装置发送到安全接入区，最终反馈给终端设备进行数据交互；无线公网终端设备接入到管理信息大区，管理信息大区前置采集服务器与无线公网终端进行数据交互，管理信息大区前置采集服务器采集数据后交由管理控制大区应用服务器进行处理并将处理结果通过信息交互总线穿过反向隔离装置反馈到生产控制大区配电 SCADA 服务器进行数据结果的收集与处理。

1. 前置采集程序部署步骤

(1) 生产控制大区、管理信息大区 101 与 104 程序部署。

(2) 生产控制大区、安全接入区跨区前置代理程序部署。

（3）生产控制大区、管理信息大区、安全接入区信息交互总线程序部署。

2．程序测试

（1）应用信息交互总线程序测试生产控制大区与管理信息大区、安全接入区信息交互总线信息交互的连通性与实时性。

（2）启动前置程序，主站历史库创建 104 规约与 101 规约测试链路，笔记本模拟终端分别用 104 规约、101 规约与主站进行模拟终端传动，对比模拟终端上送的遥测、遥信数据与主站收到的数据是否一致，主站模拟遥控是否可以在模拟软件中收到相应的遥控报文。

主站侧前置采集程序如图 4 - 5 所示。四个区间分别为登录用户、进程号、时间信息、程序名称及启动方式。

```
wh_fes1:/home/d5000/wuhai % see dfes
d5000   14842   1 0 Oct24 ?    00:00:00 dfes_wframe realtime dfes dfes_wframe
d5000   14848   1 1 Oct24 ?    00:14:43 dfes_mgr realtime dfes dfes_mgr
d5000   14857   1 0 Oct24 ?    00:10:48 dfes_ctrl realtime dfes dfes_ctrl
d5000   14866   1 1 Oct24 ?    00:19:15 dfes_rdata realtime dfes dfes_rdata
d5000   14872   1 0 Oct24 ?    00:01:12 dfes_olddata realtime dfes dfes_olddata
d5000   14882   1 0 Oct24 ?    00:00:30 dfes_104recv realtime dfes dfes_104recv
d5000   14888   1 0 Oct24 ?    00:02:12 dfes_proxy realtime dfes dfes_proxy
d5000   14917   1 0 Oct24 ?    00:02:31 dfes_104 realtime dfes dfes_104
```

图 4 - 5　主站侧前置采集程序列表

二、终端设备传动

主站系统具备接入终端设备的条件后，可以进行终端设备的接入工作。终端设备传动的步骤依次是建立数据通道、图库一体化建模、点表入库、终端设备传动。

1．建立数据通道

对配电主站与终端子站间通信通道建立并完成测试，终端接入方式分为光纤专网、无线公网。光纤专网终端上送数据根据数据传输通道区分有两种方式：一种是专用终端数据通道上送数据；另一种是通过调度数据网进行上送数据。

主站与终端子站进行接入传动时，链路连接状态 ENSTABLISHED 表示为链路建立连接，CLOSE_WAIT、SYN_SENT 等其他状态为未建立连接状态，主站与终端子站连接状态如图 4 - 6 所示。

```
wh_fes1:/home/d5000/wuhai % netstat -anp | grep dfes_104
255:tcp     0      0 13.114.96.2:59904      13.114.96.2:2404      ESTABLISHED 48016/dfes_104
262:tcp     0      0 13.113.32.4:56024      13.113.32.4:2404      ESTABLISHED 48016/dfes_104
273:tcp     0      0 13.115.160.36:50308    13.115.160.36:2404    ESTABLISHED 48016/dfes_104
275:tcp     0      0 13.115.160.14:44578    13.115.160.14:2404    ESTABLISHED 48016/dfes_104
277:tcp     0      0 13.115.160.27:45556    13.115.160.27:2404    ESTABLISHED 48016/dfes_104
279:tcp     0      0 13.112.224.13:56246    13.112.224.13:2404    ESTABLISHED 48016/dfes_104
282:tcp     0      0 13.115.160.7:38664     13.115.160.7:2404     ESTABLISHED 48016/dfes_104
287:tcp     0      0 13.115.160.25:40580    13.115.160.25:2404    ESTABLISHED 48016/dfes_104
290:tcp     0      0 13.113.32.9:58622      13.113.32.9:2404      ESTABLISHED 48016/dfes_104
294:tcp     0      0 13.160.64.8:52390      13.160.64.8:2404      ESTABLISHED 48016/dfes_104
296:tcp     0      0 13.160.64.33:43596     13.160.64.33:2404     ESTABLISHED 48016/dfes_104
298:tcp     0      0 13.115.160.2:34522     13.115.160.2:2404     ESTABLISHED 48016/dfes_104
300:tcp     0      0 13.115.160.16:52020    13.115.160.16:2404    ESTABLISHED 48016/dfes_104
301:tcp     0      0 13.115.160.13:56436    13.115.160.13:2404    ESTABLISHED 48016/dfes_104
302:tcp     0      0 13.113.32.11:48686     13.113.32.11:2404     ESTABLISHED 48016/dfes_104
304:tcp     0      0 13.112.224.2:49158     13.112.224.2:2404     ESTABLISHED 48016/dfes_104
305:tcp     0      0 13.160.0.11:49300      13.160.0.11:2404      ESTABLISHED 48016/dfes_104
307:tcp     0      0 13.114.0.9:55900       13.114.0.9:2404       ESTABLISHED 48016/dfes_104
308:tcp     0      0 13.115.160.24:57736    13.115.160.24:2404    ESTABLISHED 48016/dfes_104
318:tcp     0      0 13.160.0.12:54152      13.160.0.12:2404      ESTABLISHED 48016/dfes_104
323:tcp     0      0 13.115.160.30:38704    13.115.160.30:2404    ESTABLISHED 48016/dfes_104
330:tcp     0      0 13.160.64.18:58692     13.160.64.18:2404     ESTABLISHED 48016/dfes_104
336:tcp     0      0 13.115.160.35:35678    13.115.160.35:2404    ESTABLISHED 48016/dfes_104
```

图 4 - 6　主站与终端子站连接状态

2. 图库一体化建模

将自动化设备所在 10kV 单线图进行图形绘制、模型入库，具体操作步骤如下：

（1）制定绘图规范，包括各个图元的展示样式，具体细化到单线图上单线图名称位置、母线的长度与位置、断路器大小与长宽比例、环网箱间隔距离、各设备量测上图信息与量测位置、断路器与环网柜展示的光字牌等信息，统一同类型设备命名规则。

（2）准备相应的 10kV 线路图图纸。

（3）在配电主站画面编辑器绘制图形，保证整体图形的合理性，整体排列效果美观。

（4）设备信息录入，母线、断路器、负荷开关、接地刀闸等设备根据实际设备信息进行设备信息录入。

（5）从调度主站获取变电站 10kV 母线、出线开关、刀闸等设备信息。

（6）图库校验，应用配电主站图库校验工具进行图库校验操作与主配网模型拼接。

（7）图形核查，打开配电主站人机画面浏览器，展开绘制图形进行拓扑校验、电源追踪、供电范围等操作确定图形绘制的正确性。

绘制图形案例如图 4-7 所示。

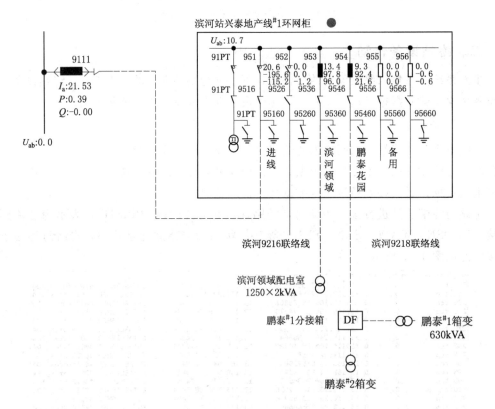

图 4-7 图库一体化图形

3. 点表入库

配电主站与终端设备信息交互方式为报文交互，主站侧需要将报文信息解析为数字信息便于展示，将报文体信息在主站侧以点表的展示方式与之一一对应，点表确定与制作步骤如下：

（1）终端数据应用部门与终端厂家对需要展示的遥信、遥测、遥控数据点进行需求确定。

（2）确定遥测、遥信、遥控数据点的点号并形成点表模板。

（3）配电主站根据提供的点表模板应用点表导入工具对相应类型的终端设备进行点表信息录入。

点表导入工具如图 4-8 所示。

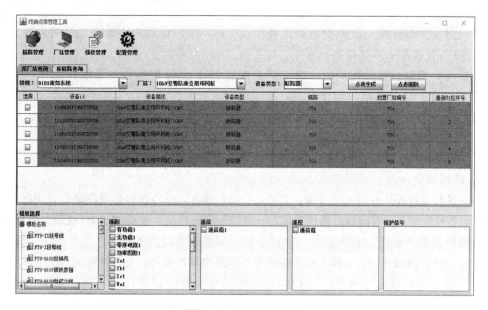

图 4-8　点表导入工具

4. 终端设备传动

终端对硬件设备遥信、遥测等数据点一一进行模拟加量，查看主站是否接收正确；遥控则为主站下发遥控命令，查看现场终端设备是否动作，传动结果信息展示在终端监视工具设备上传生数据与熟数据数据列中，传动结果监视如图 4-9 所示。

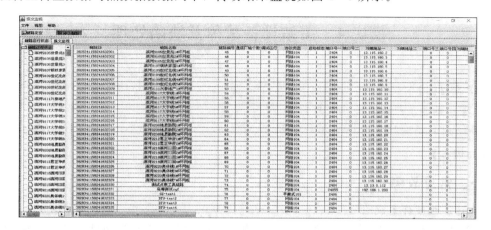

图 4-9　传动结果监视图

终端链路信息包括链路名称、链路编号、协议类型、端口号、IP 地址、生数据、熟数据等重要信息。如果主站接收信息全部正确，并且经过多次校核就说明终端设备已接入主站。

三、主站与终端设备联调常见问题

1. 通信正常但无法建立连接

配电主站与终端设备网络互通，但是无法建立数据连接。

解决方案：主站与终端分别为客户端、服务端，如果配置相同则无法建立连接，需要主站与终端一个为客户端，一个为服务端；一般 DTU、FTU 设备接入主站，主站设置为客户端，终端为服务端。故障指示器设备接入主站，主站设置为服务端，终端为客户端。

2. 终端数据与主站数据不一致

主站与终端进行实际传动时，终端点表配置的 X 点保护信号（遥信）动作，主站收到却是 Y 点保护信号动作，动作有误。产生此问题有两种情况：

（1）主站与终端设备配置点表点号对应出错，主站与终端都需要检查点表录入情况。

（2）主站与终端点表录入没有问题，则问题为终端设备接线错误，导致上送信号线路混乱。

3. 终端不能遥控

主站进行遥控操作分为两个步骤：首先进行遥控预置，遥控预置是与终端设备进行预置报文交互，若报文交互没有问题，则预置成功；遥控预置成功后，查看"远方/就地"保护信号，需要终端设置为"远方"才可遥控，"就地"信号只能对终端设备现场进行手动分合操作。

在进行遥控测试时，主站侧下发遥控命令不能遥控预置成功，有三种情况会发生该问题：

（1）主站未开放遥控权限。遥控操作是关键性操作，正常状态下遥控状态为关闭状态，遥控传动时需要在主站放开该设备的遥控权限；

（2）遥控点表配置错误。

（3）终端设备遥信"远方/就地"置为就地，需要置为"远方"。

4. 主站与终端报文不能交互

主站与终端设备报文交互方式有两种，分别为加密方式与非加密方式，在进行终端设备传动时需要双方配置同样的交互方式。

模块 4　主站设备故障及缺陷处理

【学习目标】
掌握主站典型故障及缺陷处理方法。

【知识点】

一、常见故障

1. 计算机硬件类故障

计算机硬件类故障指与服务器、工作站的 CPU、硬盘、内存等硬件设备相关的故障。

2. 网络故障

网络故障指与网络设备、网络配置相关的故障。主要有交换机故障、交换机端口故障，显示系统中的某台主机断网，并且"刷新时间"不更新。

3. 数据库故障

数据库故障指与数据库服务器相关的故障。主要有硬件故障导致数据库不可访问、网络故障导致数据库不可访问、软件故障导致数据库不可访问。

4. 厂站类故障

厂站类故障指与厂站功能相关的故障。主要有硬件故障导致常规通道退出、网络故障导致网络通道退出、频率故障导致天文钟通道退出。

5. 告警类故障

告警类故障指与告警功能相关的故障。主要有某台机器告警窗上看不到实时告警、告警不能推画面、告警不能响语音。

6. 人机界面故障

人机界面故障指与人机界面功能相关的故障。主要有图形文件打开对话框无图形文件，图形保存丢失，在图形浏览器下应用所属右键菜单无法显示，某台机器画面操作（遥控、置数、挂牌等）失败，遥控监护员窗口弹不出。

7. Web 服务类故障

Web 服务类故障指与 Web 服务相关的故障。主要有 Web 客户端无法浏览网页内容，Web 客户端登录时提示"无法连接数据库"，或登录时很慢；Web 客户端图形显示数据不刷新，或显示的内容与 I 区不一致。

二、典型问题分析

在表 4 - 2 中列出 24 种典型故障现象，分析故障原因并进行诊断，提出解决办法。

表 4 - 2　　　　　　　　典型故障现象题及处理办法

序号	故障现象	故障原因	诊断方法	解决方案	故障类型	故障等级
1	（1）遥测、遥信、数据不刷新；（2）工作站界面不响应或者响应慢	应用主机服务器磁盘损坏	（1）检查操作系统日志（2）通过检查服务器磁盘信息检测	下述3个解决方法之一可解决故障：（1）将出现硬件故障服务器网线拔掉；（2）将出现故障服务器应用切为备机；（3）关闭故障服务器	计算机硬件类故障	严重故障
2	告警窗显示"交换机故障"告警	交换机断电或者交换机硬件故障		（1）恢复交换机供电；（2）关闭故障的交换机并报修	网络故障	一般故障

续表

序号	故障现象	故障原因	诊断方法	解决方案	故障类型	故障等级
3	告警窗显示"交换机某个端口断网"告警	（1）交换机硬件故障；（2）与端口连接主机之间的网线故障；（3）与该端口连接的主机故障（常见情况是掉电）		（1）对于交换机故障，关闭故障交换机；（2）对于网络故障，更换新网线；（3）检查主机是否停电	网络故障	一般故障
4	系统中的某台主机断网	该主机的广播报文无法被其他机器接收到	（1）检查断网主机是否能 Ping 通其他机器；（2）检查显示断网主机的 IP 地址与其他主机是否在一个网段，子网掩码是否一致	（1）恢复中断主机的正常连接；（2）修改出错的地址或者子网掩码	网络故障	一般故障
5	（1）告警报告某个数据库连接失败或系统进入 1＋N 状态；（2）利用 Sqlplus 无法连接数据库	（1）数据库服务器磁盘损坏；（2）数据库实例服务 Crash	（1）查看操作系统日志；（2）查看数据库日志；（3）在数据库服务器上没有数据库进程	（1）硬件故障请及时联系生产厂家报修；（2）软件故障请重新启动数据库。如果失败请及时联系生产厂家	数据库故障	严重故障
6	（1）告警报告某个数据库连接失败或进入 1＋N 状态；（2）利用数据库客户端无法连接数据库；（3）无法 Ping 到数据库服务器	数据库服务器网络中断	通过 Ping 命令检查网络	重新插拔网线，或更换网线。对于光纤尤其需要查看是否有物理损坏，如果损害需要更换	数据库故障	严重故障
7	（1）曲线不能查看；（2）历史告警不能查看	（1）与上述数据库故障相同；（2）数据服务应用异常；（3）数据库磁盘空间满	（1）与上述数据库故障检查方法相同；（2）检查数据服务应用；（3）检查表空间使用容量	（1）与上述数据库故障解决方法相同；（2）切换或者重启数据服务应用；（3）联系生产厂家扩充数据库容量或者备份后清除部分采样与历史告警抑制设置	告警类故障	一般故障

续表

序号	故障现象	故障原因	诊断方法	解决方案	故障类型	故障等级
8	某台机器告警窗上看不到 SCADA 告警	（1）此机器的网络状况异常；（2）节点告警抑制、告警窗告警类型没有选中 SCADA 的告警分类	（1）查看本机网络状态；（2）查看本机告警窗设置与节点告警设置	（1）解决网络异常问题；（2）在告警窗告警类型设置中选择要显示告警；（3）在告警定义中删除该节点告警抑制设置	告警类故障	一般故障
9	不能语音告警	（1）语音设备异常；（2）告警窗上语音按钮关闭；（3）节点语音告警抑制；（4）告警客户端进程没有启动	（1）通过告警窗上的语音测试按钮测试本机语音设备是否异常；（2）检查告警窗上语音按钮是否关闭；（3）检查本机是否设置"语音告警抑制"选项；（4）查看告警客户端进程	（1）解决语音设备问题；（2）设置语音按钮于播放语音状态；（3）在告警定义中删除该节点语音告警设置；（4）启动告警客户端进程	告警类故障	一般故障
10	不能推画面	（1）本节点推画面告警抑制；（2）告警客户端进程没有启动	（1）检查本机是否设置"节点推画面告警抑制"选项；（2）查看告警客户端进程	（1）在告警定义中删除该节点推画面告警抑制设置；（2）启动告警客户端进程	告警类故障	一般故障
11	（1）图形文件打开对话框无图形文件；（2）图形网络保存失败；（3）图形编辑器中点击设备，图形设备属性框无法获取图形设备属性	商用库服务不正常连接	（1）检查数据服务是否存在；（2）数据服务主机上查看商用库连接是否正常	（1）如果数据服务进程甚至应用异常，建议切换或者重启应用；（2）如果商用库连接失败，建议参照数据故障解决办法	人机界面类故障	一般故障

序号	故障现象	故障原因	诊断方法	解决方案	故障类型	故障等级
12	某台机器画面操作（遥控、置数、挂牌等）失败	此机器网络状态异常	查看本机网络状态	解决网络异常问题	人机界面类故障	一般故障
13	遥控监护员窗口弹不出	（1）操作机器或者监护机器的网络异常；（2）监护机器的遥控监护进程不存在；（3）监护机器的遥控监护进程存在，但不是从监护机器本机启动，而是从其他机器登录启动	（1）查看操作机器与监护机器网络状态；（2）在监护机器上查看遥控监护进程是否存在	（1）解决网络异常问题；（2）在监护机器本机启动遥控监护进程	人机界面类故障	一般故障
14	单个通道频繁投入退出	（1）该通道定义的遥测有很多不刷新；（2）通道误码率太高	（1）查看前置通道表的故障阈值设置；（2）查看该通道的报文	（1）将前置通道表的故障阈值参数调整；（2）查看站端与通信协查通道状况	厂站类故障	一般故障
15	单个常规通道退出	（1）通道板故障；（2）终端服务器故障；（3）厂站端或者与厂站端通信线路故障	（1）查看通道板上信号灯状态；（2）查看终端服务器信号灯状态	（1）按照查看通道状态提示解决；（2）更换终端服务器端口，注意通道的定义要修改，如果成功也可能是终端服务器与通道板连接线问题，逐层更换排查	厂站类故障	一般故障
16	单个网络通道退出	（1）网络连接中断；（2）对方服务中断	（1）Ping对方的IP地址；（2）Telnet IP地址端口号，判读对方服务是否启动	（1）恢复物理连接；（2）通知对方启动服务	厂站类故障	一般故障

续表

序号	故障现象	故障原因	诊断方法	解决方案	故障类型	故障等级
17	成组常规通道退出	（1）终端服务器故障；（2）终端服务器与前置交换机连接中断；（3）常规进程异常	（1）检查退出厂站所关联终端服务器状态（如果存在主备通道要都检查）；（2）检查退出厂站所关联终端服务器与交换机连接状态；（3）检查退出厂站定义是否都是相同规约	（1）更换终端服务器；（2）恢复终端服务器与交换机连接；（3）删掉相应规约进程	厂站类故障	严重故障
18	所有厂站退出	（1）前置交换机故障；（2）前置服务器全部故障；（3）前置机柜故障	（1）查看前置交换机状态；（2）查看前置服务器状态；（3）查看前置机柜状态	（1）恢复前置交换机运行；（2）恢复前置服务器运行；（3）恢复前置机柜运行	厂站类故障	灾难性故障
19	天文钟通道退出	（1）天文钟故障或断电；（2）天文钟连接线中断	（1）观察是否收到报文；（2）查看频率采集线是否完好，频率是否变化	（1）更换天文钟；（2）恢复连接	厂站类故障	一般故障
20	终端服务器频繁重启	通道表的端口定义重复	通过数据库工具打开通道表检查端口定义	修改重复的端口	厂站类故障	严重故障
21	与上级调度网络通信中断	网络路由异常		检查网络路由，两台前置要分别检查	厂站类故障	一般故障

续表

序号	故障现象	故障原因	诊断方法	解决方案	故障类型	故障等级
22	(1)Web客户端登录时提示"无法连接数据库";(2)登录时很慢	(1)网络设备(如防火墙)对应的端口没有全部开放;(2)双Web服务器时,以上端口对每个服务器的浮动地址也都要开放	(1)测试某个端口是否开放的命令为：telnet ip port。如telnet 192.1.101.210 11000,如果端口正常,则会出现一个新的cmd窗口光标在左上角闪烁;(2)如果是双Web服务器,需要检查以上端口是否对每台服务器的浮动地址都全部开放	开放网络设备(如防火墙)的端口	Web服务类故障	一般故障
23	(1)Web客户端图形显示数据不刷新;(2)Web客户端图形显示的内容与Ⅰ区不一致	(1)物理隔离出现故障;(2)物理隔离与服务器的连接中断。	(1)测试物理隔离通信是否正常,通常通过隔离设备的配置测试软件进行;(2)检查物理隔离与服务器连接灯状态	(1)解决物理隔离通信设备的硬件问题;(2)恢复物理隔离与服务器的正常连接	Web服务类故障	一般故障
24	前置实时数据界面中遥测遥信名称不能显示	(1)通信厂站表中该厂站超过最大遥测遥信数容量限制;(2)前置遥测定义表、遥信定义表数量超过容量限制	(1)通过数据库工具打开通信厂站表进行查看;(2)通过数据库工具打开表信息表进行查看	(1)将通信厂站表该厂站遥测遥信最大数目扩大;(2)联系生产厂家扩充前置遥测定义表、遥信定义表的容量	其他故障	一般故障

第三部分

配电自动化终端

第五章

配电自动化终端调试与操作

模块1　配电自动化终端结构及功能

【学习目标】
(1) 掌握配电自动化终端结构组成。
(2) 掌握配电自动化终端基本功能。
(3) 掌握配电自动化终端基本检查。

【知识点】

一、配电自动化终端结构

配电自动化终端装置一般在户外运行，其工作环境与变电站自动化装置相比恶劣得多，因此，对于配电自动化终端装置的适应温度、湿度范围、防磁、防震、防潮、防雷、电磁兼容性等方面的要求也更加严格。随着配电自动化的不断建设和发展，对配电终端的可靠性与技术要求越来越高，配电自动化终端将进一步朝小型化、低功耗、模块化、高可靠、即插即用等方向发展。

(一) 配电自动化终端基本组成

一般而言，配电自动化终端的基本构成包括测控单元、操作控制回路、人机接口、通信终端、电源等几部分，如图 5-1 所示。

(二) 配电自动化终端功能模块

根据配电自动化终端的类型、应用场合不同，其结构也不同，接下来以站所终端、馈线终端为例进行介绍。

1. 站所终端

站所终端（DTU）的核心为测控单元，

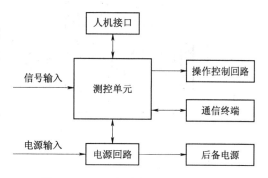

图 5-1　配电自动化终端的基本构成

主要完成信号的采集与计算、故障检测与故障信号记录、控制量输出、通信、当地控制与远方控制等功能。除此之外，DTU 还包含开关操作回路、操作面板、后备电源、通信终端以及机箱等。完整的户外立式"三遥"DTU结构组成如图 5-2 所示。

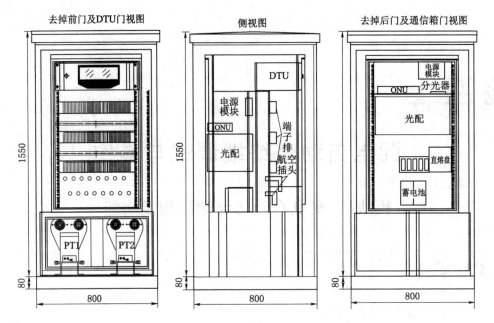

图 5-2　户外立式"三遥"DTU 结构组成图

（1）测控单元。

为满足不同的应用需求，测控单元能够灵活配置输入输出（I/O）接口。采用高性能数字信号处理器（DSP）、实时多任务操作系统等嵌入式技术，采用平台化、模块化设计方案，可以根据具体的应用需求配置 I/O。

图 5-3 为插箱式测控单元，由电源插板、CPU 插板、模拟量插板、开关量插板、控制量插板、通信插板以及 4U 或 6U 插箱组成；其模拟量插板、开关量插板、控制量插板数量可以根据实际需要进行配置，以满足不同实际需求。

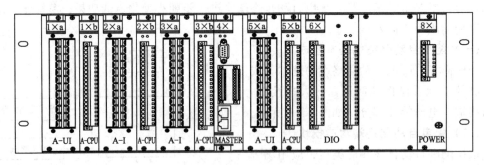

图 5-3　插箱式测控单元

（2）操作控制回路。

操作控制回路包括开关操作方式转换和开关就地操作两部分，其面板如图 5-4 所示。开关操作方式转换部分由转换开关和相应的指示灯组成，用以选择就地、远方以及闭锁三种开关操作方式。当选择就地操作方式时，可通过面板上的分合闸按钮进行开关分合闸操作；当选择远方操作方式时，可通过配电自动化系统主站远方遥控方式进行开关分合闸操作；当选择闭锁操作方式时，当地、远方均不能操作。

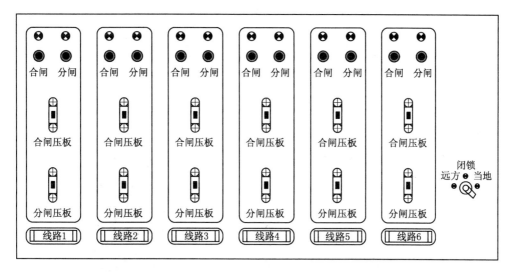

图 5-4　操作控制回路面板

　　开关就地操作部分包括分合闸压板、分合闸按钮及其状态指示灯，对应每一线路开关单独设置。分合闸按钮仅在开关就地操作方式下操作，在远方操作方式和闭锁状态下均处于无效状态；状态指示灯用以指示开关分合闸状态。分合闸压板为操作开关提供明显断开点，在检修、调试时打开以防止信号进入分合闸回路，避免误操作。

　　（3）人机接口。

　　人机接口包括液晶面板、操作键盘以及装置运行指示灯。液晶面板与操作键盘用于对配电自动化终端进行当地配置与维护，包括 TV/TA 接线方式、遥测/遥信/遥控配置参数、故障检测定值、装置编号（站址）、通信波特率等，显示电压、电流、功率等测量数据；装置运行指示灯用于指示测控单元、后备电源、通信的运行状态以及开关位置状态、线路运行状态，便于操作、维护。

　　由于液晶面板受环境温度的影响较大，为简化装置构成、提高可靠性，不配备液晶显示面板和键盘。通常的做法是，使用便携式 PC 机，通过维护通信口对其进行配置与维护，或通过主站远程配置与维护。

　　（4）通信终端。

　　根据所接入的通道类型的不同，通信终端包括光纤通信终端（光以太网交换机、ONU 等）、无线通信终端、载波通信终端等。

　　（5）电源。

　　配电自动化终端的交流工作电源通常取自线路 TV 的二次侧输出，特殊情况下，使用附近的低压交流电，比如市电。后备电源采用蓄电池或超级电容供电。

　　2. 馈线终端

　　馈线终端是安装在配电网架空线路杆塔等处的配电终端，按照功能分为"三遥"终端和"二遥"终端，"二遥"终端又可分为基本型终端、标准型终端和动作型终端，其中基本型终端是指用于采集或接收故障指示器发出的线路故障信息，并具备故障报警信息上传功能的配电终端；标准型终端用于配电架空线路遥测、遥信及故障信息的监测，实现本地报警并通过无线公网等通信方式上传的配电终端；动作型终端用于配电线路遥测、遥信及故障信息的监测，能实现就地故障自动隔离，并通过无线公网、无线专网等通信方式上传的配电终端。馈线终端按照结构不同可分为罩式终端和箱式终端，终端外观如图 5-5、图 5-6 所示。

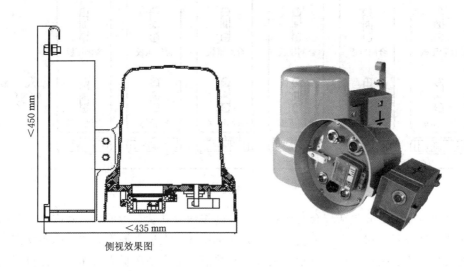

侧视效果图

图 5-5　罩式馈线终端

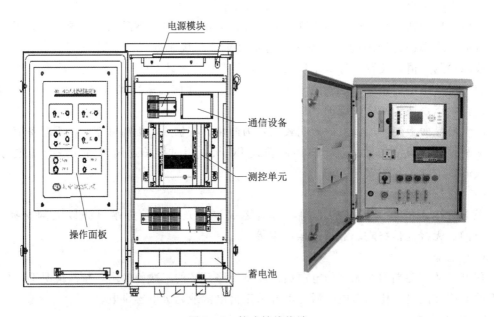

图 5-6　箱式馈线终端

3. 故障指示器

故障指示器是用来检测短路及接地故障的设备，通过就地故障闪灯和翻牌指示故障，运维人员可以根据此指示器的报警信号迅速定位故障，大大缩短了故障查找时间，为快速排除故障、恢复正常供电提供了有力保障。故障指示器外观如图 5-7 所示。

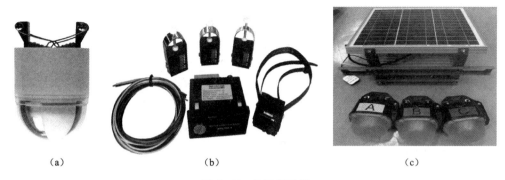

（a）　　　　　　　　　　（b）　　　　　　　　　　（c）

图 5-7　故障指示器
（a）架空型故障指示器；（b）电缆型故障指示器；（c）暂态录波型故障指示器

　　根据《配电线路故障指示器技术规范》（Q/GDW 436—2010），按照适用线路类型分为架空型与电缆型 2 类；按照是否具备远程通信能力分为远传型与就地型 2 类；根据对单相接地故障检测原理的不同分为外施信号型、暂态特征型、暂态录波型和稳态特征型等 4 类。

　　基于上述不同分类维度，对配电线路故障指示器共计分为 9 类，即架空外施信号型远传故障指示器、架空暂态特征型远传故障指示器、架空暂态录波型远传故障指示器、架空外施信号型就地故障指示器、架空暂态特征型就地故障指示器、电缆外施信号型远传故障指示器、电缆稳态特征型远传故障指示器、电缆外施信号型就地故障指示器、电缆稳态特征型就地故障指示器，详见表 5-1。

表 5-1　　　　　　　　　　　　　**故 障 指 示 器 分 类**

适用线路类型	是否具备远程通信能力	单相接地故障检测方法	故障指示器类型	主 要 特 征
架空线路	是	外施信号	架空外施信号型远传故障指示器	需安装专用的信号发生装置连续产生电流特征信号序列，判断与故障回路负荷电流叠加后特征
		暂态特征	架空暂态特征型远传故障指示器	线路对地通过接地点放电形成的暂态电流和暂态电压有特定关系
		暂态录波	架空暂态录波型远传故障指示器	根据接地故障时零序电流暂态特征并结合线路拓扑综合研判
		稳态特征		单独具备该方法应用范围较窄，且在外施信号、暂态特征和暂态录波型故障指示器中均已包含
	否	外施信号	架空外施信号型就地故障指示器	需安装专用的信号发生装置连续产生电流特征信号序列，判断与故障回路负荷电流叠加后特征
		暂态特征	架空暂态特征型就地故障指示器	线路对地通过接地点放电形成的暂态电流和暂态电压有特定关系
		暂态录波		就地型无通信，目前暂无此类
		稳态特征		单独具备该方法应用范围较窄，且在外施信号、暂态特征和暂态录波型故障指示器中均已包含此方法

续表

适用线路类型	是否具备远程通信能力	单相接地故障检测方法	故障指示器类型	主　要　特　征
电缆线路	是	外施信号	电缆外施信号型远传故障指示器	需安装专用的信号发生装置连续产生电流特征信号序列，判断与故障回路负荷电流叠加后特征
		暂态特征		电缆型电场信号采集困难，目前暂无此类
		暂态录波		电缆型电场信号采集困难，目前暂无此类
		稳态特征	电缆稳态特征型远传故障指示器	检测线路的零序电流是否超过设定阈值
	否	外施信号	电缆外施信号型就地故障指示器	需安装专用的信号发生装置连续产生电流特征信号序列，判断与故障回路负荷电流叠加后特征
		暂态特征		就地型无通信，且电缆型电场信号采集困难，目前暂无此类
		暂态录波		就地型无通信，且电缆型电场信号采集困难，目前暂无此类
		稳态特征	电缆稳态特征型就地故障指示器	检测线路的零序电流是否超过设定阈值

二、配电终端功能

前文介绍到，配电自动化终端可分为"三遥"终端、"二遥"终端，其功能大多类似，下面以三遥 DTU、三遥 FTU 为例进行功能介绍，不同类型配电自动化终端功能可以参考国家和电力行业相关标准规范。"三遥"DTU 功能介绍见表 5 - 2。"三遥"FTU 功能介绍见表 5 - 3。

表 5 - 2　　　　　　　　　　　　"三遥"DTU 功能介绍

必备功能	具备就地采集至少 4 路开关的模拟量和状态量以及控制开关分合闸功能，具备测量数据、状态数据的远传和远方控制功能，可实现监控开关数量的灵活扩展
	具备就地/远方切换开关和控制出口硬压板，支持控制出口软压板功能
	具备线损计算功能
	具备对遥测死区范围设置功能
	具备故障检测及故障判别功能
	具备故障指示手动复归、自动复归和主站远程复归功能，能根据设定时间或线路恢复正常供电后自动复归，也能根据故障性质（瞬时性或永久性）自动选择复归方式
	具备双位置遥信处理功能，支持遥信变位优先传送
	具备负荷越限告警上送功能
	具备线路有压鉴别功能
	具备串行口和以太网通信接口
	具备同时为通信设备、开关分合闸提供配套电源的能力
	具备双路电源输入和自动切换功能，宜采用 TV 取电
	具备后备电源自动充放电管理功能；蓄电池作为后备电源时，应具备定时、手动、远方活化功能，低电压报警和保护功能，报警信号上传主站功能
	具备接收状态监测、备自投等其他装置数据功能

续表

选配功能	可与其他终端配合完成就地式智能分布式馈线自动化功能
	可具备检测开关两侧相位及电压差功能
	可具备单相接地故障选段功能
	可具备配电线路闭环运行和分布式电源接入情况下的故障方向检测功能

表 5-3　　　　　　　　　"三遥"FTU 功能介绍

必备功能	具备就地采集模拟量和状态量，控制开关分合闸，数据远传及远方控制功能
	具备线损计算功能
	具备就地/远方切换开关和控制出口硬压板，支持控制出口软压板功能
	具备对遥测死区范围设置功能
	具备故障检测及故障判别功能
	具备故障指示手动复归、自动复归和主站远程复归功能，能根据设定时间或线路恢复正常供电后自动复归，也能根据故障性质（瞬时性或永久性）自动选择复归方式
	具备双位置遥信处理功能，支持遥信变位优先传送
	具备负荷越限告警上送功能
	具备线路有压鉴别功能
	具备串行口和以太网通信接口
	具备同时为通信设备、开关分合闸提供配套电源的能力
	具备双路电源输入和自动切换功能，宜采用 TV 取电
	配备后备电源，当主电源供电不足或消失时，能自动无缝投入
	具备后备电源自动充放电管理功能；蓄电池作为后备电源时，应具备定时、手动、远方活化功能，低电压报警和保护功能，报警信号上传主站功能
选配功能	可具备同时监测控制同杆架设的两条配电线路及相应开关设备的功能
	可判别过流、过负荷故障，实现故障隔离功能
	可具备单相接地故障检测功能，可与开关配套实现单相接地故障隔离功能
	可具备配电线路闭环运行和分布式电源接入情况下的故障方向检测功能
	可具备检测开关两侧相位及电压差功能
	可具备单相接地故障选段功能

【技能项】

一、配电终端箱体的清洁与检查

配电终端设备的外观检查，主要包括清洁度、完整度、密封度三方面。

1. FTU 箱体检查

FTU 巡视检查中应查看 FTU 箱体及各附件是否完好，有无变形或破损，是否影响箱体密封；重点检查箱体清洁，防止严重污秽加剧箱体的腐蚀；运行中的防护等级要求不得低于 IP55。

FTU 除普通的箱式外壳的形式外，有的则采用罩式结构。罩式结构的 FTU 外壳更为坚固，不易变形和破损，不存在可以打开的箱门，封闭防水、防尘、防凝露的性能较好，对温度的适应性也较高。由于罩式 FTU 的操作旋钮、指示灯等设置在终端的外部，缺乏有效的保护，容易造成非专业人士误操作，因此安装时对地高度至少达到 2.5m，日常巡视中也应注意防止地面垫土或堆积杂物等造成 FTU 对地高度不足。

2. DTU 箱体检查

DTU 巡视检查中，箱体检查至少应包含以下几方面：

（1）箱体外壳无机械损伤和变形，无严重锈蚀，附件齐全。重点检查柜门和孔洞的封闭情况，注意防凝露、防止小动物进入。

（2）终端箱内标识、标牌是否齐全。应及时清理积灰等，防止混入导电尘埃，影响运行功能或引发安全事故。

（3）所有空开是否在合位。正常运行时要求空开全部在合位。

（4）如 DTU 所安装的环境内有 SF_6 设备，进入前应首先进行通风，检查 SF_6 气体压力表的指针是否处于正常安全位置，是否有漏气现象。

对于壁挂式安装的 DTU，应检查墙体是否牢靠、有无裂纹、渗漏等。对于柜式安装的 DTU，应检查基础是否稳固，接地是否良好。

安装在遮蔽场所的终端，防护等级要求达到 IP54，防尘、防溅水。安装在室内的终端，防护等级要求达到 IP20，能防止 12.5mm 以上固体进入。

3. TTU 箱体检查

TTU 目前应用还不是很广泛，其安装运行环境根据变压器的运行环境不同，也可以分为户外、遮蔽场所和户内，因此 TTU 的箱体检查可按照安装运行环境分类，如 TTU 安装在户外，可参考 FTU 的要求，如 TTU 安装在遮蔽场所或室内可参考 DTU 的要求。

4. 新到货或新安装投运配电终端箱体外观检查

对于新到货或新安装投运的配电终端，箱体外观检查还应包括以下内容：

（1）铭牌应装设在显著部位，字迹清晰持久，标明产品型号、名称、制造厂及商标、出厂日期和编号。

（2）箱体无明显凹凸、划伤、裂缝和毛刺，镀层完好无脱落，标牌文字、符号应清晰持久。

（3）配电终端应具有独立的保护接地端子，并与外壳连接牢固，接地螺栓直径不小于 6mm。

二、配电终端控缆布线、标识检查与维护

配电终端控制电缆应布线整齐、标志标识齐全清晰。对于架空的终端设备，控制电缆作为弱电线路，应与一次设备带电部分保持足够的安全距离并固定牢固，防止运行中相互干扰。对于地面及室内的终端设备，控缆布线应有独立的沟道，不宜与一次线缆共用同一沟道。光纤路径应明确，使用独立的排管。如有发现控制电缆、光缆接近或接触高压设备有可能引起故障或发生危险时，应尽快联系相关部门或人员采取措施。如发现一次电缆与控制电缆混用同一沟道，应注意防止控制电缆受到挤压或受力崩断。

控制电缆的两端、转弯处应装设标志牌。控制电缆接入端子排，每一芯都应按要求加装打印标号，并排列整齐。

终端的面板上，所有指示灯正确闪亮，按钮应有明显标识，旋钮应具有旋转方向的指

示，硬压板应有明确的标识。如发现有标牌或标识丢失，应记录缺陷，尽快补齐。

三、配电终端设备接地检查与测试

（一）配电终端设备接地检查

配电终端设备在安装投运的验收阶段和周期性巡视中，应检查接地装置。检查的内容包括：

（1）接地体有无开挖或拔出、外露，有无开焊或严重腐蚀。

（2）接地线和接地体的连接是否可靠，接地线绝缘皮是否破损。

（3）接地电阻是否满足要求。配电终端接地电阻一般要求不大于 10Ω，如果使用配电室的接地装置则接地电阻应不大于 4Ω。配电终端的接地电阻测量周期为 4 年。

影响接地电阻的因素很多，注意包括接地体的大小、形状、数量、材料、埋深，土壤湿度，地形，土壤质地等方面。

（二）配电终端设备接地测试

绝缘电阻的测量方法比较常用的是利用钳形接地电阻测试仪进行测量，钳形接地电阻测试仪分为长钳口和圆钳口，长钳口适用于扁钢接地的场合。

1. 操作步骤

（1）工具材料准备：钳形接地电阻测试仪 1 只。

（2）开机前，扣压扳机一两次，确保钳口打开、闭合良好。

（3）开机自检：开机后，仪表自动进入自检程序。自检过程中不要扣压扳机，不能钳任何导线。自检完成后，读数显示开路，方可开始测试。

（4）将被测接地体直接钳入钳口，约 1s 后即显示阻值读数。

（5）整理工具，检查现场。

2. 注意事项

（1）接地电阻测量应在干燥天气进行。

（2）使用钳形接地电阻测试仪时，不需拆接地线，直接打开钳口将接地体卡入即可测量。

（3）应注意测试仪的电量，电量不足有可能产生测量误差。

（4）如认为有必要，可以使用标准测试环验证仪表的精度可信性。

某些情况下，使用钳形接地电阻测试仪除了测量接地电阻外，还可以测量接地线到接地体再到大地的综合电阻，因此能够发现接地线老化、断裂、连接松动等缺陷。

四、配电终端设备通信通道检查

通信通道检查方法比较常用的是利用光功率计、红光源进行测量，光功率计光波长基准点一般选择 1310nm，光功率正常范围一般为 $-4\sim-27$dB。

1. 操作步骤

（1）工具材料准备：光功率计 1 只。

（2）开机自检：开机后，光功率计调零、设定波长。

（3）将被测量光纤接入光功率计，约 1s 后即显示光功率值。

（4）整理工具，检查现场。

2. 注意事项

(1) 接光功率计调零时，输入口必须完全遮光；也可以在弱背景光下调零，但是背景光功率值不能超过最小量程值的一半。

(2) 注意尾纤卷曲半径（直径＜40mm）。

(3) 应注意测试仪的电量，电量不足有可能产生测量误差。

某些情况下，光功率值在正常范围，终端设备通信通道仍然不通，可通过网管查看对应 ONU 连接终端的端口是否在打开状态，端口绑定终端 MAC 地址是否正常。如果接入 ONU 光功率不符合要求，可测量 ODF 法兰处光功率，进一步确认光路状态。

五、配电终端设备绝缘电阻检测

配电终端设备接地的测量方法比较常用的是采用兆欧表进行测量，测量内容包括交流电流遥测输入端子、交流电压遥测输入端子对地、开关量端子对地及端子间、交流电源回路对地、交流电流端子对交流电压端子、交流电流端子对开关量端子、交流电压端子对开关量端子、交流电源端子对开关量端子，要求绝缘电阻不小于 5 MΩ。

1. 操作步骤

(1) 工具材料准备：250V 兆欧表 1 只、500V 兆欧表 1 只。

(2) 使用前，检查摇表连接线的绝缘层是否完好，有无破损；检查摇表固定接线柱有无滑丝；开路试验：将兆欧表水平放置，将连接线开路，以 120rad/min 的速度摇动摇柄。在开路实验中，指针应该指到∞处；短路试验：以 120rad/min 的速度摇动摇柄，使 L 和 E 两接线桩输出线瞬时短接，短路试验中，指针应迅速指零。

(3) 确认被测设备交直流电源已断开，电流回路接地点已断开，电压回路与 TV 一次设备之间已断开，将不能承受高压的部件断开。

(4) 将被测回路端子连在一起，用兆欧表测量。

(5) 整理工具，恢复现场。

2. 注意事项

(1) 在开路实验过程中双手不能触碰线夹的导体部分，试验完成后，相互触碰线夹放电。

(2) 在短路试验中，注意在摇动手柄时不得让 L 和 E 短接时间过长，否则将损坏兆欧表。

(3) 摇表线不能绞在一起，要分开。

(4) 摇表未停止转动之前或被测设备未放电之前，严禁用手触及。拆线时，也不要触及引线的金属部分。

(5) 开关量回路测量时使用 250V 兆欧表，测量时断开终端部分。

六、配电终端设备上电检查

配电终端设备上电前需检查：

(1) 装置外壳是否已可靠接地。

(2) 装置面板型号标示、灯光标示、背板端子贴图、装置铭牌是否标注完整、正确。

(3) 逐个检查装置各组成部分的锁紧机构是否松动、脱落，有无机械损伤及连接线断开等现象。

（4）检查交流电源输入端有无短路现象；将电源开关闭合，检查电源模块输出端有无短路现象。

（5）检查信号输入端接线是否正确。

（6）使用万用表电压 AC 挡、DC 挡，测量输入电源是否符合要求。

（7）如有主电源、备电源，检查主电源、备电源是否切换正常。

模块 2　配电终端参数配置

【学习目标】

（1）掌握配电终端参数分类。

（2）掌握不同配电终端参数配置原则。

（3）掌握配电终端参数配置工具的使用。

【知识点】

一、配电终端参数分类

按照终端参数对应的功能，可以将配电终端的参数分类为固有参数、运行参数及故障处理动作参数，详见表 5 - 4。

表 5 - 4　　　　　　　　　　　　　配 电 终 端 参 数 分 类

大类	参数类型	参 数 简 述
固有参数	终端类型	将配电自动化终端类型分为馈线终端、站所终端、配变终端。配电自动化终端的"终端类型"参数主要用于区分配电终端的应用场合
	终端操作系统	配电终端操作系统参数用于查询操作系统类型及版本
	终端制造商	配电终端制造商参数用于区分各终端的生产厂家，便于统一查询及管理
	终端硬件版本	配电终端硬件版本参数是配电终端硬件版本的识别号，便于用户了解配电终端所使用的硬件版本及其功能和性能
	终端软件版本	配电终端软件版本参数用于描述软件功能及性能等技术特征，并作为鉴别不同软件的重要参数。通常软件版本号是软件开发完成后人为设置的专门标记
	终端软件版本校验码	终端应具备 2B 长度的软件校验码，软件校验码与软件版本号构成终端软件的唯一标识，由相关的设备管理系统统一管理
	终端通信规约类型	通信规约是为保证数据通信系统中通信双方能有效和可靠地通信而规定的双方应共同遵守的一系列约定，包括数据的格式、顺序和速率、链路管理、流量调节和差错控制等。配电终端通信规约类型参数用于标识当前的通信规约
	终端出厂型号	配电终端出厂型号是由各终端生产厂家为方便管理和检索而自定的型号，型号可包含数字、字母等
	终端 ID 号	配电终端 ID 号是标识配电终端的唯一编码
	终端网卡 MAC 地址	终端网卡物理地址，该参数配电终端只开放主站的查询接口，不支持修改该参数

续表

大类	参数类型	参　数　简　述
运行参数	遥测类参数	配电终端的"遥测类"参数包括：电流死区、交流电压死区、直流电压死区、功率死区、频率死区、功率因数死区、TV 一次额定、TV 二次额定、TA 一次额定、TA 二次额定
	越限类参数	配电终端的"越限类"参数包括：低电压参数、过电压参数、重载参数和过载参数
	遥信类参数	配电终端的"遥信类"参数包括：数字量采集防抖时间
	遥控类参数	配电终端的"遥信类"参数包括：分闸脉冲保持时间和合闸脉冲保持时间
	蓄电池管理类参数	配电终端的"蓄电池管理类"参数包括：蓄电池活化周期
故障处理动作参数	故障电流模式	按照电流整定值大小实现故障处理
	自适应就地馈线自动化模式	根据发生故障时线路失压以及时延实现故障自动隔离以及恢复非故障区域供电
	电压时间型	利用失压分闸、合闸延时、X 时限和 Y 时限等，配置开关设备之间时序配合能达到隔离故障区域和恢复健全区域供电的目的

二、配电终端参数配置原则

(一) 配电终端固有参数

1. 终端类型

按应用场合的不同可以将配电自动化终端类型分为馈线终端、站所终端、配变终端。配电自动化终端的"终端类型"参数主要用于区分配电终端的应用场合。

(1) 标识码。配电终端类型标识代码由 3 部分组成，其类型标识代码见图 5-8，代码含义见表 5-5。

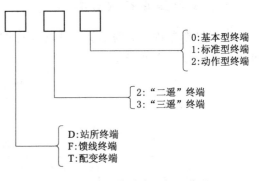

0：基本型终端
1：标准型终端
2：动作型终端

2："二遥"终端
3："三遥"终端

D：站所终端
F：馈线终端
T：配变终端

图 5-8　配电终端类型标识代码

表 5-5　　　　　　　　　　类型标识代码表

代　码	终　端　类　型	代　码	终　端　类　型
D30	DTU "三遥" 终端	F20	FTU "二遥" 基本型终端
D21	DTU "二遥" 标准型终端	F21	FTU "二遥" 标准型终端
D22	DTU "二遥" 动作型终端	F22	FTU "二遥" 动作型终端
F30	FTU "三遥" 终端	T20	TTU 终端

示例：类型标识代码为 D21，表示 DTU "二遥" 标准型终端。所有终端分类仅能为上述标识代码的分类，不允许出现 D20 等非标准类型终端编码。

(2) 信息体。配电终端类型代码使用 1 个信息体地址进行传输，通过规约上传时的信息元素构成，见表 5-6。

表 5 - 6   终 端 操 作 系 统 规 约 上 传 信 息 元 素 构 成

描　　述	数据类型	字节长度	说　　明
终端操作系统标识码	字符串类型	依据字符串实际长度，包含 \ 0	例如"Linux2.6.29.1"

（3）配置原则。

1）该参数配电终端只开放主站的查询接口，不支持修改该参数。

2）主站查询时由终端类型和终端代码两部分配合使用，终端类型标识 D、F 及 T 三种类型，终端代码则为 30/21 等参数。

3）主站查询时，请求报文中包含对应的信息体地址；终端回复该点信息体对应的值时，使用 TLV 值描述。

2. 终端操作系统

配电终端操作系统参数用于查询操作系统类型及版本。

配置原则：该参数配电终端只开放主站的查询接口，不支持修改该参数；主站查询时，请求报文中包含对应的信息体地址；终端回复该点信息体对应的值时，使用 TLV 值描述。

3. 终端制造商

配电终端制造商参数用于区分各终端的生产厂家，便于统一查询及管理。

配置原则：该参数配电终端只开放主站的查询接口，不支持修改该参数；主站查询时由一个信息体数据表示；主站查询时，请求报文中包含对应的信息体地址；终端回复该点信息体对应的值时，使用 TLV 值描述。

4. 终端硬件版本

配电终端硬件版本参数是配电终端硬件版本的识别号，便于用户了解配电终端所使用的硬件版本及其功能和性能。

配置原则：该参数配电终端只开放主站的查询接口，不支持修改该参数；主站查询时由一个信息体数据表示；主站查询时，请求报文中包含对应的信息体地址；终端回复该点信息体对应的值时，使用 TLV 值描述。

5. 终端软件版本

配电终端软件版本参数用于描述软件功能及性能等技术特征，并作为鉴别不同软件的重要参数。通常软件版本号是软件开发完成后人为设置的专门标记。

配置原则：该参数配电终端只开放主站的查询接口，不支持修改该参数；主站查询时由一个信息体数据表示。

6. 终端软件版本校验码

终端应具备 2B 长度的软件校验码，软件校验码与软件版本号构成终端软件的唯一标识，由相关的设备管理系统统一管理。

配置原则：该参数配电终端只开放主站的查询接口，不支持修改该参数。

7. 终端通信规约类型

通信规约是为保证数据通信系统中通信双方能有效和可靠地通信而规定的双方应共同遵守的一系列约定，包括：数据的格式、顺序和速率、链路管理、流量调节和差错控制等。配电终端通信规约类型参数用于标识当前的通信规约。

配置原则：该参数配电终端只开放主站的查询接口，不支持修改该参数；主站查询时由一个信息体数据表示；主站查询时，请求报文中包含对应的信息体地址；终端回复该点信息体的值时，使用 TLV 值描述。

8. 终端出厂型号

配电终端出厂型号是由各终端生产厂家为方便管理和检索而自定的型号，型号可包含数字、字母等。

配置原则：该参数配电终端只开放主站的查询接口，不支持修改该参数；主站查询时由一个信息体数据表示，终端回复时将对应的字符串先进行 TLV 编码，然后传输。

9. 终端 ID 号

配电终端 ID 号是标识配电终端的唯一编码。

配置原则：该参数配电终端只开放主站的查询接口，不支持修改该参数。

10. 终端网卡 MAC 地址

配置原则：该参数配电终端只开放主站的查询接口，不支持修改该参数；一个 MAC 地址对应一个信息体地址，多个 MAC 地址需要多个信息体地址与其对应。

(二) 配电终端运行参数

本规范中所有参数默认值及参数范围均为实际值，采用电子互感器时，按照相电流二次额定 1A，相电压二次额定 $100/\sqrt{3}$ V 进行定值参数整定及显示。

1. 遥测类参数

配电终端的"遥测类"参数包括电流死区、交流电压死区、直流电压死区、功率死区、频率死区、功率因数死区、TV 一次额定、TV 二次额定、TA 一次额定、TA 二次额定、零序 TA 一次额定、零序 TA 二次额定，以上参数配置原则取值范围见表 5-7。

表 5-7　　　　　　　　　　配电终端的"遥测类"参数配置原则

参数名称	单位	默认值	参数范围	备　注
电流死区		0.01	0~0.3	取值为二次额定电流输入的比值
交流电压死区		0.01	0~0.3	取值为二次额定电压输入的比值
直流电压死区		0.01	0~0.3	取值为额定直流电压输入的比值
功率死区		0.01	0~0.3	取值为二次额定功率的比值
频率死区		0.005	0~0.3	取值为系统额定频率的比值
功率因数死区		0.01	0~0.3	取值为额定功率因数的比值
TV 一次额定	kV	10.0	0.1~30.0	取值为 TV 一次额定电压值
TV 二次额定	V	220.0	0.1~400.0	取值为 TV 二次额定电压值
TA 一次额定	A	600.0	1.0~2000.0	取值为 TA 一次额定电流值
TA 二次额定	A	1.0	1.0 或 5.0	取值为 TA 二次额定电流值
零序 TA 一次额定	A	20.0	1.0~500.0	取值为零序 TA 一次额定电流值
零序 TA 二次额定	A	1.0	1.0 或 5.0	取值为零序 TA 二次额定电流值

2. 越限类参数

配电终端的越限类参数包括低电压参数、过电压参数、重载参数和过载参数。

（1）低电压报警。其配置原则见表 5-8。

表 5-8   低电压报警配置原则

参 数 名 称	单位	默认值	参数范围	意 义
低电压报警门限值	V	$0.9\,U_n$	$0.1\,U_n \sim 2.0\,U_n$	0.9 倍的额定值
低电压报警周期	s	600	$0 \sim 10000$	

（2）过电压报警。其配置原则见表 5-9。

表 5-9   过电压报警配置原则

参 数 名 称	单位	默认值	参数范围	意 义
过电压报警门限值	V	$1.1\,U_n$	$0.1\,U_n \sim 2.0\,U_n$	1.1 倍的额定值
过电压报警周期	s	600	$0 \sim 10000$	

（3）重载报警。其配置原则见表 5-10。

表 5-10   重载报警配置原则

参 数 名 称	单位	默认值	参数范围	意 义
重载报警门限值	A	$0.7\,I_n$	$0.1\,I_n \sim 2.0\,I_n$	0.7 倍的额定值
重载报警周期	s	3600	$0 \sim 10000$	

（4）过载报警。其配置原则见表 5-11。

表 5-11   过载报警配置原则

参 数 名 称	单位	默认值	参数范围	意 义
过载报警门限值	A	$1.0\,I_n$	$0.1\,I_n \sim 2.0\,I_n$	1.0 倍的额定值
过载报警周期	s	3600	$0 \sim 10000$	

3. 遥信类参数

配电终端的"遥信类"参数包括：开入量采集防抖时间。其配置原则见表 5-12。

表 5-12   遥信类参数配置原则

参 数 名 称	单位	默认值	参数范围	意 义
开入量采集防抖时间	ms	200	$10 \sim 60000$	

4. 遥控类参数

配电终端的"遥信类"参数包括：分闸输出脉冲保持时间和合闸输出脉冲保持时间。

（1）分闸输出脉冲保持时间。其配置原则见表 5-13。

表 5-13   分闸输出脉冲保持时间配置原则

参 数 名 称	单位	默认值	参数范围	意 义
分闸输出脉冲保持时间	ms	500	$10 \sim 50000$	

（2）合闸输出脉冲保持时间。其配置原则见表 5-14。

表 5 - 14 　　　　　　　　　　合闸输出脉冲保持时间配置原则

参 数 名 称	单 位	默认值	参数范围	意 义
合闸输出脉冲保持时间	ms	500	10～50000	

5. 蓄电池管理类参数

配电终端的"蓄电池管理类"参数包括：蓄电池自动活化周期。其配置原则见表 5 - 15。

表 5 - 15 　　　　　　　　　　蓄电池管理类参数配置原则

参 数 名 称	单 位	默认值	参数范围	意 义
蓄电池自动活化周期	天	90	1～360	
蓄电池自动活化时刻	时	0	0～23	

（三）配电终端故障处理逻辑及动作参数

1. 故障处理模式

配电线路的主要故障类型为短路故障和接地故障，配电终端一般配置过负荷告警、过流保护、零序电流保护、重合闸等故障处理功能，快速判别并处理故障线路。配电终端故障处理包括故障信息上报和故障跳闸两种模式。

（1）故障信息上报模式。故障信息上报模式包括检测到过流信息直接上报和检测到故障跳闸后上报两种模式：

1）检测到过流信息直接上报：当装置检出过流后上报故障信息，即不区分是否为临时故障或永久故障。一般适用于配电线路配置断路器的模式。如果接入开关为负荷开关，并且故障隔离程序可以检出变电站出口跳闸后启动，那么也可以应用该种模式。

2）检测到故障跳闸后上报：当装置检出过流故障信息，并且检测出变电站出口跳闸后上报，不区分是否为临时故障或永久故障。一般适用于配电线路配置负荷开关模式。

（2）故障跳闸模式。根据现场应用模式，用户可以通过软压板投退故障跳闸，并通过控制字选择跳闸模式。跳闸一般包括过流跳闸和过流失压跳闸，其中过流跳闸为装置检出故障后跳闸，适用于分支线断路器模式；过流失压跳闸为装置检出故障并失压后跳闸，适用于用户分支线接入负荷开关的模式。

2. 故障检测与处理逻辑

（1）过负荷告警主要用于线路安全运行的监视，可通过控制字选择告警投入或退出。其检测原理及逻辑如图 5 - 9 所示。

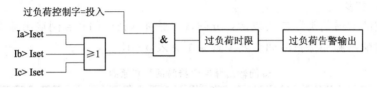

图 5 - 9　过负荷告警检测原理及逻辑

（2）过流保护主要用于短路故障的判别，可通过控制字选择告警或跳闸。这里以过流Ⅰ段保护为例，其检测原理及逻辑如图 5 - 10 所示。

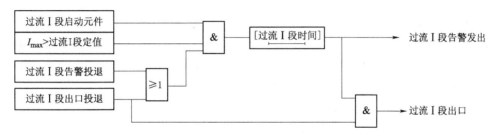

图 5-10 过流保护检测原理及逻辑

（3）零序电流保护主要用于接地故障的判别，可通过控制字选择告警或跳闸。其检测原理及逻辑如图 5-11 所示。

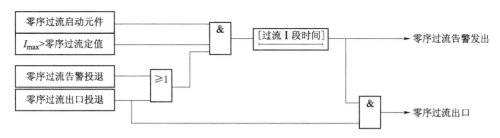

图 5-11 零序电流保护告警检测原理及逻辑

（4）重合闸功能是将因故障跳开后的断路器按需要自动投入，快速恢复瞬时性故障线路供电的一种自动功能，可通过控制字选择投入或退出。其原理及逻辑如图 5-12 所示。

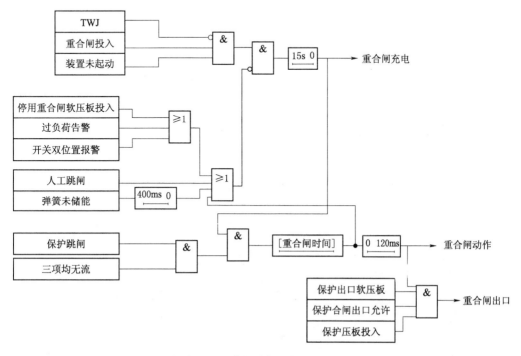

图 5-12 重合闸功能逻辑原理及逻辑

3. 故障电流模式参数配置

动作参数的配置方式分为单个参数设置、单组参数设置、整组参数设置，考虑到各动作参数之间有可能需要互相配合，减少配电主站运行维护人员的操作风险，避免下装步骤不合理，造成配电终端误发故障告警或误出口。下装执行原则：

（1）整组参数设置方式。如果需要修订的参数较多，涉及多个"参数类型"组，建议采用配电终端动作参数采取"整组参数设置"方式。所有需要修改的动作参数，在配电主站全部修改完后，一次下装，整体激活。规约需支持多个不连续参数的设定。

（2）单组参数设置方式。如果需要修订的参数只涉及单个"参数类型"组，应采用"单组参数设置"方式，"参数类型"组内包含的参数一次修改完毕，下装后激活。定值设定的错误过程示例：需要修改"过流Ⅰ段"定值，先修改"过流Ⅰ段出口投退"为"1"（投入），下装激活后，再修改"过流Ⅰ段定值"；这样的设定过程有可能造成配电终端误出口。

（3）单个参数设置方式。如果需要修订的参数只有一个，应采用"单个参数设置方式"。

【技能项】

一、配电终端配置

目前，国内配电终端品牌繁多，类型各异，各厂家开发各自的后台维护软件，对本公司的配电终端相关配置进行设定，主要配置主要包括：系统参数、网络参数、遥信参数、遥控参数、遥测参数、故障定值参数等相关内容。下面以某厂家的配置工具为例对其基本功能进行介绍，方便现场运维人员熟悉。

1. 报文监视

报文监视可以实时看到当前最近的报文收发的具体值，如图 5-13 所示，配电终端与配置工具间实现正常通信过程中报文监视界面。

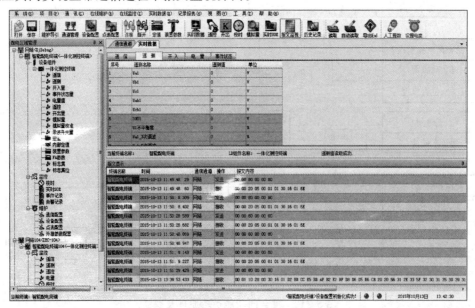

图 5-13　报文监视界面

2. 实时数据

实时数据显示包括：遥信量、遥测量等，可以实时查看各个量的当前值，如图 5-14 所示。

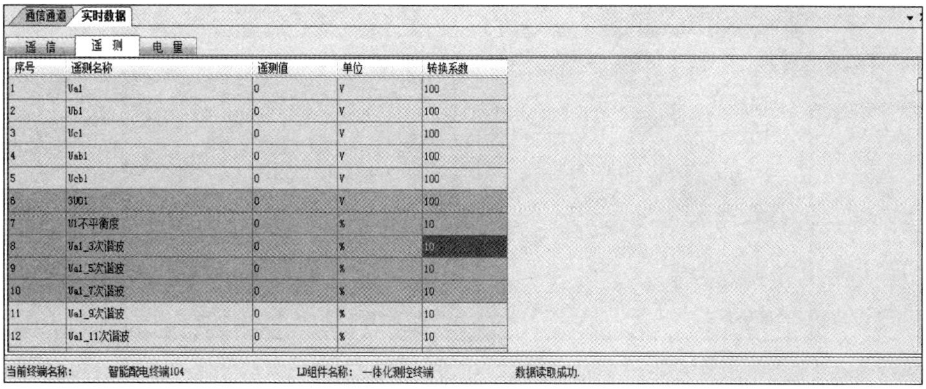

图 5-14　遥测实时数据界面

3. 参数校核

用三相高精度可调电源模拟 TV 二次输出 U_a、U_b、U_c、$3U_0$ 及 TA 二次输出 I_a、I_b、I_c、$3I_0$ 来进行线路遥测量的调试。

进入"参数校核"界面，选择需要校验的线路号，修改标准值为三相高精度电源加上的额定电压值和额定电流值，修改角度标准值为 0，选择需要校验的电压相、电流相和角度，进行校验，如图 5-15 所示。

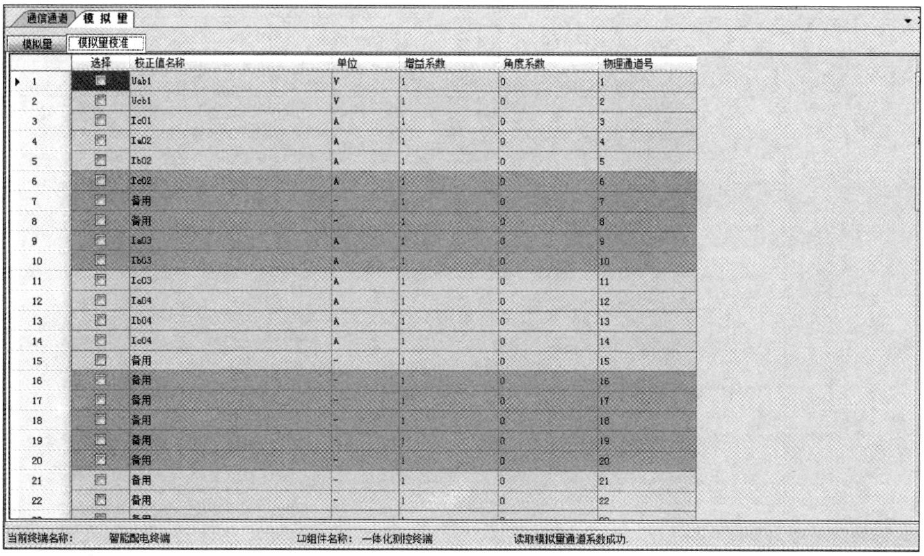

图 5-15　遥测量参数校核界面

4. 遥控操作

遥控操作用于测试遥控动作正确性。在"装置选择"中，选择需要校验的厂站；在"遥控号选择"中，选择需要遥控的点号；在"操作类型"中，选择需要的分闸、合闸操作；在"单双点遥控选择"中，选择正确的遥控类型是单点或双点；在"遥控出口加密"中，选择是否加密。然后在"操作栏"中，按步骤进行操作：先单击"遥控选择"，如果遥控选择成功，如图 5-16 所示。

图 5-16　遥控操作界面

在遥控操作界面中，还有链路复位、召唤 CRC、CPU 版本查询、板件个数查询、电池活化开始、电池活化结束、查看装置时间、装置复位、远方复归（保护信号）、按线路复归（保护信号）等功能。

5. 保护定值

以 PDZ800 系列智能配电终端为例，其参数、定值的设定和修改是通过"PDZ800 系列智能配电终端维护系统"在"设置参数"中设置和修改后，再下装到终端装置中的。保护定值用于配置线路故障检测和保护动作相关信息，图 5-17 所示为典型线路的保护定值。

图 5-17　保护定值界面

（1）过负荷定值：用于配置过负荷故障时的电流阈值，当线路任意相的负荷大于阈值时，过负荷保护启动，配合过负荷告警投退字和过负荷跳闸投退字。

（2）过负荷检故障时间：用于配置过负荷故障持续时间的阈值，当故障持续时间大于阈值，过负荷保护启动，配合过负荷告警投退字和过负荷跳闸投退字。

（3）过负荷跳闸等待时间：用于配置出现过负荷故障时的跳闸延时，配合过负荷跳闸投退字。

（4）过流Ⅰ段定值：用于配置过流Ⅰ段故障时的电流阈值，当线路任意相的电流大于阈值时，过流Ⅰ段保护启动，配合过流Ⅰ段告警投退字和过流Ⅰ段跳闸投退字。

（5）过流Ⅰ段检故障时间：用于配置过流Ⅰ段故障持续时间的阈值，当故障持续时间大于阈值，过流Ⅰ段保护启动，配合过流Ⅰ段告警投退字和过流Ⅰ段跳闸投退字。

（6）过流Ⅰ段跳闸等待时间：用于配置出现过流Ⅰ段故障时的跳闸延时，配合过流Ⅰ段跳闸投退字。

（7）过流Ⅱ段定值：用于配置过流Ⅱ段故障时的电流阈值，当线路任意相的电流大于阈值时，过流Ⅱ段保护启动，配合过流Ⅱ段告警投退字和过流Ⅱ段跳闸投退字。

（8）过流Ⅱ段检故障时间：用于配置过流Ⅱ段故障持续时间的阈值，当故障持续时间大于阈值，过流Ⅱ段保护启动，配合过流Ⅱ段告警投退字和过流Ⅱ段跳闸投退字。

（9）过流Ⅱ段跳闸等待时间：用于配置出现过流Ⅱ段故障时的跳闸延时，配合过流Ⅱ段跳闸投退字。

（10）零序电流Ⅰ段定值：用于配置零序电流Ⅰ段故障时的电流阈值，当线路零序电流大于阈值时，零序电流Ⅰ段保护启动，配合零序电流Ⅰ段告警投退字和零序电流Ⅰ段跳闸投退字。

（11）零序电流Ⅰ段检故障时间：用于配置零序电流Ⅰ段故障持续时间的阈值，当故障持续时间大于阈值，零序电流Ⅰ段保护启动，配合零序电流Ⅰ段告警投退字和零序电流Ⅰ段跳闸投退字。

（12）零序电流Ⅰ段跳闸等待时间：用于配置出现零序电流Ⅰ段故障时的跳闸延时，配合零序电流Ⅰ段跳闸投退字。

二、配电终端加密与安全认证

配电终端应集成配电专用安全芯片。配电专用安全芯片应支持国产 SM1/SM2/SM3 密码算法，支持 X.509 标准格式的数字证书，用以实现终端与主站、终端与现场运维终端之间的身份认证、数据机密性、数据完整性、防重放攻击等安全防护机制。

（1）身份认证应采用基于 SM2 数字证书的认证技术。配电终端在接入生产控制大区时，应实现基于 SM2 数字证书的双向、双重身份认证；在接入管理信息大区时，应实现基于 SM2 数字证书的双向身份认证；现场运维终端连接配电终端时，配电终端应对现场运维终端进行单向身份验证。

（2）数据机密性应采用国密 SM1 密码算法，配电终端与主站、配电终端与现场运维终端之间的数据传输应采用加密保护机制。

（3）数据完整性应采用消息认证码、数据签名等技术，根据业务类型不同，配电终端与主站、配电终端与现场运维终端之间的数据传输应采用不同的数据完整性保护机制。

（4）防重放攻击应采用随机数的方式，随机数应由专用安全芯片中的硬件随机数发生源产生。配电自动化专用安全芯片作为配电终端侧安全防护保障的主要手段和核心部件，相关功能及性能要求如下：

1) 配电终端应集成安全芯片，芯片支持 X.509 标准格式 SM2 数字证书的解析功能，支持 SM1 数据加密和解密功能，支持 SM2 算法的签名和鉴签功能，支持 SM2 算法公私密钥对的产生功能，支持消息认证码 MAC 计算和验证功能。

2) 终端和安全芯片采用 SPI 通信，稳定通信速度不低于 5Mbit/s。

3) 安全芯片供电电压为 2.7~5.5V，最大工作电流 30mA。

4) 安全芯片 RAM 空间不小于 16KB，Flash 擦写次数不低于 10 万次，数据保持时间不低于 10 年。

5) 安全芯片应具备安全特性：真随机数发生器（至少具有 4 个独立随机数源），存储器保护单元，存储器数据加密，内置电压、频率、温度检测告警机制。

模块 3　配电终端设备操作

【学习目标】
(1) 掌握配电终端设备运行基本操作。
(2) 掌握配电终端设备运行操作注意事项。

【技能项】

配电终端设备运行基本操作是配电终端运维人员必须掌握的一门基本操作技能，主要操作有终端信息查看、终端投退、开关就地操作、插件板卡更换、电池就地活化等。由于配电终端设备生产厂家众多，各类设备的结构不尽相同，操作设备的要求也有所不同，具体操作应以生产厂家提供的设备说明书的内容要求为准。

一、终端信息查看

(一) 固有信息查看

通过终端维护工具查看设备的固有信息，如终端软硬件版本号、ID、型号等，核对是否和装置铭牌、二维码信息保持一致；查看 IP、网络等参数配置，核对是否和主站分配的信息一致；维护工具读取的终端固有参数如图 5-18 所示，永久性铭牌二维码信息如图 5-19 所示。

固有参数 ▼							
序号	点号	地址	名称	值	选择	下发类型	读取类型
1	0	0x8001	终端类型	F30	☑	字符串	字符串
2	1	0x8002	终端操作系统	blackfin linux 2.6.34.7	☑	字符串	字符串
3	2	0x8003	终端制造商	山东科汇电力自动化股份有限公司	☑	字符串	字符串
4	3	0x8004	终端硬件版本	HV10.12	☑	字符串	字符串
5	4	0x8005	终端软件版本	SV10.013	☑	字符串	字符串
6	5	0x8006	终端软件版本校验码	121	☑	无符号短整形	无符号短整形
7	6	0x8007	终端通信规约类型	IEC101,IEC104	☐	字符串	字符串
8	7	0x8008	终端厂型号	PZK-310H	☐	字符串	字符串
9	8	0x8009	终端ID号	F3011205602420191210123	☐	字符串	字符串
10	9	0x800A	终端网卡MAC地址	920A17110059920A1711005A	☐	位串	位串

图 5-18　维护工具读取终端固有参数

（二）遥测信息查看

遥测信息包括线路的电压、电流、功率、功率因数、频率、直流量等。可通过两种方式查看，一是终端设备上的液晶显示，一是通过终端维护工具。现场调试时，用继电保护测试仪在开关柜的二次侧端子排上施加电压、电流量，通过上述两种方式可以查看对应的电压、电流、功率等信息，从而验证接线、点号的正确性。

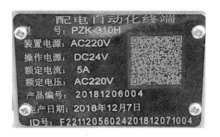

图 5-19　永久性铭牌二维码信息

（1）液晶显示，如图 5-20 所示。通过导航选择相应线路的遥测信息，按确认查看相应线路的遥测信息，主要包含线路的电压、电流、功率信息。

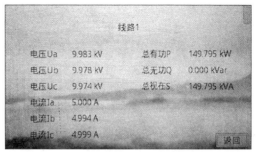

图 5-20　终端遥测液晶显示

（2）终端遥测维护工具显示，如图 5-21 所示。维护工具通过网线和终端建立连接，双击工作列表中的遥测量，列表会显示相应的遥测量，需要注意的是维护工具的点表要和终端点表一致，使用说明参见各厂家提供的维护工具使用说明书。

图 5-21　终端遥测维护工具显示

（三）遥信信息查看

1. 间隔信号

（1）开关位置。查看终端设备上显示的开关位置状态指示灯是否合一次设备实际状态一致，也可通过液晶界面、终端维护工具的遥信量界面查看，并与主站维护人员确认与主站显示一致。终端遥信状态显示如图 5-22 所示。

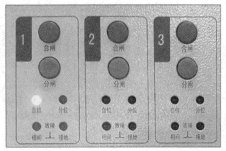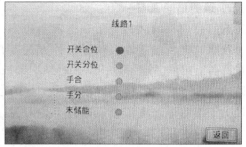

图 5-22 终端遥信状态显示

（2）接地刀闸位置。可通过液晶界面和终端维护工具查看接地刀闸的位置状态信息。

（3）故障信号。当过流、接地故障发生后，终端的线路故障指示灯会点亮，故障点亮对应的指示灯，终端也会通过规约上送故障信息给主站。确认故障后，可通过复归按钮，对故障进行复归，故障指示灯熄灭。故障信号核对如图 5-23 所示。

（4）SOE 记录。可通过液晶查看终端的 SOE 记录，记录点号、时间、状态等信息，通过 SOE 记录辅助分析终端的运行状态和故障情况。液晶 SOE 记录如图 5-24 所示。

图 5-23　故障信号核对　　　　　图 5-24　液晶 SOE 记录

2. 公共信号

（1）间隔名称。查看终端设备间隔名称与一次设备上间隔名称一致，并与主站维护人员确认与主站系统显示一致，如图 5-25 所示。

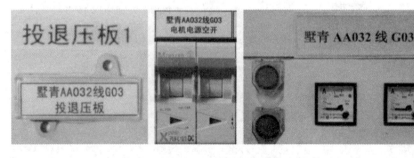

图 5-25　间隔名称核对

（2）电池电压。用万用表测量电池的电压，并与维护工具中显示的电池直流量电压核对。万用表切换到直流挡，万用表的正负表笔分别和电池的正负短接，查看万用表的读数。

（3）其他状态。查看终端设备运行状态、供电状态、压板状态和空气开关状态，并和主站维护人员确认与主站显示一致，如图 5-25 所示。其中空开状态查看需要注意以下问题，终端设备上一般存在电源输入、电池电源、装置电源、操作通信电源等，正常运行状态时，需把空气开关推上以保证电源的正常供给，而在进行维护、检修时，需要将相应的空气开关断开以保障人身和设备的安全。

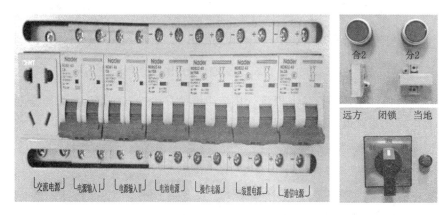

图 5-26　设备其他状态确认

二、终端投退

1. 装置投退操作

（1）退出操作。在终端设备上拉开空开切断电源并把运行状态切至设备闭锁或就地状态，将终端设备电源板上的船型开关置于 OFF 状态，以完成装置退出操作，如图 5-27 所示。

（2）投入操作。在终端设备上合上空开接上电源并把运行状态切至设备远方状态，将终端设备上的船型开关置于 ON 状态，以完成装置投入操作，如图 5-28 所示。

图 5-27　装置退出操作图示　　　　　图 5-28　装置投入操作图示

2. 间隔投退操作

（1）退出操作。在终端设备上把运行状态切至设备闭锁或就地状态，并使压板和操作电源空开处于退出状态以完成装置退出操作，如图 5-29 所示。

图 5-29　间隔退出操作图示

（2）投入操作。在终端设备上把运行状态切至远方状态，并使压板和操作电源空开处于投入状态以完成装置退出操作，如图 5-30 所示。

图 5-30　间隔投入操作图示

三、开关就地操作

通过配电终端对某开关进行就地分/合闸操作，首先将手柄打到就地状态，此时就地状态指示灯变亮，将要操作线路的出口硬压板闭合，按住预控按钮的同时，按合闸或分闸按钮进行合分闸操作，注意听继电器动作的声音，同时观察操作线路的合分位指示灯，核对指示灯的状态，确认开关动作正确，如图 5-31 所示。

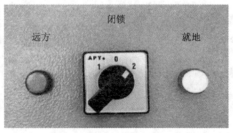

图 5-31　开关就地操作图示

四、插件板卡更换

现场更换故障插件时，首先应检查并确保更换插件的名称及硬件型号与被更换的插件完全相同，即应能正确核对更换板卡的厂家、型号、版本、跳线等信息。另外，如更换 CPU 插件，必须确保更换插件有相同的软件版本，如果更换交流插件，必须确保更换插件有相同的额定参数。插件名称和型号在插件上可以找到，软件版本可以通过"程序版本"看到。

1. 更换插件具体步骤

（1）切断电源。

（2）短接所有的交流电流输入并断开所有交流电压输入。

（3）拔掉插件的端子。

（4）松开插件螺丝。

（5）拔出插件。

（6）按照相反的步骤安装替换插件。

（7）替换插件后，输入工程应用的具体定值。

2. 更换插件时注意事项

（1）只有在装置采取相关安全措施并断开装置电源后，才允许由经过适当培训并取得资格的人员进行操作更换插件或装置，同时要采取严格的防静电措施。

（2）对插件进行操作时，需要采取防静电措施，比如佩戴防静电护腕，插件应放在接地导体垫上等；否则可能会造成电子元器件被损坏。更换 CPU 插件后，需要检查定值。

（3）更换插件后，必须检查确保插件更换前后装置配置及外部接线和更换前完全相同。一旦出现不同，现场人员也可能处于危险中。

（4）在切断电源短时间内，危险电压可能出现在回路中，所以需要等待 30s 使电压放电。

五、电池就地活化

蓄电池在长期使用后，会出现容量逐渐减小的情况。比如我们的手机电池，刚买的手机可以用一天，而一年后却只能用半天了。但对于变电站蓄电池组由于长期处于浮充电状态下，只充电不放电会造成蓄电池阳极板钝化使内阻增大、容量也会减小，为避免应急电源出现故障我们必须对蓄电池做定期维护。针对落后电池不同的实际情况，对落后电池进行容量试验，低压恒流充电，或设置多个循环周期对最小容量的电池作循环多次充放电，以激化电池极板失效的活性物质使电池活化，提升落后电池的容量。

终端电池活化方法大多用的是蓄电池活化仪对蓄电池进行维护，该仪器能对单体或成组蓄电池进行循环充放电过程，激活蓄电池内部化学成分。首先用导线将蓄电池和活化仪的正负极接好，切勿将正负极接反，以免烧坏仪器。根据蓄电池铭牌信息设置活化仪蓄电池电压、电池容量、充电电压、放电电压、循环次数试验参数。

活化维护先是对蓄电池进行放电的过程，后为活化充电过程，然后对蓄电池执行循环充放电，循环过程不可超过 10 次，以免充放电时间过长造成电池发热引发安全事故。活化仪自动记录充满电量时间和放电时间，以后每次充电时间不得大于测试充电周期时间。

【案例分析】

案例：单一间隔的 10kV 环网柜自动化调试停电操作

下面以单一间隔的 10kV 环网柜自动化调试停电操作为例，简要介绍操作基本流程：

（1）采用就地操作的方式，在集中式 DTU 中把调试的间隔改为热备用。

（2）取下该间隔的 DTU 分合闸压板或功能性压板。

（3）如采用模拟断路器进行调试，需拆除相关二次接线，拆除电源正极，并做好相应记录（一人操作，一人监护并记录）；如采用一次开关进行联调，需封锁相关遥信并做好记录（一人操作，一人监护并记录），封锁遥信是非常关键的一步，这样可以避免主站侧接收到不必要的信息。

（4）对该间隔的开关进行试验及继电保护整定，自动化信息进行"三遥"核对（和本地笔记本核对）。核对无误后确立信息表。

（5）恢复二次接线（一人操作，一人监护并记录）。

（6）和主站进行相关信息联调，合格后结束该项目。

注意：整个操作过程要按要求填写。

附：配电自动化终端安措卡及填写模板

配电自动化终端安措卡

站所名称： 间隔名称：

序 号	端子编号	回路编号	工作时间	执行人	恢复时间	执行人	备 注

注意事项：在恢复分、合闸压板或功能性压板前，必须先测试压板两侧是否确无电压。

监护人： 监护日期： 年 月 日

配电自动化终端安措卡（填写模版）

站所名称： 间隔名称：

序号	端子编号	回路编号	工作时间	执行人	恢复时间	执行人	备 注
1	D6、D7、D8、D9	A411、B411、C411、N411	8：53	×××	10：43	×××	电流回路进线侧短路
2	D1、D2、D3	A630、B630、C630	8：55	×××	10：45	×××	电压回路
3	D12	+V24	8：57	×××	10：46	×××	遥控回路
4	D14	33	8：57	×××	10：46	×××	
5	D16	37	8：57	×××	10：46	×××	

续表

序号	端子编号	回路编号	工作时间	执行人	恢复时间	执行人	备　　注
6	D19	YX1	8：58	×××	10：48	×××	
7	D20	YX2	8：58	×××	10：48	×××	遥信回路
8	D21	YX3	8：58	×××	10：48	×××	
9	压板	功能压板	8：59	×××	10：50	×××	

注意事项：在恢复分、合闸压板或功能性压板前，必须先测试压板两侧是否确无电压。

监护人：××　　　　　　　　　　　　　　　　　　监护日期：××××年××月××日

模块 4　配电终端功能测试

【学习目标】

(1) 掌握配电终端电源功能测试。

(2) 掌握配电终端保护功能测试。

(3) 掌握配电终端馈线自动化功能测试。

(4) 掌握配电终端最小故障识别时间测试。

(5) 掌握配电终端防勿动功能测试。

【技能项】

一、配电终端电源功能测试

(一) 配电终端电源系统构成

根据国家电力行业标准要求，配电终端设备当故障或者其他原因导致停电时，配电终端仍能在一定时间内可靠地上报信息和接收远方控制功能（包含远方遥控功能配电终端）。因此配电终端工作电源系统需要设置储能装置用来保证在故障等原因停电时配电装置无缝切换到备用电源供电保证配电终端正常工作。

常见配电终端系统构成如图 5-32 所示。

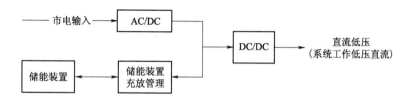

图 5-32　常见配电终端电源系统构成

如图 5-32 所示，配电终端电源一般为市电输入，一般为单相 AC220V 输入（存在三相供电配电终端）经过交流与直流变换用来提供系统工作低压直流并为储能设备提供充电电源。直流变换主要为系统工作低压直流提供合适的直流电压和储能装置的充电电压。储能装置充放管理为管理储能装置充放电管理及储能装置的自动维护功能并具备定时、手动、远方活化功能，低电压报警和保护功能，报警信号上传主站功能。储能装置目前主要为传统蓄电池和超级电容。

（二）配电终端电源功能测试内容和要求

配电终端测试内容有电源电压变化试验、后备电源试验、功率消耗试验、数据和时钟保持试验和电源断相试验（如果配电终端采用三相交流输入时）。注：在做电源电压试验之前首先需要搭建如图 5-33 所示的测试环境。

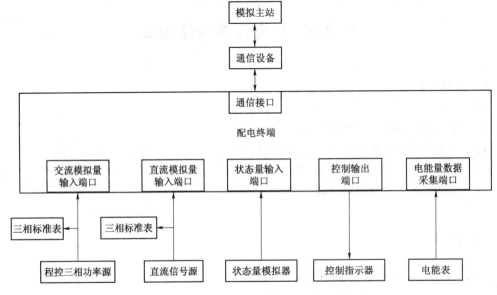

图 5-33 配电终端测试前搭建测试系统框图

1. 源电压变化试验

调整电源电压变化到终端工作电源额定值的 80% 和 120%，配电终端应能正常工作。在电源调整至额定值的 ±20% 后分别进行遥信、遥控、遥测并检查 SOE 内容及记录时间分辨率应能够正确的响应及变化在正常的范围内，具体性能应该满足 DL/T 721—2013《配电自动化远方终端》第 4.5 章节规定，电源电压变化引起的交流输入模拟量改变量应不大于准确度等级指数的 50%。

2. 后备电源试验

在配电终端工作情况下，配电终端的控制输出端与一次开关设备（如 SF$_6$ 断路器）连接，将供电电源断开，其备用储能装置应自动投入，采用蓄电池的配电终端在 4h 内应能够正常工作和通信，采用超级电容储能的终端在 15min 内正常工作和通信，模拟主站分别发送 3 组遥控分闸、合闸命令，终端应能正确控制一次开关设备动作。在切换至后备电源工作同时也应同时进行遥信、遥测、SOE 时间分辨率内容试验，配电终端应该能够正确地完成响应，具体性能应该满足 DL/T 721—2013《配电自动化远方终端》第 4.5 章节规定。

3. 功率消耗试验

（1）整机功率消耗试验。在非通信状态下，用准确度不低于 0.2 级的三相多功能标准表测量配电终端电源回路的电流值（A）和电压值（V），其乘积（VA）即为整机视在功率，配电终端测量结果应该满足表 5 - 16 的要求（或者 DL/T 721—2013《配电自动化远方终端》第 4.2.4 章节规定）。

表 5 - 16　　　　　　　　　　配电终端整机功率要求[1]

终端/子站类型	整机功率/VA	终端/子站类型	整机功率/VA
馈线终端	≤20	通信汇集型子站	≤30
站所终端	≤30	监控功能型子站	≤250
配电变压器终端	≤10		

表 5 - 16 功耗为终端核心单元正常运行直流功耗（不含通信模块电源、配电自动化终端线损模块、电源管理模块）。

（2）电压、电流回路功率消耗试验。在输入额定电压和电流时，用高阻抗电压表和低阻抗电流表测量交流工频电量电压、电流输入回路的电压和电流值，其乘积（VA）即为功率消耗，每一电流输入回路的功率消耗应不大于 0.75VA，每一电压输入回路的功率消耗应不大于 0.5VA。

4. 数据和时钟保持试验

记录配电终端中已有的各项数据和时钟显示（可以利用主站召测配电终端数据、对时并进行记录），断开配电终端供电电源和后备电源 72h 后，重新加上供电电源，检查配电终端中记录数据与保存数据差异性应无变化和丢失；与标准时钟源对比，时钟走时应准确，日日计时误差应≤±0.5s/d。

5. 电源断相试验（如果配电终端采用非单相供电时进行试验）

当配电终端采用三相供电时，电源出现断相故障，即三相三线供电时断一相电压，三相四线供电时断两相电压的条件下，对被测配电终端分别进行遥信、遥控、遥测并检查 SOE 内容及记录时间分辨率应能够正确的响应及变化在正常的范围内，具体性能应该满足 DL/T 721—2013《配电自动化远方终端》第 4.5 章节规定，电源电压变化引起的交流输入模拟量改变量应不大于准确度等级指数的 50%。

二、配电终端保护功能测试

（一）配电终端保护功能

配电终端应该对配电网系统中出现的过电流、过负荷和零序过电流出现的情况进行主动保护，来及时查找和隔离配电网中出现的短路和接地情况。

（1）过负荷：当前负荷电流超过了额定的负荷，即电力系统中用电负荷超出发电机的实际功率或变压器的额定功率，引起设备过载。由于短时过负荷不会引起系统或电力设备的安全问题，但长时间会引起系统或电力设备本身的安全或稳定问题，或用电设备的安全，故过负荷一般保护延时作用于信号和跳闸。

（2）过电流：当前负荷电流大于回路导体额定载流量的回路电流都是过电流。它包括过载电流和短路电流。一般过电流的出现可能表示在线路中发生了短路故障。

（3）零序过电流：电力系统正常运行过程中，零序电流为 0（$I_A+I_B+I_C=0$），当系统中发生接地短路时，出现零序电流突变。一般情况下零序电流突变一般多代表系统中出现接地短路故障。

（二）配电终端保护功能测试内容

配电终端保护功能测试主要 5 项内容，过流动作值检查、过负荷动作值检查、零序过负荷动作值检查、保护动作时间检查和最小故障识别时间测试。

在进行以下配电终端保护功能测试之前需要按照图 5-29 所示搭建测试平台。

1. 过流动作值检查

配电终端测试前，利用维护软件调整配电终端过流动作整定值，设定程控功率源输出负荷电流序列和动作负荷电流序列观察配电终端动作情况。程控功率源状态输出完毕应检查配电终端动作情况是否与表 5-17 中一致，并检查终端事件记录数据是否记录动作事件及模拟主站数据上报情况。

表 5-17　　　　　　　　　　　过流动作值检查记录表

保　护　名　称	整定值/A	动作值/A	动　作　状　态
A 相过流	5.00	4.75	不动作
A 相过流	5.00	5.25	动作
C 相过流	5.00	4.75	不动作
C 相过流	5.00	5.25	动作

注意：整定值误差不超过±5%。

2. 过负荷动作值检查

配电终端测试前，利用维护软件调整配电终端过流动作整定值，设定程控功率源输出负荷电流序列和动作负荷电流序列观察配电终端动作情况。程控功率源状态输出完毕应检查配电终端动作情况是否与表 5-18 中一致，并检查终端事件记录数据是否记录动作事件及模拟主站数据上报情况。

表 5-18　　　　　　　　　　　过负荷动作值检查记录表

保　护　名　称	整定值/A	动作值/A	动　作　状　态
A 相过负荷	3.00	2.85	不动作
A 相过负荷	3.00	3.15	动作
C 相过负荷	3.00	2.85	不动作
C 相过负荷	3.00	3.15	动作

注意：整定值误差不超过±5%。

3. 零序过负荷动作值检查

配电终端测试前，利用维护软件调整配电终端过流动作整定值，设定程控功率源输出负荷电流序列和动作负荷电流序列观察配电终端动作情况。程控功率源状态输出完毕应检查配电终端动作情况是否与表 5-19 中一致，并检查终端事件记录数据是否记录动作事件及模拟主站数据上报情况。

| 表 5 – 19 | | 零序过负荷动作值检查记录表 | |

保 护 名 称	整定值/A	动作值/A	动 作 状 态
零序过流	1.00	0.95	不动作
零序过流	1.00	1.05	动作

注意：整定值误差不超过±5%。

4. 保护动作时间检查

配电终端测试前，利用维护软件调整配电终端过流动作整定值，设定程控功率源输出负荷电流序列和动作负荷电流序列观察配电终端动作情况。程控功率源状态输出完毕应检查配电终端动作情况是否与表 5 – 20 中一致，并检查终端事件记录数据是否记录动作事件及模拟主站数据上报情况。

在做保护动作前，将程控功率源、终端和模拟主站进行时间同步操作，以便计算延时时间误差。

| 表 5 – 20 | | 保护动作时间检查记录表 | |

保 护 名 称	整定值/ms	延时时间/ms	绝对误差/ms
三相过流	0	记录终端动作时间	延时时间-整定值
零序过流	0	记录终端动作时间	延时时间-整定值

注意：整定值误差不超过±5%。

5. 最小故障识别时间测试

配电终端测试前，利用维护软件调整配电终端过流动作整定值，设定程控功率源输出负荷电流序列和动作负荷电流序列观察配电终端动作情况。程控功率源状态输出完毕应检查配电终端动作情况是否与表 5 – 21 中一致，并检查终端事件记录数据是否记录动作事件及模拟主站数据上报情况。

| 表 5 – 21 | | | 最小的故障识别时间测试 | |

保护名称	整定值/A	动作值/A	过流持续时/ms	动作状态
A 相过流	5.00	5.25	20（此值选取决于最小故障识别时间）	动作
C 相过流	5.00	5.25	20（此值选取决于最小故障识别时间）	动作

三、配电终端馈线自动化功能测试

(一) 配电终端馈线自动化概述

配电终端馈线自动化（Feeder Automation，FA）功能，即就地馈线自动化功能，不依赖配电主站控制，在配电网发生故障时，通过配电终端相互通信、保护配合或时序配合，隔离故障区域，恢复非故障区域供电，并上报处理过程及结果。就地型馈线自动化包括分布式馈线自动化、不依赖通信的重合器方式、光纤纵差保护等。

1. 重合器式馈线自动化

重合器式馈线自动化的实现不依赖于主站和通信，动作可靠、处理迅速，能适应较为恶劣的环境。电压时间型是最为常见的就地重合器式馈线自动化模式，根据不同的应用需求，在电压时间型的基础上增加了电流辅助判据，形成了电压电流时间型和自适应综合型等派生模式。

（1）电压时间型馈线自动化。电压时间型馈线自动化是通过开关"无压分闸、来电延时合闸"的工作特性配合变电站出线开关二次合闸来实现，一次合闸隔离故障区间，二次合闸恢复非故障段供电。

（2）电压电流时间型馈线自动化。典型的电压电流时间型馈线自动化是通过检测开关的失压次数、故障电流流过次数、结合重合闸实现故障区间的判定和隔离；通常配置三次重合闸，一次重合闸用于躲避瞬时性故障，线路分段开关不动作，二次重合闸隔离故障，三次重合闸回复故障点电源测非故障段供电。

（3）自适应综合型馈线自动化。自适应综合型馈线自动化是通过"无压分闸、来电延时合闸"方式，结合短路/接地故障检测技术与故障路径优先处理控制策略，配合变电站出线开关二次合闸，实现多分支多联络配电网架的故障定位与隔离自适应，一次合闸隔离故障区间，二次合闸恢复非故障段供电。

2. 分布式馈线自动化

智能分布式馈线自动化是近年来提出和应用的新型馈线自动化，其实现方式对通信的稳定性和时延有很高的要求，但智能分布式馈线自动化不依赖主站、动作可靠、处理迅速。分布式馈线自动化通过配电终端之间相互通信实现馈线的故障定位、隔离和非故障区域自动恢复供电的功能，并将处理过程及结果上报配电自动化主站。分布式馈线自动化可分为速动型分布式馈线自动化和缓动型分布式馈线自动化。

（1）速动型分布式馈线自动化。应用于配电线路分段开关、联络开关为断路器的线路上，配电终端通过高速通信网络，与同一供电环路内相邻分布式配电终端实现信息交互，当配电线路上发生故障，在变电站出口断路器保护动作前，实现快速故障定位、故障隔离和非故障区域的恢复供电。

（2）缓动型分布式馈线自动化。应用于配电线路分段开关、联络开关为负荷开关或断路器的线路上。配电终端与同一供电环路内相邻配电终端实现信息交互，当配电线路上发生故障，在变电站出口断路器保护动作后，实现故障定位、故障隔离和非故障区域的恢复供电。

（二）配电终端电压时间型馈线自动化功能测试

1. 闭锁机制

电压时间型开关有两套功能：一套是面向处于常闭状态的分段开关（S模式）；另一套是面向处于常开状态的联络开关（L模式）。这两套功能可以通过一个操作手柄相互切换。

（1）分段开关（S模式），如图 5-34 所示。

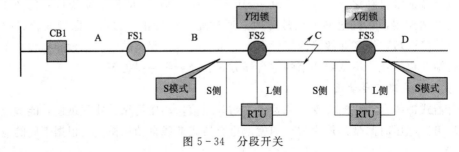

图 5-34　分段开关

1）通过延时，错开 S 侧和 L 侧的供电时间（X 时限）。

2）在 S 侧的供电时间里重合失败，则判断故障在 S 侧，启动 X 闭锁。

3）在 L 侧的供电时间里重合失败，则判断故障在 L 侧，启动 Y 闭锁。

4）若在 X 时限内，另一侧也来电，启动两侧电压闭锁，防止合环。

（2）联络开关（L 模式），如图 5-35 所示。

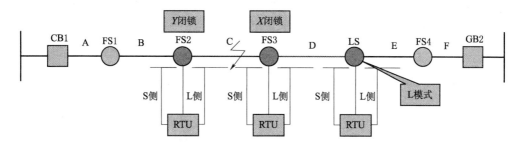

图 5-35　联络开关

1）当检测到单侧失电后，启动 XL 延时计数。

2）XL 延时完毕后，若故障侧仍未供电，则判定故障在除本开关近区外的其他区段，令联络开关合闸。

3）在 XL 延时中，若有短时电压出现在停电侧，则判定故障在本开关近区，启动瞬时加压闭锁，联络开关闭锁在分闸状态。

4）若在 XL 时限内，另一侧恢复供电，启动两侧电压闭锁，禁止合闸，防止合环。

2. 时限整定原则

（1）保证任一时刻没有两个或两个以上开关同时合闸。

出现事故后，如果有两个以上的开关同时合闸，会导致事故区间扩大。

如图 5-36 所示，当所示区间出现永久性事故后，a2、a4 开关会同时合闸，判定事故区间为 a2—a3 和 a4—a5，事故区间扩大。

将 a4 开关的 X 时限调整为 21 负荷整定原则。

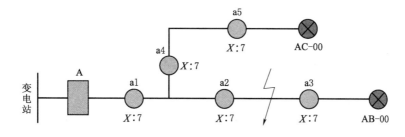

图 5-36　馈线自动化典型 X 时限整定示意图

（2）联络开关 XL 时限，大于两侧故障隔离的时间。

如果 XL 小于故障隔离时间，当联络合闸后会导致对侧线路停电。

3. 线路事故处理过程

如图 5-37 所示，A、B、C、D 为分段模式，E 为联络模式，时间参数整定见图中所示。CB 为变电站断路器，重合闸动作时间设定为 1s。当区间 c 出现永久性短路故障后，查看隔离故障、恢复非故障区供电的过程。

（注：开关合闸为 ⊘；开关分闸为 ⊗）。

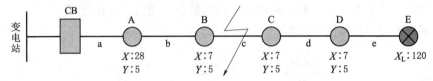

图 5-37 馈线自动化动作过程示意 1

（1）事故发生时 CB 跳闸，线路失压，分段开关 E 开始计时，如图 5-38 所示。

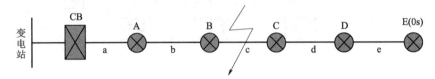

图 5-38 馈线自动化动作过程示意 2

（2）1s：开关 CB 合闸（重合闸动作时间设定为 1s）如图 5-39 所示。

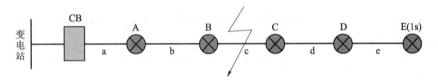

图 5-39 馈线自动化动作过程示意 3

（3）29s（1s+28s）：开关 A 合闸，如图 5-40 所示。

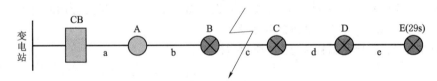

图 5-40 馈线自动化动作过程示意 4

（4）36s（1s+28s+7s）：开关 B 合闸，如图 5-41 所示。

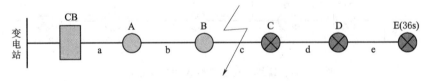

图 5-41 馈线自动化动作过程示意 5

（5）供电到故障区间，引起变电站再次跳闸，线路失压，同时开关 B 和开关 C 闭锁，如图 5-42 所示。

（6）37s（1s+28s+7s+1s）：CB 合闸（重合闸动作时间设定为 1s），如图 5-43 所示。

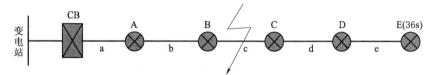

图 5 - 42　馈线自动化动作过程示意 6

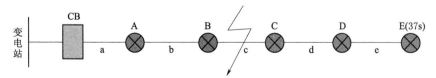

图 5 - 43　馈线自动化动作过程示意 7

（7）65s（1s＋28s＋7s＋1s＋28s）：开关 A 合闸，如图 5 - 44 所示。

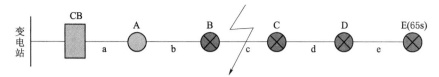

图 5 - 44　馈线自动化动作过程示意 8

（8）120s：联络开关 E 合闸，如图 5 - 45 所示。

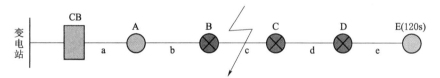

图 5 - 45　馈线自动化动作过程示意 9

（9）127s（120s＋7s）：开关 D 合闸，完成非故障区间供电，如图 5 - 46 所示。

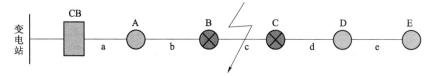

图 5 - 46　馈线自动化动作过程示意 9

4. 馈线自动化功能检验

（1）两侧失压延时分闸功能检验。

要求：在无闭锁情况下，当开关两侧失压且无电流流过则自动分闸，检测结果记录到表 5 - 22 中。

1）电流值为 0，交流电压降低到 110％无压值，控制器不分闸；电压降低到 90％无压值，控制器分闸。

2）电压值为 0，交流电流降低到 110％无流值，控制器不分闸；交流电压降低到 90％无流值，控制器分闸。

表 5-22 两侧失压延时分闸功能检验记录表

检 测 部 位	检 测 结 果	检 测 部 位	检 测 结 果
电源电压		电流	

（2）延时关合功能检验。

要求：当开关一侧有压且无闭锁时，延时［X时限（从分段器电源侧加压开始，到该分段器合闸的延时时间）］合闸，检测结果记录到表 5-23 中。

1）不配置后备电源，控制器得电延时关合，时间误差±3s。

2）配后备电源，控制器得电延时关合，时间误差±1%。

3）手柄分闸位置，控制器启动后，延时合闸功能应失效。

4）延时关合时间到无储能位置，应禁止合闸命令输出。

表 5-23 延时关合功能检验记录表

检 测 部 位	后 备 电 源	X 时 限	检 测 结 果
电源侧电压	无后备电源		
负荷侧电压			
电源侧电压	有后备电源		
负荷侧电压			

（3）正向闭锁检验。

要求：正向闭锁功能，若开关合闸之后在设定时间内［Y时限（合闸后，如果Y时间内一直可检测到电压，则Y时间后发生失电分闸，分段器也不闭锁，当重新来电时，经过X时限，还会合闸。合闸后，如果没有超过Y时限又失压，则分段器分闸，闭锁分状态）］失压，则自动分闸并闭锁合闸，正向送电开关不合闸，检测结果记录到表 5-24 中。

1）可通过遥控、手柄合闸、负荷侧来电延时合闸解锁。

2）闭锁后，控制器重启，闭锁指示灯、外部告警灯、闭锁遥信应保持闭锁状态。

表 5-24 正向闭锁检验记录表

检 测 部 位	Y 时 限	检 测 结 果
正向闭锁		

（4）反向闭锁检验。

要求：反向闭锁功能，开关分位且双侧无压时，当开关一侧来电，开关合闸之前在设定时间内（X时限）掉电或出现瞬时残压，则闭锁开关合闸，另一侧送电开关不合闸，检测结果记录到表 5-25 中。

1）终端失电后且有后备电源时，线路上有电压≥30%U_n，持续时间≥80ms 时，柱上负荷开关应能完成反向闭锁。

2）终端失电后且无后备电源时，线路上有电压≥50%U_n，持续时间≥80ms 时，柱上负荷开关应能完成反向闭锁。

3）闭锁后，控制器重启，闭锁指示灯、外部告警灯、闭锁遥信应保持闭锁状态。

表 5 - 25　　　　　　　　　　　　反向闭锁检验记录表

检测部位	后备电源	X 时限	检测结果
电源侧电压	无后备电源		
负荷侧电压			
电源侧电压	有后备电源		
负荷侧电压			

（5）两侧加压闭锁检验。

要求：开关分位状态时，双侧有压则闭锁开关合闸，检测结果记录到表 5 - 26 中。

（6）合闸到零压告警/分闸并闭锁功能检验。

要求：在开关投入后的 Y 时限内，满足接地故障判据，终端令开关跳闸且闭锁，检测结果记录到表 5 - 27 中。

表 5 - 26　两侧加压闭锁检验记录表

检测部位	检测结果
双侧电源	

表 5 - 27　　合闸到零压告警/分闸并
闭锁功能检验记录表

检测部位	Y 时限	检测结果
电源侧		
负荷侧		

1）合闸前无零序电压，合闸 Y 时限内检测到零压大于定值且大于延时，接地保护动作且闭锁正向关合。

2）合闸前有零序电压，合闸后不执行告警/动作。

3）合闸 Y 时间后检测到零压，不执行告警/动作。

（7）遥控分闸闭锁功能检验。

要求：当对开关进行遥控［分］控制时，开关［分闸］后终端进入锁扣状态，锁扣被解除前开关不能关合，检测结果记录到表 5 - 28 中。

1）开关处于合闸状态，遥控电动分闸，控制器应闭锁来电合闸。

2）闭锁后，控制器重启，闭锁指示灯、外部告警灯、闭锁遥信应保持闭锁状态。

（8）手动分闸闭锁功能检验。

要求：当对开关进行就地［分］控制时，开关［分闸］后终端进入锁扣状态，锁扣被解除前开关不能关合，检测结果记录到表 5 - 29 中。

表 5 - 28　遥控分闸闭锁功能检验记录表

检测部位	检测结果
电源侧	
负荷侧	

表 5 - 29　手动分闸闭锁功能检验记录表

检测部位	检测结果
电源侧	
负荷侧	

1）开关处于合闸状态，手柄电动分闸、操作开关本体分闸后，控制器应闭锁来电合闸。

2）闭锁后，控制器重启，闭锁指示灯、外部告警灯、闭锁遥信应保持闭锁状态。

【案例分析】

案例：对一套一二次成套柱上断路器的自适应综合型分段功能进行测试检验记录表见表 5 - 30。

1. 短延时顺送/逆送功能（S功能）检验

要求：开关失压分闸之前有（相间或零序）过流故障记忆，当从电源侧或负荷侧的一方加电压时，只需经 X 时限（开关关合前的正常确认时间）计时后，输出合闸信号，使开关关合。

（1）开关处于合位状态且无闭锁，投入硬压板，双侧电源电压施加正常值，持续 5s。

（2）改变控制器电流回路输入，使得控制器的电流值超过整定保护值，双侧电源电压失压后，控制器分闸回路应有输出命令，分闸指示灯亮。

（3）改变控制器电压回路输入，使得控制器的电源侧为正常值，负荷侧为零，经过 X 时限延时后，控制器合闸回路应有输出命令，合闸指示灯亮。

（4）改变控制器电压回路输入，使得控制器的负荷侧为正常值，电源侧为零，执行上述测试。

表 5-30　　　　短延时顺送/逆送功能（S功能）检验记录表

检 测 部 位	X 时 限	检 测 结 果
电源侧	7s	合格
负荷侧	7s	合格

2. 长延时顺送/逆送功能（S功能）检验（$X+\Delta t=S$）

要求：开关失压分闸之前无（相间或零序）过流故障记忆，当从电源侧或负荷侧的一方加电压时，需经（$X+\Delta t$）时间（开关关合前的正常确认时间，$\Delta t \geqslant 50s$）计时后，输出合闸信号，使开关关合。

（1）开关处于合位状态且无闭锁，投入硬压板，双侧电源电压施加正常值，持续 5s。

（2）改变控制器电压回路输入，双侧电源电压失压后，控制器分闸回路应有输出命令，分闸指示灯亮。

（3）改变控制器电压回路输入，使得控制器的电源侧为正常值，负荷侧为零，经过（$X+\Delta t$）时间延时后，控制器合闸回路应有输出命令，合闸指示灯亮。

（4）改变控制器电压回路输入，使得控制器的负荷侧为正常值，电源侧为零，执行上述测试。

表 5-31　　　　长延时顺送/逆送功能（S功能）检验记录表

检测部位	X 时限	Y 时限	Δt	检测结果
电源侧	7s	5s	50s	合格
负荷侧	7s	5s	50s	合格

3. 涌流防护功能检验

要求：合闸于涌流（过流定值 1A，试验时施加 1.05 倍故障电流 15A 二次谐波，持续 60ms），过流记忆时间内掉电，控制器不启动过流记忆功能，再来电走 s 时间延时合闸。

表 5 - 32 涌流防护功能检验记录表

检测部位	过流设定值	X 时限	Y 时限	检测结果
电源侧	1A	7s	5s	合格
负荷侧	1A	7s	5s	合格

4. 记忆功能检验

要求：

（1）启动条件检验：过流一段、过流二段、小电流、接地过流一段、接地过流二段。以上过流置位后且故障返回，计时器启动。

（2）记忆时间检验：记忆时间内失压再来电控制器走 X 时限延时合闸。记忆时间外失压分闸再来电控制器走 S 时间延时合闸。

（3）复归条件检验：以上过流置位后且故障返回经过复归时间，应该能对记忆功能进行复归。X 时限合闸过程中发生了手柄合闸，记忆标志应复归。

（4）过流记忆置位后，控制器重启，来电时间间隔大于 S 时间，按 $X+\Delta T$ 时间延时；来电时间间隔小于 S 时间，按 X 时限延时。

表 5 - 33 记忆功能检验记录表

检测部位	过流设定值	X 时限	Y 时限	ΔT	检测结果
电源侧	1A	7s	5s	50s	合格
负荷侧	1A	7s	5s	50s	合格

5. 延时顺送/逆送功能（S功能）检验

（1）两侧失压延时分闸功能检验。

要求：在无闭锁情况下，当开关两侧失压且无电流流过则自动分闸。

1）电流值为 0，交流电压降低到 110% 无压值，控制器不分闸。交流电压降低到 90% 无压值，控制器分闸。

2）电压值为 0，交流电流降低到 110% 无流值，控制器不分闸。交流电流降低到 90% 无流值，控制器分闸。

表 5 - 34 延时顺送/逆送功能（S功能）检验记录表

检 测 部 位	检 测 结 果	检 测 部 位	检 测 结 果
电源电压	无压值设定 30V，检测合格	电流	无压值设定 30V，检测合格

（2）延时关合功能检验。

要求：当开关一侧有压且无闭锁时，延时（X 时限）合闸。

1）不配置后备电源，控制器得电延时关合，时间误差 $\pm 3s$。

2）配后备电源，控制器得电延时关合，时间误差 $\pm 1\%$。

3）手柄分闸位置，控制器启动后，延时合闸功能应失效。

4）延时关合时间到无储能位置，应禁止合闸命令输出。

表 5 - 35　　　　　　　　　　延时关合功能检验记录表

检 测 部 位	后 备 电 源	X 时 限	检 测 结 果
电源侧电压	无后备电源	7s	合格
负荷侧电压			合格
电源侧电压	有后备电源	7s	合格
负荷侧电压			合格

（3）正向闭锁检验。

要求：正向闭锁功能，若开关合闸之后在设定时间内（Y 时限）失压，则自动分闸并闭锁合闸，正向送电开关不合闸。

1）可通过遥控、手柄合闸、负荷侧来电延时合闸解锁。

2）闭锁后，控制器重启，闭锁指示灯、外部告警灯、闭锁遥信应保持闭锁状态。

表 5 - 36　　　　　　　　　　正向闭锁检验记录表

检 测 部 位	Y 时 限	检 测 结 果
正向闭锁	5s	合格

（4）反向闭锁检验。

要求：反向闭锁功能，开关分位且双侧无压时，当开关一侧来电，开关合闸之前在设定时间内（X 时限）掉电或出现瞬时残压，则闭锁开关合闸，另一侧送电开关不合闸。

1）终端失电后且有后备电源时，线路上有电压$\geqslant 30\% U_n$，持续时间$\geqslant 80\text{ms}$ 时，柱上负荷开关应能完成反向闭锁。

2）终端失电后且无后备电源时，线路上有电压$\geqslant 50\% U_n$，持续时间$\geqslant 80\text{ms}$ 时，柱上负荷开关应能完成反向闭锁。

3）闭锁后，控制器重启，闭锁指示灯、外部告警灯、闭锁遥信应保持闭锁状态。

表 5 - 37　　　　　　　　　　反向闭锁检验记录表

检 测 部 位	后 备 电 源	X 时 限	检 测 结 果
电源侧电压	无后备电源	7s	合格
负荷侧电压			合格
电源侧电压	有后备电源	7s	合格
负荷侧电压			合格

（5）两侧加压闭锁检验。

要求：开关分位状态时，双侧有压则闭锁开关合闸。

表 5 - 38　　　　　　　　　　两侧加压闭锁检验记录表

检 测 部 位	检 测 结 果
双侧电源	合格

（6）合闸到零压告警/分闸并闭锁功能检验。

要去：在开关投入后的 Y 时间内，满足接地故障判据，终端令开关跳闸且闭锁。

1）合闸前无零序电压，合闸 Y 时间内检测到零压大于定值且大于延时，接地保护动作且闭锁正向关合。

2）合闸前有零序电压，合闸后不执行告警/动作。

3）合闸 Y 时间后检测到零压，不执行告警/动作。

表 5-39　　　　　　　　合闸到零压告警/分闸并闭锁功能检验记录表

检测部位	Y 时限	检测结果
电源侧	5s	不合格，合闸前有零序电压，合闸后执行告警/动作
负荷侧	5s	不合格，合闸前有零序电压，合闸后执行告警/动作

6. 遥控分闸闭锁功能检验

要求：当对开关进行遥控［分］控制时，开关［分闸］后终端进入锁扣状态，锁扣被解除前开关不能关合。

（1）开关处于合闸状态，遥控电动分闸，控制器应闭锁来电合闸。

（2）闭锁后，控制器重启，闭锁指示灯、外部告警灯、闭锁遥信应保持闭锁状态。

7. 手动分闸闭锁功能检验

要求：当对开关进行就地［分］控制时，开关［分闸］后终端进入锁扣状态，锁扣被解除前开关不能关合。

（1）开关处于合闸状态，手柄电动分闸、操作开关本体分闸后，控制器应闭锁来电合闸。

（2）闭锁后，控制器重启，闭锁指示灯、外部告警灯、闭锁遥信应保持闭锁状态。

表 5-40　　遥控分闸闭锁功能检验记录表

检测部位	检测结果
电源侧	合格
负荷侧	合格

表 5-41　　手动分闸闭锁功能检验记录表

检测部位	检测结果
电源侧	合格
负荷侧	合格

模块 5　配电终端与主站联调

【学习目标】

（1）了解配电终端与主站通信规约及相关报文解析。

（2）掌握联调记录表创建及与测试前准备。

（3）掌握终端侧遥信功能测试。

（4）掌握终端侧遥测功能测试。

（5）掌握终端侧遥控功能测试。

【知识点】

一、配电终端与主站通信规约及相关报文解析

配电自动化系统是一个设备多、分工明确、配合紧密、综合性高的复杂系统。在整个配电自动化系统中，配电终端数量多并分布在配电网中的各个位置，配电终端与主站系统通信对配电终端维护、管理和配电自动化能有巨大帮助。目前配电终端多采用 DL/T 634.5101《运动设备及系统　第 5-101 部分：传输规约　基本运动任务配套标准》（简称 101 规约）和 DL/T 634.5104《运动设备及系统　第 5-104 部分：传输规约　采用标准传输协议集的 IEC 60870-5-101 网络访问》（简称 104 规约）与主站系统通信。

（一）101 规约报文格式及解析示例

（1）101 规约固定帧长格式见表 5-42。

表 5-42　　　　　　　　　　101 规约固定帧长格式

启动字符（10H）	控制域 C	地址域 A	帧校验和 CS	结束字符（16H）
1B	1B	2B	1B	1B

（2）101 规约可变帧长格式见表 5-43。

表 5-43　　　　　　　　　　101 规约可变帧长格式

启动字符（68H）	1B
报文长度 L	1B
报文长度 L	1B
启动字符（68H）	1B
控制域 C	2B
地址域 A	1B
应用服务数据单元 ASDU	不定长度
帧校验和 CS	1B
结束字符（16H）	1B

（3）应用数据单元（ASDU）一般结构见表 5-44。

应用服务数据单元（ASDU）由数据单元标识符和一个或多个信息对象所组成。应用服务数据单元 ASDU 没有数据长度域，每一帧仅有一个 ASDU，ASDU 的长度是由帧长（即为链路规约长度域）减去一个固定的整数，此固定整数是一个系统参数，无链路地址时系统参数为 1，有一个八位位组链路地址时系统参数为 2，有两个八位位组链路地址时系统参数为 3。

表 5-44　　　　　　　　应用数据单元（ASDU）一般结构

类型标识符	传送原因	信息对象 1 地址	信息元素集	信息对象 n（……）
可变结构限定词	ASDU 公共地址	信息对象 1 地址	7B 信息元素时标包含毫秒至年	

（4）101 规约数据传输报文实例见表 5-45。

表 5-45   101 规约数据传输报文实例

报文	说明
10 49 64 00 AD 16	主站请求链路状态
10 8B 64 00 EF 16	配电终端响应链路状态
10 40 64 00 A4 16	主站复位远方链路
10 80 64 00 E4 16	配电终端确认
10 C9 64 00 2D 16	配电终端请求链路状态
10 0B 64 00 6f 16	主站链路状态响应
10 C0 64 00 24 16	配电终端复位远方链路
10 00 64 00 64 16	主站肯定确认
68 0C 0C 68 F3 64 00 46 01 04 00 64 00 00 00 00 06 16	初始化结束 68：启动字符 0C：报文长度 F3：控制域 64 00：地址域 46：类型标识符//初始化结束 01：可变结构限定词 04 00：传送原因 64 00：ASDU 公共地址 00 00：信息体地址 06：校验和 16：结束标识符
10 00 64 00 64 16	主站确认
68 0C 0C 68 53 64 00 64 01 06 00 64 00 00 00 14 9a 16	主站发送总召命令
10 80 64 00 E4 16	配电终端确认命令
68 0C 0C 68 F3 64 00 64 01 07 00 64 00 00 00 14 3B 16	配电终端响应总召命令
10 00 64 00 64 16	主站确认
68 0D 0D 68 D3 64 00 01 82 14 00 64 00 01 00 00 00 33 16	配电终端响应总召单点遥信 信息地址 00 01 状态 00 00＜分＞
10 00 64 00 64 16	主站确认
68 15 15 68 F3 64 00 0D 88 14 00 64 00 01 40 00 00 00 00 00 00 00 00 1D 00 C2 16	配电终端响应总召遥测信息 地址 4001 数据 00 00 地址 4002 数据 00 00 地址 4003 数据 00 00 地址 4004 数据 . 1D 00（29DeC）
10 00 64 00 64 16	主站确认
68 0C 0C 68 D3 64 00 64 01 0A 00 64 00 00 00 14 1E 16	配电终端发送总召结束
10 00 64 00 64 16	主站确认
68 12 12 68 53 64 00 67 01 06 00 64 00 00 00 00 00 28 0D 03 0B 10 DC 16	主站发时命令

续表

10 80 64 00 E4 16	配电终端确认
68 12 12 68 F3 64 00 67 01 07 00 64 00 00 00 C5 01 14 16 11 0A 10 C5 16	配电终端相应对时
10 00 64 00 64 16	主站确认

注： 101 规约在实际使用过程中会有相关参数调整，该报文解析为标准文解析为例。

（二）104 规约报文格式及解析示例

（1）101 规约应用规约单元（APDU）结构见表 5－46。

表 5－46　　　　　　　　101 规约应用规约单元（APDU）结构

	启动字符（68H）		
	APDU 长度（最大，253）		
APDU 长度	控制域八位位组 1	APCI	APDU
	控制域八位位组 2		
	控制域八位位组 3		
	控制域八位位组 4		
	IEC60870－5－101 和 IEC60870－5－104 定义的 ASDU	ASDU*	

注： *ASDU 应用服务数据单元 ASDU 由数据单元标识符和一个或多个信息对象所组成。详细结构可参阅表 5－44 101 规约 ASDU 一般结构。

（2）104 规约数据传输报文实例（见表 5－47）。

表 5－47　　　　　　　　　104 规约数据传输报文实例

68（启动符）04（长度）07（控制域）00 00 00	激活传输启动
68（启动符）04（长度）0B（控制域）00 00 00	确认激活传输启动
68（启动符）0E（长度）00 00（发送序号）00 00（接收序号）64（类型标识）01（可变结构限定词）06 00（传送原因）01 00（公共地址即 FTU 站址）00 00 00（信息体地址）14（QOI，区分是总召唤还是分组召唤，02 年修改后的规约中没有分组召唤）	总召唤
68（启动符）0E（长度）02 00（发送序号）02 00（接收序号）64（类型标识）01（可变结构限定词）07 00（传送原因）01 00（公共地址即 FTU 站址）00 00 00（信息体地址）14（同上）	总召唤确认
68（启动符）16（长度）04 00（发送序号）02 00（接收序号）01（类型标识）03（可变结构限定词）14 00（传送原因）01 00（公共地址即 FTU 站址）01 00 00（遥信地址 1）00（分）02 00 00（遥信地址 2）00（分）03 00 00（遥信地址 3）00（分）	配电终端响应遥信帧
68（启动符）25（长度）06 00（发送序号）02 00（接收序号）09（类型标识）88（可变结构限定词）14 00（传送原因）01 00（公共地址即 FTU 站址）01 40 00（信息体地址）00 00（遥测值 0）00（品质描述词 QDS）00 00（遥测值 0）00（品质描述词 QDS）00 00（遥测值 0）00（品质描述词 QDS）00 00（遥测值 0）00（品质描述词 QDS）00 00（遥测值 0）00（品质描述词 QDS）00 00（遥测值 0）00（品质描述词 QDS）00 00（遥测值 0）00（品质描述词 QDS）	配电终端响应遥测帧

续表

报文	说明
68（启动符）0E（长度）08 00（发送序号）02 00（接收序号）64（类型标识）01（可变结构限定词）0A 00（传送原因）01 00（公共地址即 FTU 站址）00 00 00（信息体地址）14（QOI，区分是总召唤还是分组召唤，02 年修改后的规约中没有分组召唤）	配电终端发送总召结束
68 04 01 00 00 00	主站发送 S 帧
68（启动符）14（长度）00 00（发送序号）02 00（接收序号）67（类型标识）01（可变结构限定词）06 00（传送原因）01 00（公共地址即 FTU 站址）00 00 00（信息体地址）EC 2E（ms，2B）0C（分）0C（时）0C（日）0C（月）0C（年）	发送对时命令
68（启动符）14（长度）0A 00（发送序号）04 00（接收序号）67（类型标识）01（可变结构限定词）07 00（传送原因）01 00（公共地址即 FTU 站址）00 00 00（信息体地址）F2 2E（ms，2B）0C（分）0C（时）0C（日）0C（月）0C（年）	对时确认

注：104 规约在实际使用过程中会有相关参数调整，该报文解析为标准文解析为例。

二、联调测试前准备

1. 联调测试前提条件

（1）配电终端已安装至现场并具备工作电源。

（2）调试人员核对设计图纸与现场运行情况一致，配电终端的定值参数已落实。

（3）调度已核对设计图纸与现运行中的 GIS 图形一致，已经完成信息点表的录入、图形界面的生成以及信息点的关联工作。

（4）相关技术人员到现场处理临时发生的消缺工作，或可能出现临时修改二次接线的工作。

（5）通信调试已完毕、通道畅通。

（6）现场施工时不要把开关接地作为工作保护接地，需协调采用其他方式接地。做好开关地址和标识。

2. 联调主要准备工具

联调需要提前准备的调试工具见表 5-48。

表 5-48　　　　　　　　联调主要准备工具

调试工具	名　称	型　号	单　位	数　量	备　注
调试仪器	耐压仪	输出 50kV 型	台	1	
	兆欧表	0～500MΩ	台	1	
	电源盘线	50m 线长	套	1	
	电源排插	线长 5m	个	1	
	发电机	500W	台	1	
	继保试验仪	XJ-843A	台	1	
	高精度钳表	XJ-6016B 型	只	1	
	升流仪	XJ-XLY 型	只	1	

调试工具	名 称	型 号	单 位	数 量	备 注
终端工具	笔记本电脑		台	1	
	DTU 测试软件			1	
	网线	2.5m	根	1	
	串口线	2.5m	根	1	
安全工具	安全帽		顶	若干	
	工作服	冬季	套	若干	
	应急灯	手持	只	2	
	方凳	绝缘	只	2	
	工具		套	2	

【技能项】

一、终端侧遥信功能测试

1. 配电终端遥信正确率测试

将信号量模拟器输出端口连接配电终端，调整信号模拟器输出脉冲信号按照遥信点表遥信量顺序输出遥信变化，每变化一路遥信与主站进行确认变化遥信点号是否配置正确，将所有遥信点号进行依次测试后重复 10 次，终端变化遥信与主站一致，遥信正确率＝遥信测试合格次数/遥信测试总次数×100，测试要求遥信正确率 100％。

2. 配电终端遥信分辨率测试

将信号模拟器（脉冲发生器）的两路输出连接到配电终端的两路状态盘输入端子上，对两路输出设置一定的时间延迟，该值应不大于 10ms（可调），配电终端应能正确显示状态的交换及动作时间，开关变位事件记录分辨率不大于 10ms。试验重复 5 次以上。

3. 配电终端遥信防抖动测试

用信号模拟器（脉冲发生器）产生一持续时间小于防抖时间的开入脉冲，终端不应该产生该开入的事件顺序记录。用测试仪产生一持续时间大于遥信防抖动时间的开入脉冲，终端应产生该开入时间顺序记录。装置应记录并上传时间信息，防抖时间为 10～1000ms，可设定。

二、终端侧遥控功能测试

配电终端置位远方控制位置，模拟主站发出开/合控制命令，配电终端输出继电器的动作做出开闭动作，控制执行指示器应有正确的指示，重复试验 1000 次以上，误动率应小于 0.1％。

模拟开关动作故障和遥控反校失败，检查命令执行的准确性。

三、终端侧遥测功能测试

在进行遥测测试前，首先在终端现场搭建测试环境，并与主站确定 IP、端口和点表。

（一）交流输入模拟量基本误差测试

1. 电压、电流基本误差测量

（1）调节程控三相功率源的输出，保持输入电量的频率为 50Hz，谐波分量为 0，依次施加输入电压额定值的 60%、80%、100%、120% 和输入电流额定值的 5%、20%、40%、60%、80%、100%、120% 及 0。

（2）待标准表读数稳定后，读取标准表的显示输入值 U_i 及 I_i，通过测试计算机读取配电终端测量值 U_o 及 I_o，电压基本误差 E_u 及电流基本误差 E_i（基本误差计算公式见 DL/T 1529—2016《配电自动化终端设备检测规程》附录 B）应符合 DL/T 721—2013《配电自动化远方终端》中 4.5.1.1 表 4 的规定。

2. 有功功率、无功功率基本误差测量

（1）调节程控三相功率源的输出，保持输入电压为额定值，频率为 50Hz，改变输入电流为额定值的 5%、20%、40%、60%、80%、100%。

（2）待标准表读数稳定后，分别记录标准表读出的输入有功功率 P_i、无功功率 Q_i 和配电终端测出的有功功率 P_o、无功功率 Q_o，有功功率基本误差 E_p 及无功功率基本误差 E_q 应符合 DL/T 721—2013《配电自动化远方终端》中 4.5.1.1 表 4 的规定。

3. 功率因数基本误差测量

（1）调节程控三相功率源的输出，保持输入电压、电流为额定值，频率为 50Hz，改变相位角 ϕ 分别为 0°、±30°、±45°、±60°、±90°。

（2）待标准表读数稳定后，分别记录标准表读出的功率因数 PF_i 和配电终端测出的 PF_x，基本误差 $E_{\cos\phi}$ 应符合 DL/T 721—2013《配电自动化远方终端》中 4.5.1.1 表 4 的有关规定。

4. 谐波分量基本误差测量

（1）保持输入电压频率为 50Hz，分别保持输入电压为额定电压的 80%、100%、120%，在各个输入电压下分别施加输入电压幅值的 10% 的 2~19 次谐波电压 U_h，记录标准谐波源设定或标准谐波分析仪读出的 2~19 次谐波电压 U_{oh}，求出 2~19 次电压谐波分量的基本误差 E_{uh}。

（2）保持输入电流频率为 50Hz，分别保持输入电流为额定值的 10%、40%、80%、100%、120%，在各个输入电流下分别施加输入电流幅值的 10% 的 2~19 次谐波电流 I_h，记录标准谐波源设定或标准谐波分析仪读出的 2~19 次谐波电流 I_{oh}，求出 2~19 次电流谐波分量的基本误差 E_{Ih}。

（二）交流模拟量输入的影响测试

1. 一般要求

（1）对于工频交流输入量，影响量引起的改变量试验，是对每一影响量测定其改变量。试验中其他影响量应保持参比条件不变。

（2）影响量 Δ 引起的改变量计算公式：

$$\Delta = \frac{E_{xc} - E_x}{AF} \times 100\%$$

式中：E_x——在参比条件下测量的工频交流电量的输出值；

E_{xc}——在影响量下测量的工频交流电量的输出值；

AF——输入额定值。

2. 输入量频率变化引起的改变量试验

（1）在参比条件下测量的工频交流电量的输出值，记为 E_x。

（2）改变输入量的频率值分别为 47.5Hz 和 52.5Hz，依次测量与（1）项相同点上的输出值，记 E_{xc}。

（3）按 $\Delta = \dfrac{E_{xc} - E_x}{AF} \times 100\%$ 计算输入量频率变化引起的改变量应不大于准确等级指数的 100%。

3. 输入量的谐波含量引起的改变量试验

（1）在参比条件下测量工频交流电量的输出值，记为 E_x。

（2）在基波上叠加 20% 的谐波分量，调节畸变波形幅度，使输入端标准表保持与（1）项相同点上的被测量的有效值不变，依次施加谐波从 3～13 次，并改变基波和谐波之间的相位角，使其得到最大的改变量，记录相应的输出值 E_{xc}。

（3）对于有功功率和无功功率，应先施加畸变电流，然后重复施加畸变电压进行测量。

（4）按 $\Delta = \dfrac{E_{xc} - E_x}{AF} \times 100\%$ 计算输入量的谐波含量引起的改变量，最大改变量应不大于准确等级指数的 200%。

4. 功率因数变化对有功功率、无功功率引起的改变量试验

（1）在参比条件下测量工频交流电量的输出值，记为 E_x。

（2）改变功率因数 $\cos\phi$（$\sin\phi$）值为 $0.5 > \cos\phi$（$\sin\phi$）$\geqslant 0$，超前或滞后各取一点，调节电流保持有功功率或无功功率输入与（1）测量时的初如值不变，测量输值记为 E_{xc}。

（3）按 $\Delta = \dfrac{E_{xc} - E_x}{AF} \times 100\%$ 计算功率因数变化引起的改变量，最大改变量应不大于准确等级指数的 100%。

5. 不平衡电流对三相有功功率和无功功率引起的改变量试验

（1）在参比条件下，电流应平衡，并调整输入电流使其为较高额定值的一半，测量有功功率、无功功率的输出值，记为 E_x。

（2）断开任何一相电流，保持电压平衡和对称，调整其他相电流，并保持有功功率或无功功率与输入的初始相等，记录新的输出值，记为 E_{xc}。

（3）按 $\Delta = \dfrac{E_{xc} - E_x}{AF} \times 100\%$ 度算不平衡电流引起的改变量，最大改变量应不大于 100%。

6. 被测量超量限引起的改变量试验

（1）在输入额定值的 100% 时测量基本误差。

（2）在输入额定值 120% 时测量误差。

（3）两个误差之差不应超过准确等级指数的 50%。

7. 输入电压变化引起的输出改变量试验（电压、电流量除外）

（1）施加输入电压为额定值，测量被测量的输出值，记为 E_x。

（2）改变输入电压为额定值的 80%～120%，维持被测量与（1）项条件下相同点的输入值不变，测量输出值记为 E_{xc}。

（3）按 $\Delta = \dfrac{E_{xc} - E_x}{AF} \times 100\%$ 计算输入电压变化引起的改变量，最大改变量应不大于准确等级指数的 50%。

8. 输入电流变化引起的输出改变最试验（仅对相角和功率因数）

（1）在参比条件下测量相角和功率因数的输出值，记为 E_x。

（2）改变输入电流为额定值的 20%～120%，测量输出值记为 E_{xc}。

（3）按 $\Delta = \dfrac{E_{xc} - E_x}{AF} \times 100\%$ 计算输入电流变化引起的改变量，最大改变量应不大于准确等级指数的 100%。

（三）工频交流输入的其他测试

（1）连续过量输入试验。交流输入电压调整到额定值的 120%，交流输入电流调整到额定值的 120%，施加时间 24h 后，参照上节试验方法计算过量输入时的误差应符合 DL/T 721—2013《配电自动化远方终端》中的有关规定。

（2）短时过量输入试验。按表 5-49 的规定进行试验，配电终端应能正常工作，过量输入后，恢复额定值输入时的装本误差应符合 DL/T 721—2013《配电自动化远方终端》中的有关规定。

表 5-49　　　　　　　　　短 时 过 量 输 入 参 数

被测量	电流输入量	电压输入量	施加次数	施加时间/s	相邻施加间隔时间/s
电流	额定值×20	—	5	1	300
电压	—	额定值×2	10	1	10

（3）故障电流输入试验。交流输入电流调整到额定值的 1000%，参照上节的试验方法计算电流误差应不大于 5%。

（四）直流模拟量模数转换总误差测试

调节直流信号源使其分别输出 20mA、16mA、12mA、8mA、4mA 的电流，记录直流标准表测量的相应读数 I_i，同时在被测设备的显示输出值记 I_x，由下式求出误差 E_i 应满足要求。

$$E_i = \frac{I_x - I_i}{满刻度值（输入范围）} \times 100\%$$

【案例分析】

案例：对一台一二次成套环网箱进行配电终端与主站联调测试

现需对一台一二次成套环网箱进行配电终端与主站联调测试，测试内容包括终端遥信功能测试、终端遥测功能测试及终端遥控功能测试，测试过程及测试结果记录如下所述。

1. 终端遥信功能测试

根据表5-50中的遥信点位，对表中每个遥信点位进行测试，要求每个遥信点位均能正确动作。

表5-50　　　　　　　　　　DTU 遥 信 点 位 表

点　号	点　位　名	备　注	测 试 结 果
0	装置异常（含TV断线、装置故障、装置插件故障信号）	公共	合格
1	电池欠压		合格
2	交流失电		合格
3	电池活化		合格
4	遥控软压板		合格
5	SF$_6$压力告警		合格
6	SF$_6$压力闭锁		合格
7	新录波文件已经生成		不合格，录波文件未生成
8	故障停电事件		合格
9	计划停电事件		合格
10	复电事件		不合格，复电事件逻辑不正确
11	开关位置合位	第一路	合格
12	开关位置分位		合格
13	弹簧储能		合格
14	远方信号		合格
15	短路事故总		合格
16	A相过流		合格
17	B相过流		合格
18	C相过流		合格
19	接地事故总		合格
20	A相接地		合格
21	B相接地		合格
22	C相接地		合格
23	过负荷		合格
24	合环检测		合格
……	……	……	……

2. 终端遥测功能测试

根据表 5－51 中的遥测点位，对表中每个遥测点位进行测试，要求每个遥测点位均能正确动作。

表 5－51　　　　　　　　　　　　　DTU 遥 测 点 位 表

点　号	点　　　名	备　注	输　入　值	显　示　值	测 试 结 果
0	PT1 AB 线电压	公共	100V	99.990V	合格
1	PT1 BC 线电压		100V	100V	合格
2	PT1 零序电压		50V	50.001V	合格
3	蓄电池电压		—	50.37V	合格
4	温度		—	25.4	合格
5	湿度		—	37.7%	合格
6	经度		—	112.99	合格
7	纬度		—	28.16	合格
4	A 相电流	第一路	5A	5.001A	合格
5	B 相电流		5A	4.999A	合格
6	C 相电流		5A	5.000A	合格
7	零序电流		1A	0.999A	合格
8	三相总有功		122.47W/var	122.519W/var	合格
9	三相总无功		122.47W/var	122.426W/var	合格
10	功率因数		1	1	合格
13	A 相短路电流		整定值 5A	5.025A	合格
14	B 相短路电流		整定值 5A	5.032A	合格
15	C 相短路电流		整定值 5A	5.015A	合格
……	……	……	……	……	……

3. 终端遥控功能测试

根据表 5－52 中的遥控点位，对表中每个遥控点位进行测试，要求每个遥控点位均能正确动作。

表 5－52　　　　　　　　　　　　　DTU 遥 控 点 位 表

点　号	点　　　名	测试结果	点　号	点　　　名	测试结果
0	电池活化	合格	3	第一路开关分闸控制	合格
1	软压板遥控	合格	4	第一路开关合闸控制	合格
2	装置复归	合格	……	……	……

第六章

配电自动化终端巡视与缺陷处理

模块1 配电终端巡视

【学习目标】

(1) 掌握巡视作业流程。

(2) 掌握巡视作业风险识别及控制措施。

(3) 掌握巡视作业内容。

【知识点】

为了保证配电自动化终端（以下简称终端）安全运行，有必要对终端进行巡视检查，掌握终端的运行情况，监视其薄弱环节，及时消除隐患，以确保终端始终处于健康状态。

一、巡视作业的流程

巡视作业的流程见表 6-1 巡视作业指导书。

表 6-1　　　　　　　　配电自动化终端巡视作业指导书

编号：

一、基本信息					
巡视班组		巡视开始时间		巡视结束时间	
巡视任务					
巡视地点					
工作负责人		工作人员			
班长确认					
所属线路		所属开闭站		所属屏柜	
终端名称		终端型号		终端类型	
电压等级		PT 变比		CT 变比	
出厂编号		出厂日期		投运日期	

二、巡视前的准备工作

序号	准 备 项 目	内　　容	工作负责人确认
1	仪表、工具类	专用测试笔记本电脑、相机、安全工器具等，检查仪器仪表是否外观完好并在有效期内	确认（　）
2	图纸、资料类	现场一次设备图纸（在运、停运、备用），信息表、说明书等	确认（　）
3	核对上次巡视记录	核对被巡视终端的缺陷记录和相关的巡视作业指导书，比对后，找出本次巡视重点	确认（　）

三、巡视危险点

序号	危 险 点 名 称	危 险 点 控 制 措 施	工作负责人确认
1	误入间隔，触电伤亡	进入巡视现场首先核对终端名称和编号	确认（　）
2	误碰误动，引起运行设备误动	对运行中的设备禁止触碰，并设专人监护	确认（　）
3	与带电设备安全距离不够	与带电的线路或者设备保持安全距离	确认（　）

四、巡视内容

序号	巡 视 内 容	巡 视 标 准	巡 视 结 果
1	屏柜外观、铭牌、标识检查	屏柜的外观、铭牌整洁，标识正确，字迹清晰	确认（　）
2	屏柜门检查	屏柜门完好、密封，有防小动物措施	确认（　）
3	终端有无异常响动	有无不正常的声音	
4	远方、就地位置检查	远方就地位置是否与实际运行状态相符	确认（　）
5	控制压板检查	控制压板投退状态是否与实际运行状态相符	确认（　）
6	电源、操作开关检查	电源、操作开关是否与实际运行状态相符	确认（　）
7	装置指示灯检查	终端装置各种指示灯是否正常	确认（　）
8	通信模块指示灯检查	通信模块指示灯是否正常	确认（　）
9	开关位置检查	开关位置指示灯、主站状态、现场开关位置一致	确认（　）
10	蓄电池外观	蓄电池外观无鼓胀、漏液、变形	确认（　）
11	对时系统检查	各个设备时间是否一致并正确	确认（　）
12	终端装置设备清扫	清洁、无积尘	确认（　）

五、巡视结论

序号	项　　目	内　　容	结　　果
1	结论	是否正常	正常（　）
2	发现问题		
3	处理结果		确认（　）
4	备注		确认（　）

填写要求：

确认结果正常则填写"√"、异常则填写"×"、无须执行则填写"○"。

1. 进入巡视现场前

配电终端巡视工作开展前，应按照巡视内容的安全作业要求，核实巡视人员资质，身体及精神状况，是否满足巡视作业要求，召开站班会，进行"三查三交"，即查着装、查状态、查装置，交任务、交技术、交安全，检查巡视所需图纸、巡视作业指导书或记录表格等资料是否齐全，巡视专责人应按卡中内容要求填写好终端的一些基本信息，准备好所需的仪器仪表，对巡视人员明确危险点及防护措施等事项，比对上次巡视记录内容，找出重点仔细巡视，并确保巡视人员清楚工作任务、设备的带电情况和巡视环境。

2. 进入巡视现场

按照作业指导书所列项目进行巡视，存在隐患及有过缺陷的部分要重点进行巡视。按照看、闻、听等辨识方法进行巡视，看主要是核对终端表象部分，如终端的各种指示灯、标识、位置等；闻是空气的味道；一般设备损坏都会有一些异常的味道，如焦味等；听是终端运行有无异常响动，通过这些手段加强现场巡视的严谨度。还要善于观察设备周围有无影响设备运行的外部因素，巡视完毕后填写好结论。

3. 撤离巡视现场

收拾整理工具，关好柜门、设备门，撤出现场。

二、巡视作业风险辨识及控制措施

风险辨识就是预先判定会发生特定的一种危害，通过管理和操作技能来避免事故的发生，使岗位人员、环境和财产免受损害，对风险进行了有效控制。

配电自动化终端安装的位置既有柱上又有电缆还有站所，不同的安装位置巡视作业的风险辨识也不尽相同，具体见表 6-2。

表 6-2   巡视作业风险辨识及控制措施

序号	作业进度	辨识项目	风险辨识内容	辨识要点	典型控制措施
1	进入巡视现场前	作业安全	现场安全交底会危险点分析不全面，采取的安全措施无针对性导致事故	工作负责人班前会中核查	1. 工作负责人开工前对危险点进行全面分析并采取有效的预控防范措施。 2. 工作负责人应根据现场实际编写好现场巡视安全措施交底会记录，结合作业指导书、"三措一案"认真开好安全交底会
2	进入巡视现场前	作业环境	恶劣气候条件下，未采取有效地保障措施在线路巡视。如：雨、雾、冰、雪、大风、雷电等天气，以及夜间巡线	工作负责人作业前查看气象条件	1. 一般不宜在雨、冰、雪、大风、雷电、大雾等气候条件下进行室外工作。恶劣天气，不进行高处作业。确需工作时应根据现场实际做好相应的防护措施。 2. 雷雨、大风天气或事故巡线应穿绝缘鞋或绝缘靴，暑天、山区巡线应配备必要的防护用具和药品。 3. 夜间巡线应携带足够的照明工具，夜间巡线应沿线路外侧进行，大风巡线应沿线路上风侧前进以免触及断落导线。恶劣天气和夜间巡视，不得单人巡视

序号	作业进度	辨识项目	风险辨识内容	辨识要点	典 型 控 制 措 施
3	进入巡视现场前	作业工具	工作所需各类生产工器具、资料等不能满足现场工作需要，临时代用或凭经验工作，导致事故	工作前工作负责人核查；现场安全监督人员督查	1. 按照标准化作业指导书要求，根据现场作业需要准备现场作业必需的各类生产工器具。 2. 根据作业现场设备情况核对备品配件、仪器仪表、图纸、资料与现场一致。 3. 生产工器具等准备符合现场需要
4	进入巡视现场	人员因素	单人巡视，违规攀登杆塔，造成高处坠落	单人巡视时不得攀登杆塔	1. 无单独巡视资质人员，不得单人进行配电线路及设备运行巡视。 2. 单人巡视，禁止攀登配电杆塔和触碰配电设备
5	进入巡视现场	外观	打开电缆分接箱、环网柜前未对箱体进行检查，验电易造成触电伤害	打开柜门时要进行外壳验电	1. 打开电缆分接箱，环网柜前应先仔细检查外观，查看电缆分接箱是否有冒烟，异味和异常响声等现象，不要直接打开。 2. 打开箱体前，应对箱体进行验电，验明确无电压后方可打开柜门
6	进入巡视现场	巡视要求	1. 巡查设备中接近或接触断落的导线，导致触电，巡视中注意观察巡视通道。 2. 在设备巡视时发现设备缺陷，擅自进行处理，误碰带电设备触电，巡视中注意观察巡视通道。 3. 巡视设备时擅自越过围墙、围栏，打开配电设备柜门或箱盖接近接触带电设备，导致触电	在巡视中巡视人员需认真观察	1. 巡视时沿线路外侧行走，大风时沿上风侧行走。 2. 事故巡线，应始终把线路视为带电状态。 3. 导线断落地面或悬吊空中，应设法防止行人靠近断线点 8m 以内，并迅速报告领导等候处理。 4. 巡视中发现设备缺陷应认真观察，仔细判断，记录清楚，及时汇报。 5. 发现危及人身安全和设备安全运行的危急缺陷时立即汇报，现场尽可能地做好防止事故扩大的措施，等候处理。 6. 巡视检查配电设备时，不得越过遮拦或围墙，单人巡视时，禁止打开配电设备柜门、箱盖。 7. 电缆分支箱、环网柜、箱式变电站等巡视确需打开门盖时须有专人监护，打开门、盖须与带电设备、部位保持足够安全距离（10kV 不小于 0.7m）。 8. 巡视时接触设备或打开运行设备门盖前，需先验电确认无电压，否则须戴相应电压等级的绝缘手套
7	进入巡视现场	巡视要求	高处坠落或跌入沟、坑	运行巡视，避免高空坠落并注意地面情况	1. 多人运行巡视，需登杆塔时，须落实防高处坠落措施，登高人员上下杆塔及在杆塔上查看，应在有效监护下进行。 2. 运行巡视，保持精力集中，注意地面的沟、坑、洞等，防止人员失足掉入、摔跌伤人
8	进入巡视现场	巡视要求	误动误碰运行间隔或者终端	避免终端的误动误碰	巡视终端禁止乱动现场设备

三、巡视作业的内容

1. 巡视的一般规定

（1）巡视终端时不得随意触碰运行中的终端接线位置。在巡视线路上的终端时人体与10kV带电部位应保持安全距离，且要遵守配电线路一次设备巡视的所有安全事项。在开闭站巡视时也应遵守开闭站内一次设备巡视的所有安全事项。

（2）配电终端正常情况下每月巡视一次，但是根据负荷分布、各类保电任务、自然天气、季节变换、运行方式等的改变，视实际情况应适当增加巡视次数，以及安排夜巡、特巡或者配合一次班组进行，巡视完毕后需认真填写巡视记录，并存档，以便进行比较查找隐患或者缺陷处理提供可靠的依据。

（3）在终端发生故障时需增加故障巡视，及时寻找发生故障的原因，对发现的可能情况应进行详细记录，并利用拍照等方式取得故障现场的照片。

（4）特殊巡视应与一次班组联合进行。

1）雷雨、大风、雾天、冰雪、冰雹等恶劣天气情况下应结合终端实际情况，有重点的进行巡视。

2）新建、改建、扩建的配电终端，终端投入运行24h应进行监察巡视。

（5）对于综合性隐患问题，应列为监视对象，制定出监视措施，掌握变化情况和发展趋势，发现任何可疑现象，巡视人员均应做出初步判断后上报。

（6）在巡视中发现的缺陷应尽快通知维护班组进行消除，根据缺陷的紧急程度向运行管理部门及时汇报，按照缺陷管理要求及时填写缺陷记录并上报。

（7）巡视中还应要善于观察终端周围的情况，若有威胁终端运行的情况及时上报处理。

2. 现场巡视检查内容

（1）装置外观检查：检查箱体外壳有无扭曲、破损、锈蚀。箱体内是否有积水、凝露现象，箱体内温度是否过热。地面有无下陷，门锁是否完好，编号标签是否保持完好，防小动物措施是否落实到位等。

（2）电源系统检查：检查电源模块是否处于浮充状态，电池端子有无氧化现象，电池有无漏液，电池外壳有无破损。正常情况下电源模块上有且仅有充电灯亮。

（3）指示灯检查：配电终端面板、通信终端各指示灯信号运行是否正常，面板上各开关位置指示灯指示位置是否与实际一次开关位置相符。馈线终端底部上具备外部可见的运行指示灯和线路故障指示灯：运行指示灯为绿色，运行正常时闪烁或常亮，异常时熄灭。线路故障指示灯为红色，故障状态时闪烁，闭锁合闸时常亮，非故障和非闭锁状态下熄灭。当终端类为电压时间型"二遥"动作型终端时，仅当终端闭锁状态时，故障告警指示灯闪烁，非闭锁状态下熄灭。

（4）空气开关检查：正常运行时终端的装置电源空气开关，电池电源空气开关，操作电源空气开关，均应处于合闸状态。

（5）压板检查：分合闸保护出口压板的位置应与调度下达的命令所要求的实际位置一致。检查终端操作面板远方/就地/闭锁开关是否处于正确位置。正常运行时应置于"远方"位置。

（6）接线检查：检查终端插件、接线有无可目视的松动、烧焦现象，是否出现松拖掉落现象。

1）终端通信检查：检查终端与主站间是否能够进行正常的数据收发，截取主站的报文是否正常。

2）实时数据检查：检查终端实时遥测数据是否正常，遥信位置是否正确，向主站确认有无遥测遥信信息异常情况。

3）其他检查：如终端设备的接地是否牢固可靠，周边有无影响配电终端正常运行的外界因素，对潜在风险进行预判别。

模块 2　配电终端缺陷处理

【学习目标】

（1）了解缺陷类型。

（2）了解缺陷处理响应时间及要求。

（3）掌握终端遥测缺陷处理方法。

（4）掌握终端遥信缺陷处理方法。

（5）掌握终端遥控缺陷处理方法。

（6）掌握终端回路缺陷处理方法，包括二次回路故障识别、二次回路缺陷处理方法。

（7）掌握终端电源缺陷处理方法，包括电源模块缺陷处理、后备电源缺陷处理方法。

（8）掌握终端通信缺陷处理方法，包括配网通信模块故障识别方法等。

【知识点】

一、缺陷类型

1. 危急缺陷

危急缺陷是指威胁人身或设备安全，严重影响设备运行、使用寿命及可能造成自动化系统失效，危及电力系统安全、稳定和经济运行，必须立即进行处理的缺陷。主要包括：

（1）配电主站故障停用或主要监控功能失效。

（2）调度台全部监控工作站故障停用。

（3）配电主站专用 UPS 电源故障。

（4）配电通信系统主站侧设备故障，引起大面积开关站通信中断。

（5）配电通信系统变电所侧通信节点故障，引起系统区片中断。

（6）自动化装置发生误动。

2. 严重缺陷

严重缺陷是指对设备功能、使用寿命及系统正常运行有一定影响或可能发展成为危急缺陷，但允许其带缺陷继续运行或动态跟踪一段时间，必须限安排进行处理的缺陷。主要包括：

（1）配电主站重要功能失效或异常。

（2）遥控拒动等异常。

（3）对调度员监控、判断有影响的重要遥测量、遥信量故障。

（4）配电主站核心设备（数据服务器、SCADA 服务器、前置服务器、GPS 天文时钟）单机停用、单网运行、单电源运行。

3．一般缺陷

一般缺陷是指对人身和设备无威胁，对设备功能及系统稳定运行没有立即、明显的影响、且不至于发展成为严重缺陷，应结合检修计划尽快处理的缺陷。主要包括：

（1）配电主站除核心主机外的其他设备的单网运行。

（2）一般遥测量、遥信量故障。

（3）其他一般缺陷。

属于配电自动化常见的一般缺陷，包括但不限于：

（1）单点终端通信不稳定，时断时续。

（2）单点终端通信中断。

（3）单点终端的电压、电流遥测不准确。

二、缺陷处理响应时间及要求

（1）危急缺陷：发生此类缺陷时运行维护部门必须在 24h 内消除缺陷。

（2）严重缺陷：发生此类缺陷时运行维护部门必须在 7 日内消除缺陷。

（3）一般缺陷：此类缺陷时运行维护部门应酌情考虑列入检修计划尽快处理。

（4）当发生的缺陷威胁到其他系统或一次设备正常运行时必须在第一时间采取有效的安全技术措施进行隔离。

（5）缺陷消除前设备运行维护部门应对该设备加强监视防止缺陷升级。

三、终端遥测缺陷处理

遥测是电力系统远方监视的一项重要内容，包括线路上的电压、电流等测量值，遥测数据异常，主要有交流电压异常、交流电流异常和直流量异常等。

1．交流电压采样异常的处理

（1）判断电压异常是否属于电压二次回路问题，先用万用表直接测量终端遥测电压输入端子排的电压值即可判断。如果测量发现二次输入电压异常，应向一次电压互感器测检查电压值，直至检查到电压互感器二次侧引出端子位置；若电压仍然异常，即可判断为电压互感器一次输出故障。

（2）如在终端电压输入端子处，用万用表测量并无异常，则是遥测板、CPU 板，终端应用程序等故障。处理这种终端本体故障应按照先软件后硬件，先采样后核心板件的原则进行。

（3）如上送遥测数据异常还应检查转发表的参数配置。

（4）更换终端内部板件时，一定要注意板件更换后相应参数重新进行配置，还应考虑板件是否支持带电插拔。

2. 交流电流采样异常处理

（1）判断电流异常是否属于电流二次回路问题，用钳形表直接测量终端遥测电流输入回路，根据电流值即可判断，如测试发现二次输入电流异常，应逐级向电流互感器侧检查电流二次回路，直至检查到电流互感器二次侧引出端子位置，若电流仍然异常，即可判断为电流互感器一次输出故障。

（2）如果测试发现二次输入电流正常，应属于终端本体故障，包括遥测板、CPU 板、终端应用程序等故障，处理这种终端本体故障应按照先软件后硬件，先采样后核心板件的原则进行。

（3）如是上送遥测数据异常还应检查转发表的参数配置。

（4）更换终端内部板件时，一定要注意板件更换后相应参数的重新配置。还应考虑板件是否支持带电插拔。

（5）因为交流电流的采样值是根据负荷大小而变化的，所以在检查过程中，一定要结合整条线路上下级的终端采样值进行比较核对，此外还要确认电流互感器的变比。

3. 直流量异常的处理

配电终端的直流采样主要包括后备电源电压直流 $0\sim5V$ 电压或 $1\sim20mA$ 的电流传感器输入回路，直流量异常情况主要如下：

（1）外部回路问题。如果输入电压可以解开外部端子排，用万用表测量电压，如果输入的电流可以用钳表直接测量。

（2）内部回路问题的处理（包含端子排）。检查装置内部回路问题时，首先要了解直流采样的过程，从端子排直接到装置背板。

（3）端子排的检查。查看端子排内外部接线是否正确，是否有松动，是否压到二次电缆表皮，有没有接触不良的情况。

（4）线路的检查。断开直流采样的外部回路，从端子排到装置背部端子，用万用表测量一下通断判断是否线路上有问题。

（5）直流采样板件问题的处理。当直流 $0\sim5V$ 电压或 $1\sim20mA$ 的电流、温度、电阻回路、温度变送器没有问题时，可以更换直流采样板件。

四、终端遥信缺陷处理

遥信是一种状态量信息，反映的是断路器、隔离开关、接地开关等位置状态信息以及过流、过负荷等各种保护信号量，遥信根据产生的原理不同，分为实遥信和虚遥信。实遥信通常由电力设备的辅助接点提供，辅助接点的开/合，直接反映出该设备的工作状态，虚遥信通常由配电终端根据所采集数据通过计算后触发，一般可反映设备的保护信息、异常信息等。

1. 遥信信号异常的处理

（1）遥信电源问题的处理。遥信电源故障会导致装置上所有遥信状态都处于异常，因此处理遥信信号采集异常，最先就应检查遥信电源是否正常。

（2）其次应判断信号状态异常是否属于二次回路的问题，可以将遥信的外部接线从端子排上解开，用万用表对遥信点与遥信公共端测量，带正电压的信号状态为 1，带负电压的信号状态为 0，如果信号状态与实际不符，则检查遥信采集回路的辅助接点或信号继电器接点是否正常，端子排内外部接线是否正确，是否有松动，是否压到电缆表皮，有没有接触不良情况。

（3）若检查二次回路，判断外部遥信输入正常，应使用终端维护软件查看终端遥信采集值是否正常，若正常即可判定为配电主站侧遥信参数配置错误，否则应检查终端遥信参数配置是否正确，当检查发现终端遥信参数配置正确的情况下，即可判定为终端本体故障。

（4）终端本体故障可能是终端应用程序、遥信采样板或者 CPU 板故障引起的，处理终端本体故障时应按照先软件后硬件，先采样后核心板件的原则进行。

（5）更换终端内部板件时，一定要注意板件更换后相应参数的重新配置。

2. 遥信异常抖动的处理

由于配电网设备运行环境比较复杂，遥信信号有可能出现瞬间抖动的现象，如果不加以去除会造成系统的误遥信，主要应从以下方面进行处理：

（1）检查接地，首先检查配电终端装置外壳和电源模块是否可靠接地，若没有接地则做好接地。

（2）检查设置，检查配电终端防抖时间设置是否合理，可以适当延长防抖时间 200ms 左右。

（3）二次回路检查，同时检查该二次回路连接点是否牢固，螺丝是否拧紧，压线是否压紧。

（4）二次回路短接，将配电终端误发遥信的二次回路在辅助回路处进行短接后进行观察。

（5）主站观察及实验室测试。在配电主站监视该配电终端误信号，在二次回路短接之后，7 天内是否有继续发生遥信误报，如果遥信误报消失，则更换开关辅助接点后观察 7 天，如果遥信误报仍然存在，则配电终端可能存在电磁兼容性能不过关的情况，需对配电终端重新进行电磁兼容性测试。

五、终端遥控缺陷处理

配电终端遥控信息异常，主要是指配电终端对遥控选择、遥控返校、遥控执行等命令的处理异常。

1. 遥控选择失败的处理

遥控选择是遥控过程的第一步，是由配电主站向配电终端发选择报文，如果报文下发到装置后，装置无任何反应，说明遥控选择失败，通常的可能性如下：

（1）配电主站五防逻辑闭锁。配电主站设置有五防逻辑闭锁功能，如带接地开关和断路器，带负荷电流拉开关，导致误停电。

（2）配电主站与配电终端之间的通信异常，可以在通信网管侧查看通信终端是否在线，应确保终端在线与主站通信正常前提下，进行遥控操作。

（3）配电终端处于就地位置。

　　配电终端面板上有"远方/就地"切换把手，用于控制方式的选择，"远方/就地"切换至"远方"时可进行遥控操作，切换至"就地"就只可在终端就地操作，"远方/就地"切换至"就地"时就会出现遥控失败的现象，将其切"远方"即可。

　　（4）CPU 板件故障。关闭装置电源，更换 CPU 板件。

　　2. 遥控返校失败的处理

　　在配电主站遥控选择指令下发成功后，在配电终端形成遥控返校，总体来说遥控返校失败的原因主要如下：

　　（1）遥控板件故障。遥控板件故障会导致 CPU 不能检测遥控返校继电器的状态，从而发生遥控返校失败，可关闭装置电源，更换遥控板件。

　　（2）遥控加密设置错误，密钥对选择错误。

　　3. 遥控执行失败的处理

　　（1）遥控执行继电器无输出。如果终端就地控制继电器无输出，则可判断为遥控板件故障，可关闭装置电源，更换遥控板件。

　　（2）遥控执行继电器动作但端子排无输出。检查遥控回路接线是否正确，其中遥控公共端至端子排中间串入一个硬结点——遥控出口压板，除检查接线是否通畅外，还需检查对应压板是否合上。

　　（3）遥控端子排有输出，但开关电动操作机构未动作，检查开关电动操作机构。

六、终端二次回路缺陷处理

　　1. 电流互感器二次回路开路故障

　　（1）故障现象。电流互感器二次回路单相开路时，开路相无电流，导致二次设备采集的电流缺相，通常对于保护设备来说，由于三相电流不平衡，零负序电流长期存在会导致保护装置出现异常信号，对于测量设备来说，由于电流缺相会导致监控潮流异常，更重要的是二次回路长期开路会造成电流互感器铁芯饱和，引起铁芯振动和发热，导致二次绝缘击穿，危及人身和设备安全。

　　（2）故障原因。常见的电流互感器二次回路开路故障原因有：电流端子连片开路；二次电缆在端子排处错接入空端子；N 回路连片在端子排上开路；二次接线在保护装置背板。

　　（3）故障处理方法。首先应检查各保护、测控设备以及电度表的采样值是否异常，确定异常相后，应在各端子排和装置背板上检查连接处是否有明显断点和烧糊痕迹，如无明显痕迹可寻，应依次在端子排、设备背板处对异常相进行通流试验来查找断开点。如果断线发生在 N 回路接线时，在正常运行时由于三相电流平衡，N 回路断线难以发现，只有在发生不对称短路时，N 回路中产生的不平衡电流无法流动才会体现出来，只有通过通流时加入单相电流进行检查才能发现。

　　2. 电压互感器二次回路短路故障

　　（1）故障现象。电压互感器二次回路短路时，会导致二次设备采集的电压缺相。通常对于保护设备来说，由于三相电压不平衡，会导致保护设备报 TV 断线装置异常信号，对于测量设备来说，由于电压回路短路，调度端监视到电压为零，会导致监控潮流异常，更为严重的是，如果电压互感器二次短路发生在零序电压回路，由于该回路正常运行时无不平衡电压，不对称故障时才会感应零序电压，因此正常运行时零序回路短路基本无法监测，但是不平衡故障时产生的零序电压在短路情况下会导致电压互感器饱和，二次回路流过大电流烧毁电压互感器。

（2）故障原因。电压互感器短接的情况常发生在零序回路上，由于零序电压回路是由三相电压回路串接组合而成，常常发生零序电压 L630 与 N600L 电缆被误短接。

（3）故障处理方法。电压互感器三相回路短接时，首先查看保护测量设备的采样值是否异常，确定异常相后，首先从电压互感器远端开始沿着电缆走向向末端排查，依次在各接口端子排和装置背板上解开对接电缆，然后用万用表测量解开末端电缆后，源端侧的电压互感器电压是否恢复，如果电压恢复，短路点在后一级回路上如果仍未恢复，那么短路点应在上一级和本级回路之间。

3. 直流回路短路接地故障

（1）故障现象。直流回路发生接地时，直流回路对地绝缘电阻值降低，可能会导致保护装置电源达不到电压标准值范围而引起装置故障。

（2）故障原因。直流接地常常发生在雨天，一次设备机构环网柜因潮湿进水导致电缆绝缘降低而引起接地故障发生，也存在由于电缆破损或者寄生回路靠近屏柜导致接地发生。

（3）故障处理方法。根据接地现象采取分级排查原理，例如开闭站的直流接地的查找，首先应检查直流绝缘巡检仪上报的接地支路，然后确认采用该支路电源的二次电缆敷设情况，通过拉开下级空开的方法来检查绝缘是否恢复，如果绝缘恢复则可确定接地故障发生在该空开的下级回路上，合上该空开后再逐个拉下级空开，检查绝缘是否恢复来确认接地故障在哪个空开下。当确定空开后，再结合现场设备的实际运行情况，通过各信号操作回路的定义，用万用表测量各二次电缆的电位是否与实际一致，如果发现某二次电缆电位异常，在端子箱和主控室断开两端电缆，检查绝缘是否恢复，如果确由该电缆引起，首先判断是否是因天气原因或破损接地导致，若为天气导致则用电吹风进行烘干，若为寄生回路或破损接地导致则剔除寄生回路，包裹破损部位。

4. 控制回路断线故障

（1）故障现象。控制回路断线时，保护设备装置报告警信号，同时监控后台报"控制回路断线"告警信号，在配电终端处监视不到开关位置。

（2）故障原因。控制回路断线发生的原因较多，开关 SF_6 气压低，操作回路继电器烧毁、弹簧未储能、操作电源消失等情况都会引起控制回路断线故障发生。

（3）故障处理方法。处理此类故障时，首先在监控后台调出控制回路断线信号发生时，伴随发生的相关告警信号，如果同时发生的有 SF_6 气压低告警、弹簧未储能、操作电源消失等信号，那么可以先排查控制回路断线告警是否由上述信号导致的，如无相关信号发生，那么需要检查操作回路是否有异常，先用万用表检查合闸回路和跳闸回路是否电位正常。当开关在合位时跳闸回路应带负电，当开关在分位时，合闸回路应带负电，如果电位正常，那么故障点应在操作板上，对操作板进行更换，如果电位不正常，那么故障点应在开关机构处，需按照二次回路接点依次进行进一步的检查，最终确定故障是由操作回路上哪一个元件引起的。

七、终端电源缺陷处理

常见的电源回路异常，主要包括主电源回路异常和后备电源异常，以下针对各类异常情况，进行原因分析，并提出相应的解决办法。

1. 主电源回路异常的处理

主电源回路异常包括交流回路异常、电源模块输出电压异常等。

处理方法是分别测量 TV 柜、终端屏柜接线端子电压，以确定问题所在。如果电源模块输入异常即交流回路异常，需按以下步骤进行检查：

（1）检查交流空气开关是否跳闸，或者熔丝是否完好，若没跳闸且熔丝没问题，检查电源回路是否有故障。

（2）若空气开关正常，检查确认 TV 所在线路是否失电。

（3）若线路有电，检查 TV 柜侧二次端子是否有电。

（4）若 TV 柜侧有电，检查终端屏柜侧端子排是否有电。

（5）若端子排有电，检查空气开关导线是否有松动，空气开关是否坏掉，以及中间继电器是否正常。

（6）如果电源模块输入正常但输出异常，就需检查电源模块接线和模块本身是否损坏。

2. 后备电源异常的处理

后备电源异常主要是指交流失电后后备电源不能正常供电。

其主要原因是：（1）蓄电池本体故障；（2）AC/DC 电源模块后备电源管理出现故障。

其处理方法是：查看蓄电池接线是否松动、蓄电池是否有明显漏液或损坏，排查后若无接触不良或损坏；查看蓄电池输出电压是否正常，是否存在"欠压"；如果蓄电池电压正常，则可判定为 AC/DC 模块故障。

八、终端通信缺陷处理

配电终端通信通道异常表现为，主站与终端无法正常通信，引起终端掉线或者频繁投退，通信信道异常可能是由于物理通信链路出现异常造成的，也可能是通信设备或配置不当造成的，配电终端通信异常原因比较多样化，需要分段排除。

1. 通信通道异常处理

配电终端通信异常，一般由主站发现并发起异常处理流程，为了更快地对配电自动化系统通信异常进行处理，可将配电主站到中间的通信链路区段分为配电主站到通信主站核心交换机、通信主站与终端侧通信终端、配电终端通信接口等。

（1）首先通信维护人员核查通信网管系统，核查通信终端是否有异常告警信号。

（2）对于单个配电终端通信异常，可由现场运维人员到现场检查终端网口是否正常通信，网络线是否完好，网络交换机工作是否正常，还要检查网络参数配置的正确性，并正确配置路由器，合理分配通信用 IP、子网掩码，并正确配置网关地址。

（3）对于某条线路出现终端同时掉线的情况，可在网管系统判断是否出现 OLT 设备故障告警信息，如无则可判断为通信光缆被破坏，需要通信运维人员到现场进行确认，并尽快恢复。

（4）对于主站系统内所有终端出现同时掉线的情况，基本可判断配电主站到通信主站之间的链路或核心交换机设备故障，应由主站运维人员与通信运维人员协同处理。

2. 终端通信接口异常处理

（1）RS232通信口通信失败。确认通信电缆正确并与通信口（RS232）接触良好，使用终端后台维护工具通过维护口确认通信规约、波特率、终端站址配置正确。若通信仍未建立，立即按复位按钮，持续大约2s，使终端复位。

（2）网络通信失败。确认通信电缆正确并与网络口（TCP/IP）接触良好，可观察网络收发及链路指示灯是否正常，使用USB维护口工具读取IP设置，确认IP设置的正确性。通过PC机采用Ping命令，测试设备网络是否正常，若通信仍未建立，立刻按复位按钮持续大约2s，使终端复位。

第四部分

配电网故障分析及处理

第七章

配电网故障分析及继电保护

模块 1 配电网常见故障分析

【学习目标】
(1) 掌握配电网单相接地、相间短路等故障的电气特征。
(2) 能够正确分析故障状态并判定故障类型。

【知识点】

一、配电网故障

配电网故障指导致配电设备（元件）不能按要求正常工作的物理状态，包括绝缘破坏故障与断线故障。绝缘破坏故障是三相导体之间或导体对地之间的绝缘遭到破坏而相互连通；而断线故障是导体断开的现象。配电网在运行过程中不可避免地会发生故障。配电网继电保护的作用就是在故障发生时迅速地切除故障元件，减少故障对配电网的危害和对供电质量的影响；而配电网自动化的作用则是及时地发现故障点的位置，自动隔离故障并恢复非故障线路区段的供电。了解配电网故障的规律与特征，是研究配电网继电保护与配电网自动化中故障处理技术的基础。

（一）配电网故障类型

根据导体之间以及导体对地间绝缘破坏的情况，配电网的故障类型有：

（1）三相故障，指 A、B、C 三相导体之间因绝缘破坏而相互连通，如图 7-1（a）所示，通常采用 $k^{(3)}$ 来表示。由于发生三相故障时，三相电压和电流依然对称，故三相故障为对称性故障。

（2）两相故障，指两相导体之间因绝缘破坏而相互连通，如图 7-1（b）所示，通常采用 $k^{(2)}$ 来表示。

（3）单相对地故障，指一相导体对地之间绝缘破坏而与大地连通，如图 7-1（c）所示，通常采用 $k^{(1)}$ 来表示。

（4）两相对地故障，指两相导体对地之间绝缘破坏而与大地连通，通常采用 $k^{(1,1)}$ 来表示。有两种情况：一种为两相导体在同一地点接地，一种为两相在不同地点接地，如图 7-1（d）所示。两相在不同的地点接地的情况，一般发生在小电流接地配电网中。

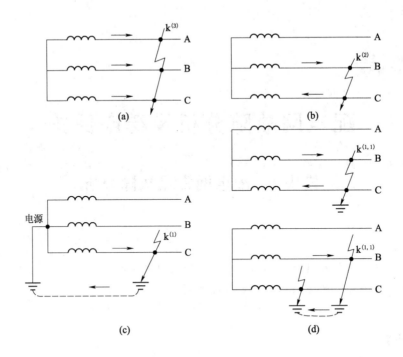

图 7-1　故障类型

配电网中性点分为大电流接地与小电流接地两种方式。大电流接地配电网中所有故障类型和小电流接地配电网中三相故障（包括三相对地）、两相故障以及两相对地故障，都会产生比较大的故障电流，导致保护动作跳闸，一般将这些故障称为短路故障，其中三相故障、两相故障与两相对地故障常被称为相间短路故障。小电流接地配电网中发生单相接地时，接地电流很小，不影响对三相负荷的供电，被认为是一种不正常运行状态，一般称为小电流接地故障。

（二）配电网故障特点

配电网故障的主要特点有下述几个方面。

1. 接地故障比例高，故障电流小

实际配电网的故障绝大多数是单相接地故障，约占总故障的 60%～80%；其次是两相故障（包括对地短接），约 15%；而三相故障的比例最小，不到 5%。

中国以及欧洲大陆、日本等的配电网的中性点大量地采用小电流接地（不接地与谐振接地）方式。小电流接地配电网的单相接地故障电流非常小（在数安培到数十安培之间），而且不稳定，故障的选线定位问题是一个长期困扰供电企业的难题。

中国部分大城市中电缆网络的中性点采用小电阻接地方式，其单相接地故障电流的最大值在 300～1000A，远小于幅值达数千甚至上万安培的相间短路电流。这一特点，也给配电变压器熔断器与出线保护的配合带来了困难。

2. 故障率高

配电网主要分布在人类活动频繁的地区，易受外力破坏，因此其故障率很高。山东某市 2009 年 10kV 配电线路（架空线路 4170km，电缆线路 606km）平均故障跳闸率是 0.11 次/(km·a)（不含重合成功的瞬时性故障）。中国输电线路的平均故障跳闸率在 0.002～0.008 次/(km·a)。可见，配电线路的故障率远远高于输电线路。

3. 瞬时性故障占绝大多数

配电网短路故障（包括小电阻接地配电网中的单相接地短路）中的绝大部分（70%～90%）是瞬时性的，可以通过重合闸避免其引起长时间停电。小电流接地故障中瞬时性故障的比例更高，这与接地电弧在消弧线圈的作用下熄弧率比较高，且故障会在一段时间内多次出现有关。

配电线路中绝大部分故障由雷电、树枝碰线、风力造成导线相互接触、鸟和其他动物落在导线之间以及污秽造成绝缘子闪络等原因引起的，这些故障一般都属于瞬时性的故障。

电缆线路中瞬时性故障的比例相对要少一些，但仍然有一定的比例。不少人认为，电缆绝缘的破坏都是永久性的，因此电缆本体中不存在瞬时性故障。而对实际故障的分析结果并不完全支持这一观点，因为有相当一部分电缆本体中的小电流接地故障电弧能够自熄灭，说明其故障性质是瞬时性的。

4. 故障电弧不稳定

配电网电压等级较低，故障电流也比较小，故障电弧往往不稳定。电弧过零时，电弧会熄灭，而在电压恢复到一定幅值后又重燃。无论是短路故障还是小电流接地故障，都存在电弧不稳定的现象，但小电流接地故障电弧的不稳定现象更严重。在谐振接地配电网中，电压恢复可能需要数十个周波的时间，电弧重燃延迟的时间会比较长，形成间歇性接地故障。

5. 高阻故障比例高

输电网故障的接地电阻或过渡电阻一般不会超过 300Ω，而在配电网故障中则有一定比例的故障的电阻超过 1kΩ，高阻故障通常是由导线坠地、树枝碰线引起的。配电线路因易受到外力破坏、存在雷击烧断线路的情况等原因，导线坠地故障比较多，而且经常是坠落到导电条件不好的混凝土或沥青路面上，所以高阻故障的比例较高。另外，配电网电压等级低，故障电流小，而故障电弧的电阻与电弧电流成反比，这也是配电网高阻故障多的一个重要原因。

对于 10kV 配电线路来说，如果接地电阻大于 1kΩ，即便是中性点直接接地，接地电流也不到 6A。由于高阻故障电流比较小，采用常规的保护方法灵敏度不满足要求，其检测问题是供电企业面临的一大难题。

二、配电网故障特征

配电线路是电力输送的末端，配电线路点多线长面广，路径复杂，设备质量参差不齐，运行环境较为复杂，受气候或地理的环境影响较大，并且直接面对用户端，供用电情况较为复杂，这些都直接或间接影响着配电线路的安全运行。

相对于输变电系统，配电网的故障率远高于输变电系统。配电网运行中，可能发生各种故障和不正常运行状态，对配电网故障进行分类时，主要可以归纳为短路故障和单相接地故障。

短路故障分为两相短路和三相短路。其中，三相短路时回路依旧对称，因而又称对称性故障。电流增大和电压降低是电力系统中发生短路故障的基本特征。

接地故障是指导线与大地之间的不正常连接，包括单相接地故障和两相接地故障。接地故障与中性点接地方式密切相关，相同的故障条件但不同的中性点接地方式，接地故障所表现出的故障特征和后果、危害完全不同。最常用的中性点接地方式分类方法是按单相接地故障时接地电流大小分为大电流接地系统和小电流接地系统两类。中性点采用哪种接地方式主要取决于供电可靠性和限制过电压两个因素。我国 35kV 及以下的系统一般采用中性点不接地或经消弧线圈接地。

（一）中性点不接地系统典型的配电网故障

1. 单相接地故障

正常运行时，三相对地电压是对称的，中性点对地电压为 0，电网中无零序电压。由于各相对地电容相同，在相电压的作用下，各相电容电流相等且超前于相电压 90°。

当发生单相接地故障时，三相电路对称性受到破坏，此时不形成短路回路，只是通过线路对地电容形成容性电流回路，故障电流很小，不要求保护装置动作，允许配电网带故障运行 1～2h。然而，此时配电网中性点电压发生了偏移，导致非故障相电压升高。如 A 相发生金属性单相接地故障，A 相对地电压变为 0，其对地电容被短接，B 相和 C 相对地电压升高为 1.732 倍，对地电容电流相对增大，流过接地点的电流为所有线路对地电容电流之和。

金属性单相接地故障具有以下特点：

（1）故障相电压降低为 0，非故障相电压升高为线电压。

（2）中性点电压升高为相电压。

（3）故障电流为电容电流，幅值非常小，可以忽略不计。

2. 两相短路故障

配电网两相短路是指配电网线路任意两相发生直接短路或经过渡电阻短路。两相短路故障属于非对称性短路故障，具体配电网中当系统发生两相短路障时，故障相间产生较大的对称性故障电流，故障相电压降低。

金属性两相短路故障具有以下特点：

（1）短路电流和电压中不存在零序分量。

（2）两故障相中的短路电流的绝对值相等，方向相反，幅值增大。

（3）短路时非故障相电压在短路前后不变，两故障相电压总是大小相等，数值上为非故障相的一半。

（4）故障相电压相位与非故障相电压相位相反。

3. 两相接地短路故障

配电网系统任意两相发生金属性接地短路故障时，相当于将单相接地和两相短路故障叠加，通过接地相对地电容形成容性电流回路，系统中性点电压发生偏移。故障相电流增大，电压减小为 0。

金属性两相接地短路故障具有以下特点：

（1）故障两相电流幅值增大，相位相反；两相电压降低为地电位。

（2）非故障相对地电压将升高为额定电压的 1.5 倍。

（3）系统中出现零序电压，由于是小电流接地系统，零序电流幅值非常小，可以忽略不计。

4. 三相短路故障

配电网三相短路故障是指三相发生短路，相当于上一级变压器低压侧三相短接，故障电流较大。配电网系统三相短路故障属于对称性故障，其具有以下特点：

（1）三相电流增大，三相电压降低。

（2）没有零序电流、零序电压。

（3）故障态的电压与电流仍然保持对称。

（二）经消弧线圈接地的配电网故障

1. 单相接地故障

正常运行时，三相对地电压存在一定的不平衡电压 U_0，一般为系统额定电压 U_n 的 0.5% 由于各相对地电容相同，在相电压的作用下，各相电容电流相等且超前于相电压 90°。

消弧线圈连接于中性点到大地之间（如果配电网变压器绕组采用三角形连接，没有中性点，可通过接地变压器引出中性点）。由于消弧线圈与配电网对地电容为串联状态，对中性点电压有谐振放大效应，中性点电压一般会大于系统不平衡电压 U_0。根据规程规定，中性点电压小于 15%U_n，一般通过将消弧线圈调偏谐振点或串联阻尼电阻等措施，限制中性点电压。

当发生单相接地故障时，三相电路对称性受到破坏，不平衡电压上升为系统额定电压，通过中性点消弧线图与线路对地电容形成并联电流回路。感性电流补偿容性电流，补偿后零序电流很小，不要求保护装置动作，允许配电网带故障运行 1~2h。此时配电中性点电压发生了偏移，变化的大小与接地阻抗相关，非故障相电压升高。如 A 相发生金属性接地故障，A 相对地电压变为 0，其对地电容被短接，B 相和 C 相对地电压升高为 1.732 倍，流过接地点的电流为所有线路对地电容电流与消弧线圈感性电流之和。一般消弧线圈设置为过补偿状态，脱谐度一般为 2%~15%，消弧线圈感性补偿电流略大于容性电流。

由此可见，故障线路的零序电流在相位上与零序电压相比，与消弧线圈过补偿、欠补偿状态相关，幅值与正常线路无固定的大小关系。因此，通过消弧线圈接地系统，难以通过简单的比幅比相实现故障选线功能。

通过消弧线圈接地系统的金属性单相接地故障具有以下特点：

（1）故障相电压降低为 0，非故障相电压升高为线电压。

（2）中性点电压升高为相电压。

（3）故障电流为消弧补偿电容电流后的残流，一般小于 10A，实现熄灭电弧的功能。

2. 两相短路故障

两相短路故障或两相接地短路故障，零序电压和零序电流为 0 或非常小，消弧线圈无影响或可忽略，可参照中性点不接地系统配电网故障特征。

3．三相短路故障

三相短路故障无零序电压和零序电流，与消弧线圈无关联，可参照中性点不接地系统配电网故障特征。

（三）中性点经小电阻接地的配电网故障

1．单相接地故障

正常运行时，三相对地电压存在一定的不平衡电压 U_0，一般为系统额定电压 U_n 的 $0.5\%\sim1.5\%$。由于各相对地电容相同，在相电压的作用下，各相电容电流相等且超前于相电压 $90°$。

低电阻连接于中性点到大地之间（如果配电网变压器绕组采用三角形连接，没有中性点，可通过接地变压器引出中性点），低电阻的阻值一般在 10Ω 以内。由于低电阻与配电网对地电容为串联状态，对不平衡电压 U_0 分压，因此中性点电压一般会小于系统不平衡电压 U_0。

当发生单相接地故障时，三相电路对称性受到破坏，不平衡电压上升为系统额定电压，通过中性点低电阻与线路对地电容形成并联电流回路，由于低电阻远小于对地电容阻抗，零序电流主要为阻性电流，根据电阻大小，一般可达 $400\sim1000A$，触发零序保护装置动作，快速切除故障线路，恢复系统正常运行。接地故障发生时，配电网中性点电压发生了偏移，变化的大小与接地阻抗相关，非故障相电压升高。如 A 相发生金属性单相接地故障，A 相对地电压变为 0，其对地电容被短接，B 相和 C 相对地电压升高为 1.732 倍，故障线路的零序电流为阻性电流与容性电流的和。

通过小电阻接地系统的金属性单相接地故障具有以下特点：

（1）故障相电压降低为 0，非故障相电压升高为线电压。

（2）中性点电压升高为相电压。

（3）故障电流为阻性电流与容性电流的和，一般大于 $400A$，触发零序保护动作切除故障线路。

2．两相短路故障

两相短路故障或两相短路接地故障，零序电压和零序电流为 0 或非常小，中性点低电阻无影响或可忽略，可参照中性点不接地系统配电网故障特征。

3．三相短路故障

三相短路故障无零序电压和零序电流，与中性点低电阻无关联，可参照中性点不接地系统配电网故障特征。

【案例分析】

一、典型的瞬时性接地故障案例

（一）故障简述

2019 年 7 月 10 日，某公司 DL 变电站小电流接地故障选线装置监测多条接地故障选线信息，选线结果均为 615GZ 线接地故障。通过故障记录可以分析该接地故障为间歇性的多次持续时间较短的故障，其中 8 次超过 3s 的记录，通过综自系统上报，其他为不超过 3s 的瞬时性故障记录。图 7-2 为其中部分故障记录。

故障号	故障发生时间	故障线路	故障类型	持续时间	所属母线
109	2019-07-10 13:22:30 374ms	615高庄线	瞬时接地	00:00:00 180 ms	1母
108	2019-07-10 13:22:28 237ms	615高庄线	瞬时接地	00:00:00 182 ms	1母
107	2019-07-10 13:22:27 619ms	615高庄线	瞬时接地	00:00:00 240 ms	1母
106	2019-07-10 13:22:24 990ms	615高庄线	瞬时接地	00:00:00 669 ms	1母
105	2019-07-10 13:22:21 337ms	615高庄线	瞬时接地	00:00:00 199 ms	1母
104	2019-07-10 13:22:02 977ms	615高庄线	瞬时接地	00:00:00 320 ms	1母
103	2019-07-10 13:22:01 266ms	615高庄线	瞬时接地	00:00:00 311 ms	1母
102	2019-07-10 13:21:59 262ms	615高庄线	瞬时接地	00:00:00 313 ms	1母
101	2019-07-10 13:21:54 604ms	615高庄线	瞬时接地	00:00:00 211 ms	1母
100	2019-07-10 13:21:52 293ms	615高庄线	瞬时接地	00:00:00 162 ms	1母
99	2019-07-10 13:21:50 625ms	615高庄线	瞬时接地	00:00:00 850 ms	1母
98	2019-07-10 13:21:38 768ms	615高庄线	瞬时接地	00:00:00 420 ms	1母
97	2019-07-10 13:21:38 347ms	615高庄线	瞬时接地	00:00:00 301 ms	1母
96	2019-07-10 13:21:37 468ms	615高庄线	瞬时接地	00:00:00 660 ms	1母
95	2019-07-10 13:21:32 568ms	615高庄线	瞬时接地	00:00:00 280 ms	1母
94	2019-07-10 13:21:28 471ms	615高庄线	瞬时接地	00:00:00 277 ms	1母
93	2019-07-10 13:21:24 289ms	615高庄线	瞬时接地	00:00:00 359 ms	1母
92	2019-07-10 13:20:55 418ms	615高庄线	永久接地	00:00:04 679 ms	1母
91	2019-07-10 13:20:48 019ms	615高庄线	永久接地	00:00:05 759 ms	1母
90	2019-07-10 13:19:25 257ms	615高庄线	瞬时接地	00:00:00 675 ms	1母
89	2019-07-10 13:14:38 426ms	615高庄线	永久接地	00:00:04 050 ms	1母
88	2019-07-10 13:14:20 523ms	615高庄线	永久接地	00:00:06 353 ms	1母
87	2019-07-10 13:10:24 343ms	611鱼池线	永久接地	00:03:33 912 ms	1母

图 7-2　部分故障记录图

(二) 故障波形分析

调取故障记录中一次故障录波图，如图 7-3 所示，可以分析出：故障为高阻故障，零序电压在 18～30V，GZ 线暂态与稳态零序电流最大，并且与其他线路相反，符合故障线路特征。可以判断故障线路确实为 GZ 线，根据故障录波特征怀疑为树木碰触或阻值较大的异物搭接造成的高阻值接地故障。

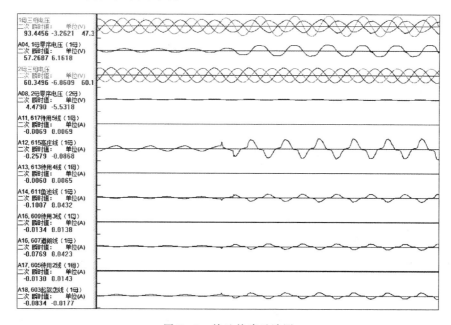

图 7-3　接地故障录波图

（三）故障确认

根据以上故障分析，运行人员巡线确认，GZ 线下游支线与树木安全距离不够，由于当时的风雨天气造成树木不断搭接架空线路，造成多次间歇性的接地故障，现场树枝已被明显灼烧，图 7-4 为单相接地故障点现场拍摄的树枝灼烧处照片。

图 7-4　树枝灼烧单相接地故障点

二、典型的短路故障案例

2019 年 9 月 8 日上午 9：28：30 某市 110kV DL 站某 10kV 架空线路 47D 开关下游 #84 杆处发生 AB 两相短路故障，故障距离在 4.2km 左右，系统阻抗大约 0.53Ω，线路每公里阻抗值为 0.36Ω，理论计算 #84 杆处短路电流值为 2.44kA，实际 47D 终端检测到故障电流为 2.54kA。

（1）现场终端短路故障 SOE 记录，如图 7-5 所示。

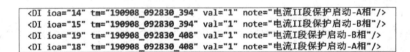

```
<DI ioa="14" tm="190908_092830_394" val="1" note="电流II段保护启动-A相"/>
<DI ioa="15" tm="190908_092830_394" val="1" note="电流II段保护启动-B相"/>
<DI ioa="19" tm="190908_092830_408" val="1" note="电流I段保护启动-B相"/>
<DI ioa="18" tm="190908_092830_408" val="1" note="电流I段保护启动-A相"/>
```

图 7-5　现场终端短路故障 SOE 记录

（2）现场提取的短路故障录波图，如图 7-6 所示。正常运行时，负荷电流 34A 左右，故障时 AB 两相短路电流 2.54kA。

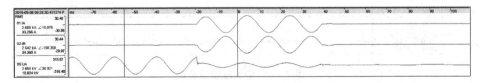

图 7-6　短路故障录波图

模块 2　配电网保护功能及配置

【知识点】

一、配电网继电保护概述

配电网继电保护（简称配电网保护）的作用是切除发生故障的元件（配电线路、配电变压器），保证配电网的安全运行并对用户的正常供电。

（一）配电网继电保护现状

从减少投资以及便于管理维护角度考虑，配电网主要采用工作原理与构成都相对比较简单的电流保护。常用的保护主要有配备了保护装置的断路器、重合器与熔断器。断路器保护主要用于变电站中压线路出口保护、大容量的配电变压器的保护、负荷容量比较大的分支线路保护以及个别长距离架空配电线路的主干线路上的分段开关保护。熔断器主要用于小容量配电变压器保护、负荷容量比较小的分支线路保护。

长期以来，中国配电网保护的配置与整定强调保证变电站设备的安全运行，重点考虑变电站中压配电线路（简称线路）出口断路器处的保护，而对线路上的保护关注不够，如DL/T 584—2007《3kV～110kV 电网继电保护装置运行整定规程》只是对变电站线路出口断路器保护的配置与整定提出了要求，并没有涉及线路的上分支线、中间分段断路器与配电变压器的保护。由于保护配置不完善以及整定配合方面的问题，配电网保护动作的选择性差，造成故障停电范围扩大，例如变电站线路出口断路器保护越级跳闸，即使分支线以及用户系统中的故障，也会造成全线停电。此外，还存在因线路出口故障不能及时切除造成主变压器损坏、跌落式熔断器因开断电流不满足要求而烧毁等问题。

目前，中国许多供电企业在积极实施配电网自动化。配电网自动化一个的主要功能是减小故障停电范围，提高供电可靠性。而就减少故障停电范围的作用来说，配电外自动化是继电保护的延伸与补充。减少故障停电范围，首先应完善配电网的继电保护措施，提高保护动作的选择性。相对于配电自动化，配电网保护的问题还没有引起人们足够的重视。

配电网继电保护的动作性能对配电网的运行安全、故障停电时间以及电压暂降指标有着根本性的影响。制定一个完善配电网保护与配置与整定配合方案，对于保证配电网的安全运行与提高供电质量至关重要。

（二）配电网继电保护原则

根据对继电保护的基本要求（可靠性、选择性、速动性与灵敏性）和配电网故障及其危害的特点，在制订配电网保护配置与整定配合方案（简称保护方案）时，需要坚持以下原则：

(1) 安全性的原则。配电网故障一般不会对系统稳定带来实质性影响，因此，就保证电力系统安全运行来说，配电网保护的作用主要是及时切除故障元件，防止短路电流烧毁配电设备或严重影响其寿命。为防止大短路电流造成电力设备损坏，一些情况下，允许部分牺牲配电网保护的选择性以换取保护的快速动作，例如，在配电线路近区的分支线或配电变压器故障且短路电流超过变电站主变压器绕组动稳定电流时，允许线路出口断路器Ⅰ段电流保护不与下级保护配合，从而快速切除故障。

(2) 服从上级保护的原则。主要是与变电站主变压器保护配合，使主变压器保护在变电站变压器及其引线、中压母线故障时可靠动作，同时能够为下一级配电线路提供远后备保护。例如，线路断路器线路出口Ⅲ电流保护的动作时限不能过大，否则将导致变电站主变压器Ⅲ段电流保护动作时限不满足要求。

(3) 保证供电质量原则，即避免故障引起停电和电压暂降或减少停电范围和电压暂降的持续时间，提高供电质量，减少故障给用户带来的损失。传统的配电网保护强调保证电网本身的安全，而对如何使用户免受故障的影响考虑不够。随着社会的发展与进步，故障引起的停电损失及不良影响越来越大，在制订保护的配置与整定方案时，应充分考虑故障对供电质量（停电与电压暂降）的影响，完善保护配置与整定配合，最大限度地减少故障给用户带来损失。

(4) 经济性原则，要综合考虑故障造成的损失与保护设备的投资，实现社会效益的最大化。

(5) 综合考虑、适当取舍的原则，配电线路有大量的分段开关、分支线开关与配电变压器，为从减少投资以及管理维护工作量，一般采用只反映电流幅值变化的断路器以及熔断器保护，因此难以保证所有的保护都具有绝对的选择性与快速性，只能综合考虑故障对供电质量的影响及其用户的经济损失、保护设备的投资、保护系统的复杂程度、整定配置与管理维护的工作量，在允许牺牲一小部分保护动作的选择性与快速性的情况下，选择一个合理的保护方案。

传统配电网大都是由单一系统电源供电的辐射状网络，即使是双电源环式网络，基本上也都采取开环运行的方式，因此其保护的配置相对较为简单。配电网的故障基本上都伴随着电流的突增，因此配电网的保护主要是电流保护。相间电流保护利用电力系统发生相间短路故障时相电流显著上升的特征实现保护，具有动作迅速、简单可靠、易于整定管理的优点，是配电网中一种主要的保护形式。放射式配电线路相间短路的电流保护包括三段式电流保护、反时限过电流保护。

二、三段式电流保护

三段式电流保护是放射式线路的一种基本的相间短路保护。它包括瞬时电流速断保护、限时电流速断保护以及定时限过电流保护，通常分别称为Ⅰ段、Ⅱ段及Ⅲ段保护，这三种电流保护区别在于按照不同原则来整定启动电流和动作时限。

（一）瞬时电流速断保护

瞬时电流速断保护，简称电流速断保护，在检测到电流超过整定值时立即动作发出跳闸命令。其工作原理图如图 7-7 所示。

图 7-7 电流速断保护的工作原理图

瞬时电流速断保护电流定值的整定原则是躲过本线路末端的最大短路电流。如图 7-7 所示放射式配电线路，在线路 L_1 和 L_2 的首端均装设了瞬时电流速断保护，即保护 1 和保护 2。为保证选择性，当线路 L_2 首端 k_2 点发生短路时，保护 1 的瞬时电流速断保护不应该动作，所以，保护 1 的动作电流 $I^I_{set.1}$ 应大于本线路末端母线 B 处短路时可能出现的最大短路电流，即母线 B 处在最大运行方式（电源阻抗最小）下的三相短路电流 $I^{(3)}_{k.B.max}$，即

$$I^I_{set.1} = K^I_{rel} I^{(3)}_{k.B.max} \tag{7-1}$$

式中：K^I_{rel} 为可靠系数，取 $1.2 \sim 1.3$。

瞬时电流速断保护的动作时间为电流继电器及出口中间继电器固有动作时间，在 $10 \sim 40ms$。瞬时电流速断保护对被保护线路内部故障的反应能力（即灵敏性），用保护范围的大小来衡量，通常用线路全长的百分数来表示。当出现配电网最小运行方式（电源阻抗最大）下的两相短路时，电流速断的保护范围为最小。一般情况下，应按这种运行方式和故障类型来校验其保护范围。

瞬时电流速断保护的优点是动作迅速，有利于缩短故障引起的电压暂降持续时间。由于短路电流受系统运行方式（电源阻抗）、故障电阻、故障类型等因素影响，按照式（7-1）整定的瞬时电流速断保护显然不能保护线路的全长。特别是在配电网中，配电线路长度比较短，上下两级电流保护安装处的短路电流相差不大。由于上级瞬时电流速断保护的电流定值的选择要保证在下一级保护范围故障时不能越级跳闸，因此，往往因为在本线路故障时短路电流小于整定值而没有任何保护区，无法起到保护作用。

（二）限时电流速断保护

由于瞬时电流速断保护不能保护本线路全长，因此必须再装设一套带时限的电流速断保护，称为限时电流速断保护，其主要任务是切除被保护线路上瞬时电流速断保护区以外的故障。为了保证动作的选择性，本线路的限时电流速断保护的动作电流与动作时间均必须跟相邻下一级线路的瞬时电流速断保护配合。如图 7-8 所示，母线 A 处的限时电流速断保护的动作电流应与母线 B 处的瞬时电流速断保护的动作电流相配合，即

$$I^{II}_{set.1} = K^{II}_{rel} I^I_{set.2} \tag{7-2}$$

式中：K^{II}_{rel} 为可靠系数，取 $1.1 \sim 1.2$。

图 7-8 带时限电流速断保护的工作原理图

保护 1 的限时电流速断保护的动作时限 t^{II}_1 应比保护 2 瞬时电流速断保护的动作时限

t_2^{I} 大一个时限级差 Δt，即

$$t_1^{\mathrm{II}} = t_2^{\mathrm{I}} + \Delta t \qquad (7-3)$$

Δt 要确保下一线路速断保护范围内发生故障时，本母线处保护不会在下一线路速断保护动作切除故障之前误动作，它应该包括断路器跳闸时间以及一定的裕度，通常取为 0.5s。随着技术的发展，保护及断路器动作速度以及动作定时控制精度有了很大的提高，为了缩短故障持续时间，减少故障引起的电压暂降对用电设备的影响，人们倾向于将 Δt 选得更小一些，如选为 0.3s 甚至更短。

在图 7-8 中，线路 L$_1$ 的限时电流速断保护延伸到线路 L$_2$ 的长度为 BQ，线路 L$_2$ 瞬时电流速断保护的保护长度为 BN，为防止线路 L$_1$ 的限时电流速断保护越级跳闸，要求 BQ 小于 BN。当在 BQ 线段内发生短路时，线路 L$_2$ 的瞬时电流速断保护和线路 L$_1$ 的限时电流速断保护均起动，但因 L$_1$ 的限时电流速断保护比 L$_2$ 的瞬时电流速断保护的整定时间大 Δt，故 L$_2$ 的瞬时电流速断保护先动作，切断故障线路，从而保证了选择性。

为了能够保护本线路的全长，要求限时电流速断保护必须在系统最小运行方式下，线路末端发生两相短路时，具有足够的反应能力，这个能力通常用灵敏系数 K_s 来衡量。

对线路 L$_1$ 的限时电流速断保护而言，应采用系统最小运行方式下线路 L$_1$ 末端母线 B 上发生两相短路时的短路电流计算灵敏系数。设此电流为 $I_{\mathrm{k.B.min}}$，求出灵敏系数为

$$K_s = \frac{I_{\mathrm{k.B.min}}}{I_{\mathrm{set.1}}^{\mathrm{II}}} \qquad (7-4)$$

为了保证在线路末端短路时，保护一定能够动作，对限时电流速断保护应要求 $K_s \geqslant 1.3 \sim 1.5$。

限时速断保护克服了速断保护不能保护线路全长的缺点，同时也在下一级瞬时电流速断保护拒动时起到后备保护作用。当线路上装设了瞬时电流速断和限时电流速断保护以后，它们联合工作就可以保证全线路范围内的故障都能够在设定的时限（<0.5s）内予以切除，在一般情况下都能够满足速动性的要求。具有这种性能的保护称为该线路的"主保护"。

（三）定时限过电流保护

定时限过电流保护的作用是作为本线路主保护的近后备保护，并作为下一级相邻线路的远后备保护，不仅能保护本线路全长，而且也能保护相邻下一级线路全长。

为保证在正常运行情况下过电流保护绝不动作，显然过电流保护的启动电流必须整定得大于该线路上可能出现的最大负荷电流 $I_{L.\max}$。另外一个要考虑的因素是外部故障切除后保护是否能够返回的问题。在线路上有电动机负荷时，被保护线路下游线路故障时，母线电压下降将造成电动机被制动，故障切除后，母线电压恢复，电动机将有一个自启动过程，自启动电流大于正常工作电流，过电流保护要在自启动电流下能够可靠返回，因此，过电流保护返回电流（一次值）应为

$$I'_r = K_{\mathrm{rel}}^{\mathrm{III}} K_c I_{L.\max} \qquad (7-5)$$

式中：K_{rel} 为可靠系数，可取为 1.15～1.25；K_c 为自启动系数，代表最大自启动电流与最大负荷电流的倍数。

过电流保护返回电流小于动作电流，返回电流与动作电流之比用返回系数 K_{re} 表示，

因此，求出过电流保护整定值为

$$I_{\text{set}}^{\text{III}} = \frac{1}{K_{\text{re}}} I'_{\text{re}} = \frac{K_{\text{rel}}^{\text{III}} K_{\text{c}}}{K_{\text{re}}} I_{\text{L.max}} \qquad (7-6)$$

式中：K_{re} 为返回系数，一般取为 0.85。

为保证选择性，对于单侧电源放射式配电线路，过电流保护的动作时限应按阶梯性原则选择，即从负荷侧到电源侧逐级增大动作时限。

如图 7-9 所示放射式配电线路，在保护 1、2、3 处过电流保护动作时限分别为 t_1、t_2、t_3，彼此间的整定时限关系为

$$t_2 = t_3 + \Delta t$$
$$t_1 = t_2 + \Delta t = t_3 + 2\Delta t \qquad (7-7)$$

式中：Δt 为动作时限级差，一般选为 0.5s 或 0.3s。

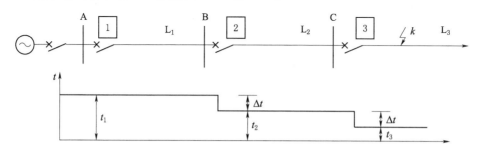

图 7-9　单侧电源放射式配电线路的过电流保护动作时限选择示意图

可见，对于靠近电源端的过电流保护来说，不管短路电流多大，其动作延时都是很长的，因此，过电流保护仅用作本线路和相邻元件的后备保护。由于它作为相邻元件后备保护的作用是在远处实现的，因此是属于远后备保护。对于配电网的过电流保护来说，动作延时并不长，因此，它就可以作为主保护兼后备保护，而无须再装设电流速断及限时速断保护。

过电流保护装置的灵敏度应按系统最小运行方式下保护区末端的最小两相短路电流来校验。规程规定，作为远后备时，要求 $K_{\text{s}} \geqslant 1.2$；作为近后备时，要求 $K_{\text{s}} \geqslant 1.3 \sim 1.5$。当灵敏度不满足要求时，一般采用低电压闭锁的过电流保护来提高其灵敏度。

三、反时限过电流保护

三段式电流保护采用固定的电流定值与时间定值的配合实现选择性。电流定值的配合适用于线路上首末端短路电流差异较大的场合，而时间定值的配合会导致靠近电源的保护动作延时过大。

反时限过电流保护是保护的动作时间与保护输入电流大小有关的一种保护；电流越大，动作时间越短；电流越小，动作时间越长。它是一种具有自适应能力的保护方式，能够很好地防止冷启动电流引起的误动，并可在保证选择性的情况下，使靠近电源侧的保护具有较快的动作速度；其动作特性与导体的发热特性相匹配，特别适合用作配电变压器、电动机等电气设备的热保护；用于配电线路保护时，有利于和下游分支线路与配电变压

器、电动机的熔断器保护进行配合。鉴于其这些优点，反时限过电流保护在美国、英国等国被大量的用作配电线路的主保护。

1. 启动电流定值的整定

反时限过电流保护起动电流定值 I_s 整定原则与定时限过电流保护一致，即躲过线路的最大负荷电流。要求灵敏系数在本线路末端故障时不小于 1.5，在下一级相邻线路末端故障时灵敏一般不小于 1.2。上下级反时限过电流保护的起动电流定值应配合，上一级保护的起动电流定值应是下一级保护的 1.1～1.2 倍。对于单向供电的放射形线路来说，这一条件一般是能够得到满足的。

2. 反时限动作特性曲线的整定

首先根据保护的应用场合，在标准动作特性曲线类型中，选择一种所需要的特性曲线类型，即确定参数 k、c 与 α 的值，例如采用极端反时限特性曲线类型，选择 $k=80$，$c=0$，$\alpha=2$。然后，根据上下级保护动作时限配合的需要，选择动作时间系数 K_{TMS}。

对于安装在末端线路的反时限过电流保护来说，将其最小动作时限 t_D 设定为保护的固有动作时间 t_0，动作时间系数 K_{TMS} 的计算公式为

$$K_{TMS} = \frac{t_0}{\dfrac{k}{\left(\dfrac{I_D}{I_S}\right)^{\alpha}-1}+c} \tag{7-8}$$

对于上游线路的反时限过电流保护来说，动作时间系数 K_{TMS} 的选择原则是：在下一级线路首端发生短路且短路电流最大时，动作时间比下一级保护大一个时间级差 Δt（不小于 0.3s）。设下一级线路出口最大短路电流为 $I_{k.n.max}$，在此电流的作用下，下一级保护的动作时间为 t_n，本级保护的动作时限应整定为（$t_n+\Delta t$），由此得到本级保护的动作时间系数 K_{TMS} 的计算公式为

$$K'_{TMS} = \frac{t_n+\Delta t}{\dfrac{k}{\left(\dfrac{I_{k.n.max}}{I_S}\right)^{\alpha}-1}+c} \tag{7-9}$$

下面以图 7-10（a）所示单侧电源放射形线路为例，说明上下级反时限过电流保护的动作特性的配合关系。保护选用极端反时限特性，设保护 1 与 2 的起动电流定值 I_{S1} 与 I_{S2} 分别为 900A 与 400A（指一次电流定值），限时动作电流的下限值均设定为 20 倍的启动电流。将保护 2 的最小动作时限设定为保护的固有动作时间 0.05s，根据式（7-9）计算出保护的动作时间系数 $K_{TMS2}=0.25$，得出保护 2 动作特性如图 7-10（b）中的曲线 2 所示（采用对数坐标）。假设线路 L_2 出口最大短路电流 $I_{k.B.max}$ 为 6kA，根据此电流计算出保护 2 的动作时间为 0.09s，而在此电流的作用下，保护 1 的动作时间应该比保护 2 的动作时间多一个时间级差 Δt（0.3s），因此，保护 1 的动作时间应为 0.39s，由此计算出保护的动作时间系数 $K_{TMS1}=0.21$，保护 1 的动作特性如图 7-10（b）中的曲线 1 所示。

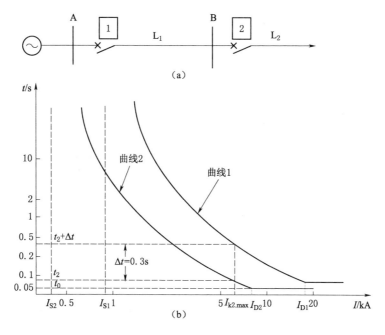

图 7-10 单侧放射形线路反时限过电流保护配合示意图

（a）放射式配电线路；（b）保护 1 与 2 的反时限保护特性曲线

从图 7-10（b）可以看出，在保护 1 的输入电流大于线路 L_2 出口最大短路电流时，其动作时间低于 0.39s。而在靠近线路 L_1 首端发生短路时，短路电流一般要大于线路 L_2 出口的最大短路电流，从而可以较快的速度切除故障。

实际系统中，反时限过电流保护除与下一级反时限电流保护配合外，还可能与下一级瞬时电流速断保护或熔断器保护配合。

四、多级级差保护的配置原则

（一）二级保护配置

图 7-11 给出了典型的架空配电线路结构与二级保护配置方案，主干线路采用负荷开关分段，分支线路采用负荷开关。第一级保护是变电站线路出口断路器保护（简称线路出口保护），保护配置有两种情况，一种是配置电流 I 段与 III 段保护，再就是将电流 I 段保护退出运行，配置电流 II 段与 III 段保护。第二级保护是配电变压器保护。小容量配电变压器（＜800kVA）采用跌落式熔断器保护；大容量配电变压器采用断路器保护，一般配置电流 I 段与 III 段保护或反时限过电流保护。

二级保护配置比较简单，整定与维护方便，但存在难以兼顾保护动作的选择性与速动性的问题。

许多供电企业为线路出口断路器配置电流 I 段保护，其电流定值按照继电保护装置运行整定规程给出的躲过线路末端最大短路电流的原则来整定。这样，在 I 段保护区内的配电变压器发生故障时，线路出口保护可能会越级跳闸，造成停电范围扩大。

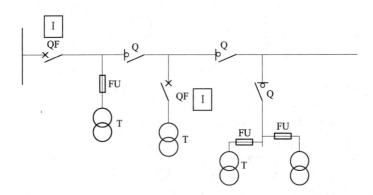

图 7-11　典型架空配电线路结构及其二级保护配置方案

（二）三级保护配置

三级保护配置是在二级保护的基础上增加分支线断路器或熔断器保护（简称分支线保护），如图 7-12 所示。三级保护配置的出发点避免在分支线发生故障时线路出口保护越级动作，造成主干线路停电，但前提是线路出口 I 段保护退出运行，而且实际系统中分支线保护要同时实现与上下级保护的配合也比较困难。

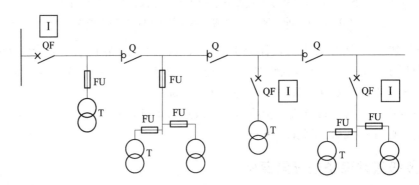

图 7-12　三级保护方案

在分支线负荷电流较小时可以采用熔断器保护。跌落式熔断器可以在 50ms 的时间内清除大短路电流故障，有利于与上级保护配合，缩短上级保护的动作时限。例如，分支线熔断器与下游配电变压器熔断器配合，在下游配电变压器入口故障时，配电变压器熔断器在 60ms 内清除故障；分支线熔断器在配电变压器入口故障时不动作，在分支线路上故障时可以在 150ms 内切除故障；这种情况下，线路出口保护动作时限在 200ms 以上，就可能避免其在分支线故障时越级跳闸。而在实际工程中，对分支线熔断器与下游配电变压器保护以及上级线路出口保护的配合考虑不够，达不到应有的动作效果。

如果分支线采用断路器保护，只能配置 I 段保护，以避免线路出口保护动作时限过长。而分支线 I 段保护难以实现与下游配电变压器保护的有效配合，在配电变压器发生故障时可能造成整个分支线停电，需要通过分支线断路器重合闸来纠正。

如果配置了断路器保护的分支线不同时配置重合闸，或者分支线采用熔断器保护但线路出口自动重合闸采用后加速保护，则在分支线发生瞬时性故障时也会造成分支线长时间停电，可能导致整个线路上用户遭受的实际平均停电时间加长。

【案例分析】

一、配电网接地故障暂态方向保护快速就近隔离案例

（一）故障简述

某公司 110kV DH 变电站安装了小电流接地故障选线保护装置，与线路上安装的一二次融合成套断路器共同组成单相接地故障暂态方向保护系统，实现接地故障的就近快速隔离。2019 年 7 月 27 日 5 时 3 分，公司调度监测到 110kV DH 变电站零序电压异常信号，同时供服中心收到 110kV DH 变电站 MT 线 SL 支-01 开关动作信号。MT 线 SL 支线结构如图 7-13 所示。

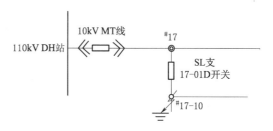

图 7-13　MT 线 SL 支线结构图

（二）故障点确认

运行人员直接前往该支线，发现 MT 线 SL 支线 #10 杆跨接导线搭到避雷器地线，导致永久接地故障，故障点已被上游 MT 线 SL 支线 01 开关隔离。图 7-14 为 SL 支线 #10 杆跨接线故障点照片。

图 7-14　SL 支线 #10 杆跨接线故障点

（三）开关动作分析

基于暂态方向技术原理的保护终端详细记录了开关动作过程及故障波形，终端保护动作记录如下：

（1）5 时 3 分 15 秒 961 毫秒 MT 线 SL 支 01 开关检测到接地故障，通过暂态方向法判断故障点在本开关下游，启动接地故障保护计时，延时 11s 保护动作。终端接地故障录波如图 7-15 所示。

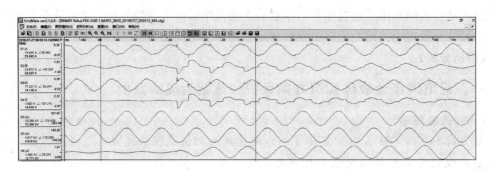

图 7-15　接地故障录波

（2）5 时 3 分 28 秒 41 毫秒开关动作跳闸后延时 1s 执行重合闸操作，5 时 3 分 28 秒 102 毫秒终端检测到重合到故障，后加速跳闸，切除故障支线。重合闸到故障时，终端记录的故障录波如图 7-16 所示。

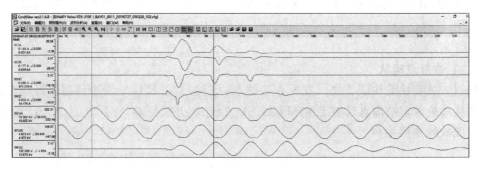

图 7-16　重合闸到故障的录波

此次接地故障的处理充分体现了暂态方向保护技术就近快速隔离故障点在接地故障处理中的优势：

（1）避免了站内拉路造成非故障线路短时停电，降低了影响。

（2）避免了主干线路停电，进一步缩小了停电范围。

（3）大大缩减了循线工作量，缩短了故障点处理和恢复供电时间。

（4）避免了长期接地可能引发两相接地短路等危害。

（5）避免了电缆烧断可能导致的断线故障引发人身伤亡或火灾事故。

二、配电网短路故障三级保护快速就近隔离案例

（一）故障简述

某公司通过 110kV DL 变电站出线保护装置，线路分段、大分支首端和用户分界处的一、二次融合成套断路器共同组成配电网三级保护系统，实现故障的就近快速隔离。2019 年 10 月 24 日 8 时 59 分 46 秒 591 毫秒，110kV DL 站 QJD 线 DLXC 支 77-04D 开关检测到接地故障及短路故障，过流Ⅱ段保护延时跳闸切除故障。1s 后重合闸，短路故障消失，但接地故障仍存在，延时 12s 后接地故障跳闸。图 7-17 为 QJD 线路简图。

(二) 故障点确认

相关动作信息上报到供服中心。运行人员巡查 DLXC 支线，确认 DLXC 支线 CS 分支线#3～#4 杆之间吊车挂断导线。检修处理后恢复供电。图 7 - 18 为挂断导线现场图。

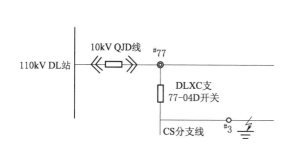

图 7 - 17　QJD 线路结构简图

图 7 - 18　挂断导线现场图

(三) 终端动作记录

调取现场保护终端信息，终端保护动作记录如下：

(1) 110kV DL 站 QJD 线 DLXC 支开关在 2019 年 10 月 24 日 8 时 59 分 46 秒 591 毫秒检测到接地故障及过流故障，根据保护定值配置开关延时 0.6s 后在 2019 年 10 月 24 日 8 时 59 分 47 秒 204 毫秒跳闸动作。故障录波如图 7 - 19 所示。

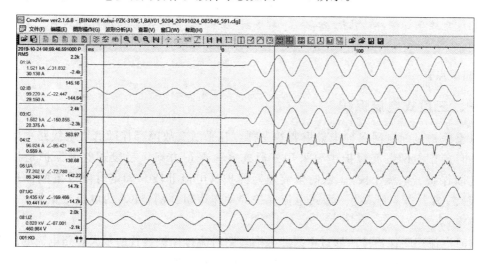

图 7 - 19　短路故障伴随接地故障录波

(2) 开关跳闸 1s 后在 2019 年 10 月 24 日 8 时 59 分 48 秒 282 毫秒重合闸，重合后装置检测到小电流接地故障，延时 12s 后在 2019 年 10 月 24 日 9 时 00 分 00 秒 333 毫秒再次跳闸，隔离故障点。重合到故障时录波如图 7 - 20 所示。

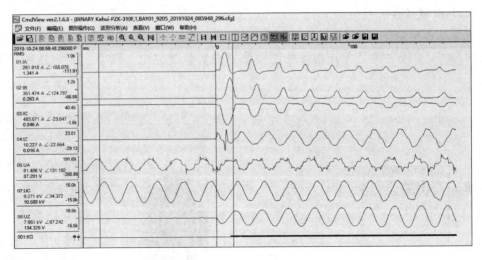

图 7-20 重合到故障录波图

故障记录与信息说明，配电网三级保护配合能够实现短路故障的选择性，就近切除故障支线线路，避免了变电站出线保护动作导致的全线停电，缩小了停电范围。

模块 3 配电网保护动作行为分析

【学习目标】
(1) 熟练掌握配电网继电保护、自动重合闸等安全自动装置的动作特性。
(2) 熟练分析保护动作的正确性，对保护拒动、误动等异常情况进行判断。

【知识点】

一、三段式电流保护

电流保护是配电网保护中最重要的一种，几乎所有故障都伴随着供电线路中电流的突增。目前配电网电流保护主要采用三段式电流保护方案。三段式电流保护是指瞬时电流速断保护（电流Ⅰ段）、限时电流速断保护（电流Ⅱ段）和定时限过电流保护（电流Ⅲ段）。图 7-21 所示为三段式电流保护的动作逻辑框图，KA 为电流继电器，KT 为时间继电器。

瞬时电流速断保护按照躲过本线路末端短路时流过保护装置的最大短路电流的原则来整定，瞬时动作切除故障，但不能保护线路全长，存在保护死区。

限时电流速断保护按照本线路末端故障时有足够灵敏度并与下游相邻线路的瞬时电流保护配合的原则来整定，以便保护本线路全长，但是动作有时限以满足保护的选择性。

定时限过电流保护按照躲过本线路最大负荷电流并与下游相邻线路过电流保护配合的原则来整定，可以保护本线路全长，但是动作有时限以满足保护的选择性。

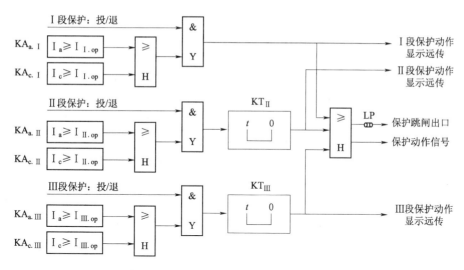

图 7-21　三段式电流保护的动作逻辑框图

（一）瞬时电流速断保护（电流 I 段）

图 7-22 所示为单端辐射式配电网的瞬时电流速断保护，曲线 1 为最大短路电流 $I_{k.max}$（系统在最大运行方式下的三相短路电流）随线路距离的变化，曲线 2 为最小短路电流 $I_{k.min}$（系统在最小运行方式下的两相短路电流）随线路距离的变化。

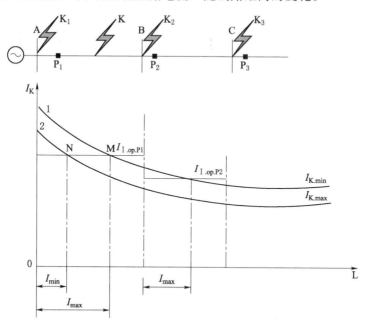

图 7-22　单端辐射式配电网的瞬时电流速断保护

瞬时电流速断保护强调选择性和快速性，在任何情况下，只有当本段线路上发生故障时才无延时地断开线路和切除故障。设在 P_1 处装设针对线路 AB 的瞬时电流速断保护，要求只有在线路 AB 发生故障时 P_1 才动作，而在相邻的下一段线路 BC 任何一点发生最大短路故障时不动作，但是在本段线路首端即使发生最小短路故障时也应动作，于是 P_1 瞬时电流速断保护的动作电流应满足如下关系：

$$I_{K_2.\,max} < I_{I.\,op.\,P_1} < I_{K_1.\,min} \qquad (7-10)$$

式中：$I_{K_1.\,min}$ 为线路 AB 的首端 K_1 点的最小短路电流；$I_{K_2.\,max}$ 为线路 AB 的末端 K_2 点的最大短路电流；$I_{I.\,op.\,P_1}$ 为 P_1 的瞬时电流速断保护（Ⅰ段）的动作电流整定值。

瞬时电流速断保护没有人为设定的延时，其实际动作时间由保护装置（包括保护出口继电器和断路器）的固有分闸动作时间决定。出口继电器的固有动作时间不大于 25ms，各种断路器的固有分闸时间大多在 30～60ms。记保护装置的固有分闸时间为，即 $t_1 = t_0$。

如图 7-22 所示，瞬时电流速断保护不能保护被保护线路的全长，I_{max} 和 I_{min} 分别为瞬时电流速断保护在最大短路电流和最小短路电流下的保护范围。譬如，当 AB 线路的末端发生短路时，保护 P_1 不会立即跳闸，即瞬时电流速断保护存在保护死区，死区的长短取决于被保护线路首末端短路电流之差。若线路较短系统短路容量较小或系统运行方式变化较大，都可能导致死区过长、瞬时电流速断保护不会动作的后果。死区内的故障必须依靠限时电流速断保护或定时限过电流保护来完成。

（二）限时电流速断保护（电流Ⅱ段）

限时电流速断保护要求能够保护线路全长，以弥补瞬时电流速断保护存在死区的固有缺点。限时电流速断保护既可以构成线路保护的主保护，也作为瞬时电流速断保护的后备保护。

以图 7-23 所示网络为例，设在 P_1 处装设针对线路 AB 的限时电流速断保护，要求在线路 AB 上发生最小短路故障时保护 P_1 能动作，同时保护范围不超过相邻下游线路 BC 的瞬时电流速断保护（即 P_2 的Ⅰ段）的保护范围，于是 P_1 限时电流速断保护的动作电流应满足如下关系

$$I_{I.\,op.\,P_2} < I_{II.\,op.\,P_1} < I_{K_2.\,min} \qquad (7-11)$$

式中：$I_{I.\,op.\,P_2}$ 为 P_2 的瞬时电流速断保护（Ⅰ段）的动作电流整定值；$I_{II.\,op.\,P_1}$ 为 P_1 的限时电流速断保护（Ⅱ段）的动作电流整定值。

通常，限时电流速断保护的动作电流按照与相邻下游线路的瞬时电流速断保护相配合的原则来整定，即

$$I_{II.\,op.\,P_1} = K_{rel}^{II} I_{I.\,op.\,P_2} \qquad (7-12)$$

并按照下式校验保护的灵敏度，即

$$K_{sen} = \frac{I_{K_2.\,min}}{I_{II.\,op.\,P_1}} \qquad (7-13)$$

同时，动作时限高出相邻下游线路的瞬时电流速断保护一个时差，以满足保护的选择性，即

$$t_{II.\,P_1} = t_{I.\,P_2} + \Delta t \qquad (7-14)$$

式中：K_{rel}^{II} 为限时电流速断保护的可靠系数，一般取 1.1；K_{sen} 为灵敏度系数，一般要求 20km 以下不小于 1.5，20～50km 不小于 1.4，50km 以上不小于 1.3；$t_{I.\,P_2}$ 为 P_2 的瞬时电流速断保护的动作延时；$t_{II.\,P_1}$ 为 P_1 的限时电流速断保护的动作延时；Δt 为保护动作时差，通常取 0.3～0.5s。

图 7-23 给出了限时电流速断保护与下级瞬时电流速断保护的配合关系。当 BC 线路的前端 K 点发生短路故障时，故障电流同时启动了 P_2 的瞬时电流速断保护和 P_1 的限时电流速断保护，但由于 P_1 的限时电流速断保护动作时限长，则由 P_2 的瞬时电流速断保护有选择地将故障切除，若 P_2 因故拒动，则 P_1 延时无选择地切除。

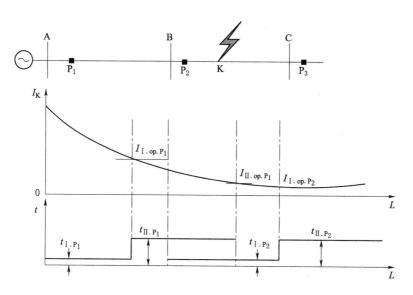

图 7-23　限时电流速断保护与下级瞬时电流速断保护的配合关系

值得指出的是，若下级线路较短、系统短路容量较小或系统运行方式变化较大，都可能导致限时电流速断的灵敏度不足，达不到保护线路全长的目的。此时，必须设置定时限过电流保护作为后备保护，或者改变参数整定原则，使限时电流速断保护参数（包括动作电流和动作时限）与相邻下游线路的限时电流速断保护相配合。

（三）定时限过电流保护（电流Ⅲ段）

定时限过电流保护一般作为本段线路主保护拒动时的近后备保护，也作为下级线路保护的远后备保护。定时限过电流保护必须能够保护本段线路的全长，与电流Ⅰ段和电流Ⅱ段保护相比较，其动作电流最小、灵敏度最高。定时限过电流保护的动作电流按照躲过线路过负荷电流的原则来整定，即

$$I_{\text{Ⅲ. op. P1}} = \frac{K_{\text{rel}}^{\text{Ⅲ}} K_{\text{st}}}{K_{\text{re}}} I_{\text{L. max}} \tag{7-15}$$

并按照最小运行方式下线路末端两相短路电流来校验保护的灵敏度，即

$$\left. \begin{array}{l} K_{\text{sen}} = \dfrac{I_{\text{K}_2. \text{min}}}{I_{\text{Ⅲ. op. P}_1}}, \text{ 近后备} \\[4mm] K_{\text{sen}} = \dfrac{I_{\text{K}_3. \text{min}}}{I_{\text{Ⅲ. op. P}_1}}, \text{ 远后备} \end{array} \right\} \tag{7-16}$$

定时限过电流保护是通过前后级间不同的动作时间配合来保障选择性。如图 7-24 所示，保护动作时间按照阶梯原则来整定，即

$$t_{\mathrm{III.P_1}} = t_{\mathrm{III.P_2}} + \Delta t \left.\right\}$$
$$t_{\mathrm{III.P_2}} = t_{\mathrm{III.P_3}} + \Delta t \left.\right\}$$
$$(7-17)$$

式中：$K_{\mathrm{rel}}^{\mathrm{III}}$ 为定时限过电流保护的可靠系数，一般取 $1.2 \sim 1.3$；K_{st} 为电动机的自启动系数；K_{re} 为电流继电器的返回系数，一般取 $0.85 \sim 0.9$；$I_{\mathrm{III.op.P1}}$ 为 P_1 的定时限过电流保护（III 段）的动作电流整定值；$I_{\mathrm{L.max}}$ 为被保护线路上可能出现的最大负荷电流。K_{sen} 为灵敏度系数，要求在本线路末端故障时不低于 1.5，在相邻线路末端故障时不低于 1.2；$t_{\mathrm{III.P_1}}$ 为 P_1 的定时限过电流保护的动作延时；$t_{\mathrm{III.P_2}}$ 为 P_2 的定时限过电流保护的动作延时；$t_{\mathrm{III.P_3}}$ 为 P_3 的定时限过电流保护的动作延时。

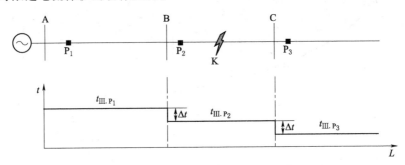

图 7-24 定限过电流保护延时整定的阶梯原则

为了提高过电流保护的快速性，第 III 段电流保护也可按反时限过电流保护来整定。按照国际电工委员会标准（IEC 255-4）的规定，以 III 段电流保护的动作电流和动作时间为基准，一般反时限过电流保护的动作时限与电流的特性方程为

$$t = \frac{0.14}{(I/I_{\mathrm{III.op}})^{0.02} - 1} t_{\mathrm{III}} \qquad (7-18)$$

（四）三段式电流保护的配合

对于一条多分段馈线而言，并不是在每个断路器处都装设三段式电流保护。以图 7-25 所示的三分段线路为例，保护配置的原则是：①从馈线终端向始端逐级展开；②首先设置定时限过电流保护，其次设置瞬时电流速断保护，最后设置限时电流速断保护；③若过电流保护的动作时限不大于 0.5s，则可以不设置电流速断保护。

P_3 配置为一段式电流保护。只需设置一个 III 段过电流保护即可，其动作电流按照躲过本段线路最大负荷电流来整定，动作延时设为 0，即动作时间为保护装置的固有跳闸时间。

P_2 配置为两段式电流保护。首先设置电流 III 段保护，其动作电流按照躲过本段线路最大负荷电流来整定，动作时限取为 0.5s，高于 P_3 一个时差；同时增设一个电流 I 段保护，以提高严重短路故障的保护快速性。

P_1 配置为三段式电流保护。电流 III 段保护的动作电流按照躲过本段线路最大负荷电流来整定，动作时限比 P_2 多一个时差，即为 1s；电流 II 段保护按照与 P_2 电流 I 段的配合关系来整定，动作时限取为 0.5s；电流 I 段保护的动作电流按照躲过本段线路末端最大短路电流来整定。

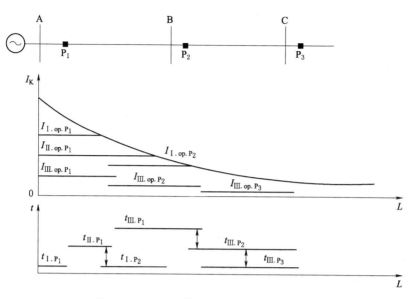

图 7 - 25　三分段馈线各级电流保护的配合

此外，为了提高瞬时性故障的处理能力，可以在 P_1 处设置自动重合闸前加速功能。

二、自动重合闸

短路故障（包括小电阻接地配电网中的单相接地短路）中的绝大部分（70%～90%）是瞬时性的，在断路器跳闸后，其绝缘往往能够自动恢复。自动重合闸装置在断路器跳开切除故障后，自动将断路器重新合闸，使出现瞬时性故障的线路恢复正常运行，避免造成长时间停电；如果重合与永久性故障，保护将再次动作切除故障。

一般认为，电缆线路中的故障几乎都是永久性的，因此，不采用重合闸。对于电缆架空线路混合线路来说，需要根据电缆长度所占的比例决定是否投入重合闸。一般来说，如果一条配电线路中电缆的长度在 80% 以上，将不再投入重合闸，也有的供电公司把 60% 作为决定是否投入重合闸的标准。

配电线路装设自动重合闸装置后，主要有以下作用：

（1）提高供电可靠性，减少线路停电次数，对于单侧电源的单回路尤为显著。为保证重合成功，在断路器跳闸后，经 1s 左右的延时后再进行重合，以使故障点充分熄弧，绝缘恢复到正常状态，确保重合成功。根据运行资料的统计，60%～90%的线路故障能够重合成功。

（2）对于断路器本身由于操动机构不良或者继电保护误动作而引起的误跳闸，能够起到纠正作用。

（3）在通过人工拉路选择中性点非有效接地系统中带有单相接地故障的线路时，在断路器跳闸后自动恢复线路的供电，减少其停电持续时间。

（4）与线路上分段开关配合，实现就地控制方式的馈线自动化，完成故障区段的自动隔离。

传统的做法是为断路器专门装设一套自动重合闸装置，与保护装置相配合。现代微机保护装置中一般包含自动重合闸功能，不再另外装设单独的自动重合闸装置。

（1）重合闸前加速保护方式。在重合闸前加速保护方式中，自动重合闸装置仅装在最靠近电源的一段线路上，如图 7-26 所示，设线路 l_1、l_2、l_3 上均装设有定时限过电流保护，其动作时限按阶梯原则配合。无论哪段线路上发生故障均由最接近电源端的线路保护装置 P_1 无延时无选择地切除故障，然后 P_1 自动重合闸将断路器重合一次。若属于瞬时性故障，则重合成功；若属于永久性故障，则再次由线路上各段的保护装置有选择地切除故障，同时自动重合闸闭锁。

图 7-26　重合闸前加速保护

前加速保护方式只需要一套 ARD 装置，简单经济，动作迅速，能够避免瞬时性故障发展为永久性故障。但是，若故障是永久性的，会对系统造成二冲击，再次切除故障的时间也会延长。前加速保护方式主要用于 3kV 及以下的由主变电站引出的直配线路。

（2）重合闸后加速保护方式。在重合闸后加速保护方式中，线路的每一段保护都配置有三相一次自动重合闸装置，如图 7-27 所示。当某段被保护线路发生故障时，首先由保护装置有选择地将故障线路切除，随即相应的重合闸装置自动重合一次。若属于瞬时性故障，则重合成功；若属于永久性故障，则保护装置加速动作，无时限地再次断开断路器，同时自动重合闸闭锁。

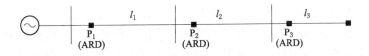

图 7-27　重合闸后加速保护

后加速保护方式投资大、接线复杂，第一次切除故障时可能带有延时。但是，第一次跳闸具有选择性，停电面积较小。后加速保护方式主要用于 35kV 及以上的重要负荷的供电线路。

【案例分析】

一、保护整定与开关机构动作时序特性配合不协调造成越级跳闸

（一）故障简述

某日凌晨 1:12，110kVA 站某 10kV 线路发生永久性 BC 相短路故障，10kV 线路 618 开关保护过流一段动作跳开 618 开关，2s 后 618 开关重合，随即 10kV 线路 618 开关过流一段、过流二段、后加速保护又相继动作，但 618 开关未再次跳开切除故障，导致运行中的 1 号主变压器 10kV 侧后备保护动作（2 号主变压器热备用），相继跳开 10kV 分段 600 开关和 10kV 总路 601 开关，造成 10kV 母线失电。

（二）故障原因分析

经过多次试验发现，当故障电流超过速断电流（二次值：17.5A）的 2 倍且断路器重合闸于永久性故障时，跳圈动作后均不能成功分闸；当故障电流在速断电流的 1～1.5 倍且断路器重合于永久性故障时，保护和机构均能正确跳闸。断路器每次不能加速跳闸都是因为在断路器分闸弹簧未完全储能时，断路器接到跳闸命令，此时分闸辅助接点已经接通，跳闸命令发出使跳圈动作，造成分闸弹簧释能，机构主轴动作到半分合状态并静止，辅助接点动作到中间间隙状态，开关触头仍在合闸状态，断路器跳闸不成功。

由于开关在分闸、合闸过程中机构和辅助接点以及开关本体存在一定的动作时间，该型号的真空开关在开关本体触头从大电流接近放电到开关分闸弹簧储能结束的时间大于 15ms，且与分闸弹簧初始张弛程度有关；而微机保护故障电流在 1.2 倍整定值时，保护出口时间为 30ms，故障电流在 10 倍整定值时，保护出口时间为 15ms。如果保护整定时间与开关机构合分固有动作时间配合协调不好时，有可能使开关拒动，合闸于故障时将扩大事故范围。

（三）解决措施及经验教训

（1）对使用该类型开关的所有线路速断保护时间定值由 0s 延长为 100ms。

（2）检修人员在对设备进行安装、检修及试验性检查时，必须认真仔细，各个环节均应检查到位。必须熟悉设备的性能和技术参数，才能做到心中有数。

（3）继电保护定值整定时，应结合一次设备机构机械性能和实际测试的分、合闸时间参数，综合考虑保护的各种时限，采取必要措施确保保护时限与开关动作时限相匹配，有效避免事故的发生。

二、配电变压器励磁涌流引起配电线路电流保护误动

（一）故障简述

在运行过程中，某公司发生过多次 10kV 线路在停电或跳闸后恢复送电时，过流保护动作跳闸，自动重合闸不成功，手动试送过流保护又动作跳闸的情况。运维人员全线路检查未发现任何问题，通过拉开 10kV 线路分支开关，分别送各分支开关的方法可正常恢复线路送电。

（二）故障原因分析

10kV 线路一般采用三段式电流保护，作为配电线路的主保护，要求电流速断保护具有足够的灵敏度，无法完全按照躲过励磁涌流校验。因此，Ⅰ段瞬时电流速断保护动作电流往往取值较小。当 10kV 线路长、分支线路多、挂接配电变压器多时，励磁涌流峰值很大，由于Ⅰ段瞬时电流速断保护动作时限为 0s，合闸后，励磁涌流起始值可能大于Ⅰ段瞬时电流速断保护装置定值，出现电流速断保护误动。为躲过励磁涌流，整定计算时，在与主变压器后备保护定值匹配的前提下，可适当调大电流速断保护定值。研究表明，励磁涌流的大小将随时间增加而衰减，开始涌流很大，一段时间后涌流衰减为零，一般经过 7～10 个工频周波后，涌流即可衰减到可忽略的范围。当涌流衰减到零时，线路中的电流值接近线路的负荷电流，流过保护装置的电流为线路负荷电流。为防止励磁涌流引起保护误动，可通过提高Ⅰ段电流速断保护装置定值、延长动作时间来躲励磁涌流，通

常在Ⅰ段瞬时电流速断保护回路加入 0.15～0.2s 延时。

（三）解决措施及经验教训

（1）对 10kV 配电线路检修作业结束后恢复送电时，保护跳闸及线路发生故障重合不良时，采取拉开 10kV 线路分支开关，线路送电后，分别送各分支开关，通过合理分段和分配负荷，控制一次合闸送电容量，分级送电，使Ⅰ段瞬时电流速断保护躲过励磁涌流的冲击。

（2）在 10kV 线路保护增加二次谐波制动闭锁保护功能，可在不改变原有定值的基础上，区别故障电流和励磁涌流。励磁涌流含有大量的二次谐波，变压器的差动保护就是利用这个特性，设定二次谐波制动来防止励磁涌流引起保护误动作。

（3）设置特殊段定值来闭锁重合闸。当线路出口故障时，短路电流可达到 TA 一次额定电流的几十倍，此时要闭锁重合闸，防止重合闸动作再次合于故障，使变压器受大电流冲击而烧损。

第八章

馈 线 自 动 化

模块 1　馈线自动化分类及原理

【学习目标】
(1) 掌握馈线自动化分类。
(2) 掌握各类馈线自动化的动作原理。

【知识点】

一、馈线自动化的分类

馈线自动化（以下简称 FA）是利用自动化装置或系统，监视配电网的运行状况，及时发现配电网故障，进行故障定位、隔离和恢复对非故障区域的供电。

FA 按照实现故障处理方式可分为集中型 FA 和就地型 FA 两种模式。

(一) 集中型 FA

集中型 FA 是指在配电网发生故障时、故障线路的配电终端检测到故障电流并将故障信息上送配电主站，配电主站收集全网信息后进行故障定位、通过自动遥控或人工遥控方式隔离故障区域、恢复非故障区域供电的 FA 方式。由于整个动作过程全部由配电主站控制，依据故障电流判别故障，所以又可称为"主站集中型 FA""电流集中型 FA"。

集中型 FA 包括半自动（人工交互式）和全自动两种工作方式。

(二) 就地型 FA

就地型 FA 是指不依赖配电主站控制，在配电网发生故障时，通过配电终端间相互通信、保护时序配合或开关动作时序配合进行故障定位，控制相应开关隔离故障、恢复非故障区域供电，并可向配电主站上送故障处理过程及结果。

就地型 FA 包括重合器式 FA、分布式 FA、光纤纵差保护式 FA 等方式。

1. 重合器式 FA

重合器式 FA 不依赖配电自动化主站和通信系统，通过保护或时序配合，隔离故障区域，恢复非故障区域供电，具有动作可靠、处理迅速，适应恶劣环境等特点。

重合器式 FA 包括电压时间型 FA、电压电流时间型 FA、自适应综合型 FA 等方式。

电压电流时间型 FA、自适应综合型 FA 是根据不同的应用需求，在最为常见的电压时间型的基础上增加了电流辅助判据等而形成的派生模式。

（1）电压时间型 FA。电压时间型 FA 是通过开关"无压分闸、来电延时合闸"的工作特性配合变电站出线开关二次合闸实现故障隔离与恢复，一次合闸隔离故障区间，二次合闸恢复故障点电源侧非故障段供电。

（2）电压电流时间型 FA。电压电流时间型 FA 的是通过检测开关的失压次数、故障电流流过次数、结合重合闸实现故障区间的判定和隔离；通常配置三次重合闸，一次重合闸用于躲避瞬时性故障，线路分段开关不动作，二次重合闸隔离故障，三次重合闸恢复故障点电源侧非故障段供电。

（3）自适应综合型 FA。自适应综合型 FA 是通过"无压分闸、来电延时合闸"方式，结合短路/接地故障检测技术与故障路径优先处理控制策略，配合变电站出线开关二次合闸，实现多分支多联络配电网架的故障定位与隔离自适应，一次合闸隔离故障区间，二次合闸恢复故障点电源侧非故障段供电。

2. 分布式 FA

分布式 FA 是近年来提出和应用的新型馈线自动化，其实现方式对通信的稳定性和时延有很高的要求，但分布式 FA 不依赖主站、动作可靠、处理迅速。分布式 FA 通过配电终端之间相互通信实现馈线的故障定位、隔离和非故障区域自动恢复供电的功能，并将处理过程及结果上报配电自动化主站。

分布式 FA 可分为速动型分布式 FA 和缓动型分布式 FA。

（1）速动型分布式 FA。应用于配电线路分段开关、联络开关为断路器的线路上，配电终端通过高速通信网络，与同一供电环路内相邻分布式配电终端实现信息交互，当配电线路上发生故障，在变电站出口断路器保护动作前，实现快速故障定位、故障隔离和非故障区域的恢复供电。

（2）缓动型分布式 FA。应用于配电线路分段开关、联络开关为负荷开关或断路器的线路上。配电终端与同一供电环路内相邻配电终端实现信息交互，当配电线路上发生故障，在变电站出口断路器保护动作后，实现故障定位、故障隔离和非故障区域的恢复供电。

二、FA 实现原理和适用场合

FA 实现方式选择为集中型 FA 还是就地型 FA，应根据配电自动化实施区域的供电可靠性需求、网架结构、一次设备现状、保护配置、通信基础条件等情况合理选择，并合理配置主站和配电终端，以保证各线路的馈线自动化功能可以完整实现。

（1）A+类供电区域宜采用集中型 FA（全自动方式）或分布式 FA。

（2）A 类、B 类供电区域可采用集中型 FA、分布式 FA 或重合器式 FA。

（3）C 类、D 类供电区域可根据实际需求采用重合器式 FA。

（4）E 类供电区域可采用故障指示器监测方式。

由于就地型 FA 不依赖于配电主站，能够就地自动隔离故障，在 FA 模式选型时宜采用就地型 FA，尤其是当线路不具备可遥控的条件时，就地型 FA 可实现故障自动处理，有效提升供电可靠性水平。

重合器式 FA 包括三种应用模式，其中自适应综合型 FA 当线路结构、运行方式发生变化时，无须调整定值，可有效减轻运维压力，在 B 类、C 类、D 类架空线路宜优先选择自适应综合型 FA。

当变电站允许带时限切除短路，变电站出线断路器可采用延时电流速断保护，此时若电缆线路实施分布式 FA 宜采用速动型。

无论采用何种 FA 模式，都要求配电终端具备与主站通信的能力，并将运行信息和故障处理信息上送配电主站。

（一）集中型 FA

集中型 FA，可作为就地型 FA 和就地继电保护的补充，在就地型 FA 和就地继电保护完成隔离故障和恢复故障区域上游供电后，完全隔离故障区域并通过负荷转供恢复故障区域下游健全区域供电。因涉及接收 EMS 转发变电站出线开关信息、维护线路配置信息及维护主配网模型的需求，集中型 FA 的维护工作多在主站端进行。

集中型 FA 适用各种网架结构和线路类型，对变电站出线开关、线路开关、保护定值等无特殊要求，但需要满足配电自动化系统相关安全防护要求。集中型 FA 线路变电站出线开关应配置断路器，具备故障跳闸功能，线路上其余的开关可以为负荷开关。

集中型 FA 适用范围：

（1）适用于 A 类＋、A 类、B 类区域的架空、电缆线路。

（2）网架结构为单辐射、单联络或多联络的复杂线路。

集中型 FA 的主要特点有：

（1）FA 策略布置在配电主站，对配电主站的 FA 测试、维护工作量大。

（2）配电终端只是起故障检测作用，相对的 FA 功能调试、维护工作量小。

（3）通信要求为光纤或无线专网。

（4）线路上参与 FA 策略配电终端可以为二遥，但故障隔离、恢复的开关必须为三遥。

（5）FA 启动后，线路上开关分合操作由配电主站下发遥控执行。

（6）FA 动作时间（FA 启动、故障定位、故障隔离、非故障区域的恢复供电的全部时间）为"分钟"级。

（二）就地型 FA

1. 重合器式 FA

重合器式 FA 通过检测电压、电流等电气量判断故障，并结合开关的时序操作或故障电流记忆等手段隔离故障，不依赖于通信和主站，实现故障就地定位和就地隔离。重合器式 FA 一般需要变电站出线开关多次重合闸（2 次或 3 次）配合。

配电线路采用重合器式 FA 模式时，该线路上的所有配电终端均应按照同一 FA 模式进行配置。

（1）电压时间型 FA。

1）适用范围：

a. 适用于 B、C、D 类区域的架空、电缆线路。

b. 网架结构为单辐射、单联络等简单线路。

c. 可通过变电站出线开关重合闸次数设置或主站遥控等方式实现 2 次重合闸。

2）主要特点有：

a. 故障定位和隔离不依赖于通信和主站，就地完成。

b. 开关定值与接线方式相关，调试维护工作量大。

c. 通信要求可以为无线公网。

d. 参与 FA 策略开关必须为断路器。

e. 开关动作较频繁、维护工作量大。

f. FA 动作时间（FA 启动、故障定位、故障隔离的时间）为"秒"级。

（2）电压电流时间型 FA。

1）适用范围：

a. 适用于 B 类、C 类、D 类区域的架空线路。

b. 网架结构为单辐射、单联络等简单线路。

c. 可通过变电站出线开关重合闸次数设置或主站遥控等方式实现 3 次重合闸。

2）主要特点有：

a. 故障定位和隔离不依赖于通信和主站，就地完成。

b. 开关定值与接线方式相关，调试维护工作量大。

c. 通信要求无线公网。

d. 线路上参与 FA 策略开关必须为断路器。

e. 开关动作较频繁、维护工作量大。

f. FA 动作时间（FA 启动、故障定位、故障隔离的时间）为"秒"级。

（3）自适应型 FA。

1）适用范围：

a. 适用于 B 类、C 类、D 类区域的架空线路。

b. 网架结构为单辐射、单联络或多联络线路。

c. 可通过变电站出线开关重合闸次数设置或主站遥控等方式实现 2 次重合闸。

2）主要特点有：

a. 故障定位和隔离不依赖于通信和主站，就地完成。

b. 配电终端或开关定值设置维护工作量大。

c. 通信要求为无线共网。

d. 线路上参与 FA 策略开关必须为断路器。

e. 开关动较频繁、维护工作量大。

f. FA 动作时间（FA 启动、故障定位、故障隔离的全部时间）为"秒"级。

g. 多联络线路运行方式改变后，无需对终端定值进行调整。

2. 分布式 FA

分布式 FA 适用于对供电可靠性要求特别高的核心地区或者供电线路，如 A＋类、A 类、B 类供电区域电缆环网线路（架空线路不建议采用分布式馈线自动化），同时要求具备光纤通信条件。

（1）速动型分布式馈线自动化（以下简称"速动型分布式 FA"）主要应用于对供电可靠性要求较高的城区电缆线路。适用于单环网、双环网、多电源联络、N 供一备、花瓣形等开环或闭环运行的配电网架。主要特点有：

a. FA 策略中的故障定位和隔离、恢复非故障区供电不依赖于通信和主站，就地完成。

b. 配电终端或开关定值设置维护工作量大。

c. 通信要求为光纤。

d. 线路上参与 FA 策略开关必须为断路器。

e. 开关动作较频繁、维护工作量大。

f. FA 动作时间：故障定位、故障隔离为"毫秒"级，恢复非故障区域供电为"秒"级。

（2）缓动型分布式馈线自动化（以下简称"缓动型分布式 FA"）主要应用于对供电可靠性要求较高的城区电缆线路。适用于单环网、双环网等开环运行的配电网架。其主要特点有：

a. FA 策略中的故障定位和隔离、恢复非故障区供电不依赖于通信和主站，就地完成。

b. 配电终端或开关定值设置维护工作量大。

c. 通信要求为光纤。

d. 线路上参与 FA 策略开关可以为负荷开关。

e. 开关动作较频繁、维护工作量大。

f. FA 动作时间（故障定位、故障隔离、恢复非故障区域供电时间）为"秒"级。

（三）集中型 FA 与就地型 FA 的对比

（1）集中型 FA 功能统一在配电主站上实现，便于管理维护；不要求出口断路器进行重合闸配合，不会对系统造成多次过流冲击；对架空线路与电缆线路都适用。其不足之处是 FA 功能较依赖于通信通道及配电主站；由于通信延时、主站逻辑判断及决策耗费的时间较长，自动恢复供电的时间通常在 1～3min。

（2）就地型 FA 的特点。

1）重合器式 FA 只有在馈线出线开关到第一个负荷开关之间区域发生永久性故障时，才会导致馈线出线开关重合不成功，其余区域如果发生故障将能迅速得到隔离，变电站出线开关重合成功率将得到大幅提高，可达 90％以上。分段负荷开关可通过分闸闭锁功能减少了恢复供电时逐级合闸的时间，减少了非故障段的停电时间，自动恢复供电的时间通常在 1～3min。重合器式 FA 功能不依赖于通信，维护量小。其不足之处是无法有效隔离间歇性故障，单台开关动作错误可能导致 FA 功能失效。

2）分布式 FA 的优点是复电速度较快，通常可在秒级完成，供电可靠性最高。其不足之处是 FA 功能较依赖于通信速率、终端数据交互能力和智能控制器运行可靠性，且当网架或线路运行方式变化时，需要对保护进行重新调整，运维工作量大，对运维人员、调度人员的专业水平要求较高。

模块 2　馈线自动化仿真

【学习目标】

（1）掌握馈线自动化的主站仿真方法。

（2）能够对解决馈线自动化仿真的各类问题。

【知识点】

一、配电主站中的馈线故障处理功能的运行状态（集中型FA）

集中型FA从主站角度来看，主要完成的是馈线故障处理功能，包括故障分析、故障定位、故障隔离、非故障区域负荷转供。

集中型FA在配电主站配置是以单条线路为单位进行配置的，可灵活配置单条线路的馈线故障处理功能的启动与退出，并可配置本线FA执行模式为全自动或半自动（交互）两种方式。

某线路的馈线故障处理功能运行状态包括在线、离线、仿真三种状态。

（1）在线状态。在线状态也称为投入状态。

运行在在线状态下表示系统正常监视该线路的运行状态，一旦发现该线路的故障，则启动故障分析处理过程。

（2）离线状态。离线状态也称为退出状态。运行在离线状态下表示系统仅对该线路可能发生的故障情况做记录，不做故障分析和告警。为保证故障处理的安全性和可靠性，未经过故障仿真测试通过的线路，建议将故障处理运行状态设置为离线状态。

（3）仿真状态。仿真状态也称为测试状态。运行在仿真状态时，系统该线路可能发生的故障情况做记录，并接受仿真信息，在仿真态下完成故障分析和处理。仿真状态下，可以模拟线路故障、故障处理、故障恢复这三个主要的过程。仿真状态主要用于该线路的馈线故障处理投入在线运行前的仿真测试。

馈线故障处理的运行状态是针对每一条具体的线路而言的。即，存在部分线路的馈线故障处理运行状态为"在线"，部分线路的馈线故障处理运行状态为"离线"，部分线路的馈线故障处理运行状态为"仿真"，还有部分的线路不具备馈线故障处理功能。

图8-1为某10kV线路馈线故障处理方式示意图，说明了馈线故障处理在线运行状态的配置情况，包括：

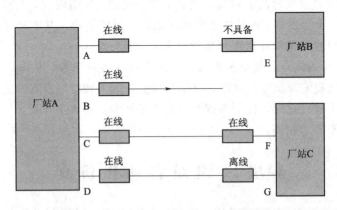

图8-1　某10kV线路馈线故障处理方式示意

（1）馈线故障处理功能处于"在线"运行状态的线路可以与馈线故障处理功能处于"在线""离线"运行状态的线路配合。

环路（比如 AE、CF、DG 都是环路）两端对应线路的馈线故障处理功能运行状态都设置为在线（如 CF），这种情况下能够依据实际情况给出故障恢复方案。

如 DG 环，D 线路的馈线故障处理功能运行状态为"在线"，G 线路的馈线故障处理功能运行状态为"离线"，在这种运行状态下，G 线路上发生故障将不处理，D 线路上发生故障将会依据实际情况进行故障处理，互相不受影响。

（2）馈线故障处理功能处于"在线"运行状态的线路可以与不具备馈线故障处理功能的线路进行配合。

如 AE 环，A 线路的馈线故障处理功能运行状态为"在线"，E 线路不具备馈线自动化功能（可能是该线路不具备遥控条件或信息不全），在这种状态下，A 线路发生故障依然能够根据现场的实际情况做出故障隔离和故障恢复的动作。

二、配电主站中的馈线故障处理功能的运行状态的设置

在监控界面，可以在一次接线图中通过选择某一开关的右键菜单的方式对具体线路的馈线故障处理运行状态做设置，如图 8-2 所示。

在实际运用中，可以在相应开关旁边增加动态数据，用于关联该线路故障处理的运行状态，如图 8-3 所示。

故障模拟	
DA运行方式设定 ▶	在线运行
负荷转供预案	离线运行
稳态潮流	仿真运行
切换所属图形	自动式执行
弹出所属图形	交互式执行
另屏弹图 ▶	

三、主站馈线故障处理

图 8-2　开关右键菜单

（一）主站进行馈线故障处理流程

（1）捕捉到动作信号。动作信号是指开关分合信号、保护信号、事故总信号。

（2）故障认定判据即故障启动条件。包括分闸加事故总、分合分、非正常分闸、分闸加保护。针对现场的情况，在四个条件中选择一个。一般选择是"分闸加保护"。监听到的判据信号在信号有效期内完成判据比对，有效期可自行设定。

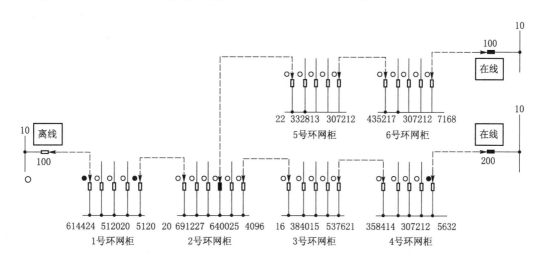

图 8-3　线路关联故障处理的运行状态

（3）为保证故障信号完全上送，推入故障队列的故障信息将在故障分析前将循环等待一定时间，时间可设置。

（4）对动作设备对应的方式设备状态是否与定义相符（例如通信状态为正常等，可自由配置），若不相符，终止此次故障分析并告警。

（5）依据配电终端上送的故障信号（或者与就地分布式配合信号），完成故障定位。

（6）根据故障定位结果并依据开关的可控情况给出最小范围的可执行隔离方案（隔离方案会根据开关的可控性，挂牌等信息）适度扩大隔离范围。

（7）非故障区域的负荷转供对可能的转供方案进行优选，优选的指标包括开关的可控能力、线路的转代能力、设备的控制优先等级等。

（8）将故障信息发布到其他系统。本系统支持生成故障描述信息，可通过对外发布接口发布到其他系统中。

（9）判断执行方式：自动、交互两种方式。如果为交互方式，会将故障信息存入实时库中，并在故障处理台上推出交互处理界面，由操作人员自行控制。如果为自动方式，将进行下一步校验。

（10）校验是否闭锁自动执行。闭锁自动执行有很多情况（例如故障信号不连续，故障处理方式是集中式与分布式配合的方式等）。如果没有通过校验，则转为人工交互方式，将故障信息写入实时库中，并在调度台推出相应故障处理交互界面；如果通过校验，则继续下一步。

（11）自动方式执行故障处理方案时，系统将自动屏蔽遥控监护，直接对设备进行遥控。在遥控过程中如果出现失败，系统还将根据参数配置再次遥控。

（12）自动执行隔离方案。如果执行失败，且配置隔离失败的处理方式是隔离失败转交互时，转为人工交互处理模式，将故障信息写入实时库，并推出交互界面；如果执行成功，则继续进行下一步操作。

（13）根据恢复策略优先级别选出的最优策略进行自动故障恢复操作，故障恢复遥控失败，则转人工交互处理；遥控成功则进入下一步操作。

（14）故障处理完毕后，将故障信息归档，并推出历史故障信息查询界面，显示刚处理完毕的故障信息。

（15）如果采用人工交互方式，则通过交互界面的提示信息，由调度员进行逐一遥控操作，界面的遥控操作采用监护遥控方式。

（16）调度员对故障进行隔离、恢复操作的遥控执行。

（17）将故障信息归档，完成故障处理。

（18）与其他系统同步故障信息。

（二）主站交互式馈线故障处理过程

1. 事故推图

交互方式处理线路故障时，系统支持双屏推图，分别在两个屏上推出馈线故障交互处理界面和发生故障的线路单线图。同时在图形右下角的状态栏会显示事故执行步骤，如图8-4所示。

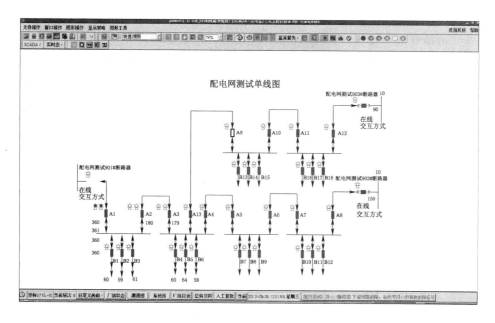

图 8-4　发生故障的线路单线图

故障分析完毕后，将弹出交互界面，如图 8-5 所示。

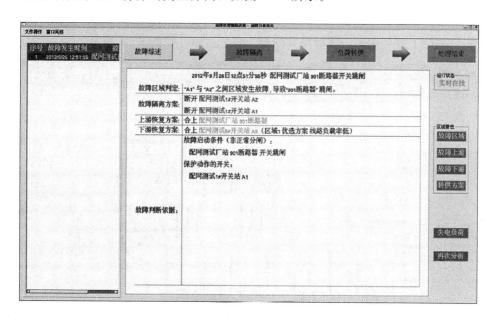

图 8-5　故障处理交互界面

2. 执行步骤

交互界面左侧框中将列出所有未处理的事故信息。

交互界面正中心介绍了故障信息，包括故障区域，隔离、恢复方、故障判断依据等。

交互界面上"区域着色"按钮用于与图形互动着色显示，以辅助操作人员查询故障区域信息。

　　点击"故障区域"按钮，将对应在图形上着色显示，如图8-6所示。

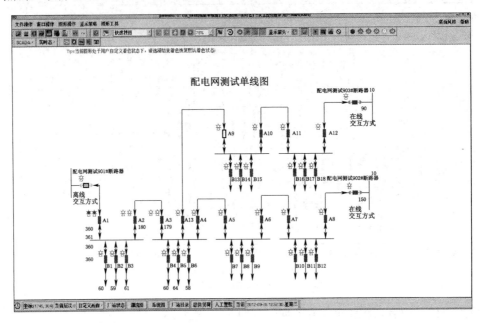

图8-6　故障区域着色

　　点击"故障上游"按钮，将对应在图形上着色显示，如图8-7所示。

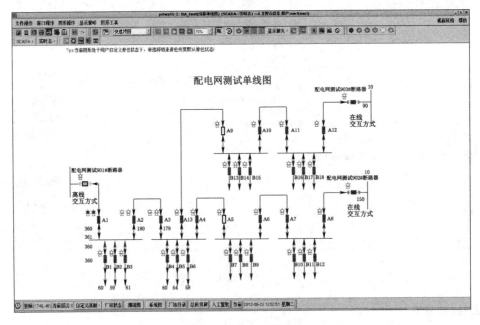

图8-7　故障上游着色

　　点击"故障下游"按钮，将对应在图形上着色显示，如图8-8所示。

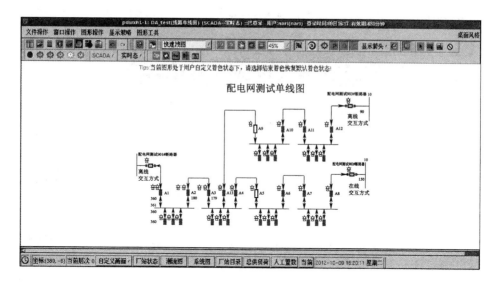

图 8-8 故障下游着色

点击"转供区域"按钮，将对应在图形上着色显示，如图 8-9 所示。

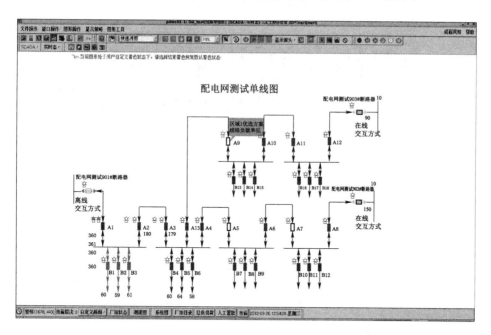

图 8-9 转供区域着色

交互界面上失电负荷按钮，用于统计失电负荷信息。点击该按钮，将弹出以下界面，如图 8-10 所示。

该界面上统计了总用户数、总容量、重要用户数等信息，并逐一列出失电负荷信息。在某条失电负荷信息上点击右键，将出现右键菜单，里面包括两部分内容，设备定位以及负荷曲线，如图 8-11 所示。

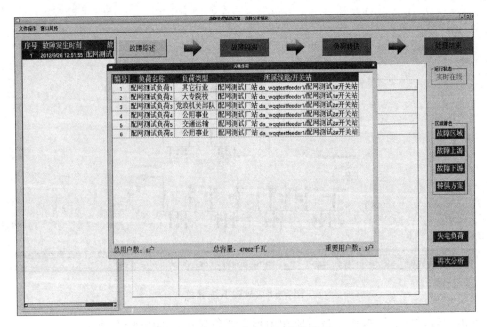

图 8-10　统计失电负荷信息

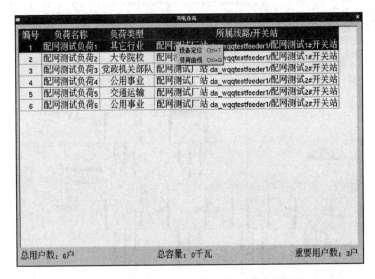

图 8-11　右键菜单：设备定位以及负荷曲线

点击设备定位将在图形定位该负荷所在位置，如图 8-12 所示。

点击负荷曲线，将弹出曲线窗口，显示该负荷的有功曲线，曲线以叠加方式显示，如图 8-13 所示。

交互界面正上方，有 4 个按钮，"故障综述""故障隔离""负荷转供""处理结束"。并有箭头指示操作顺序，当综述界面查看完毕后，点击故障隔离，进入隔离界面进行操作。进入隔离操作界面时，图形会将故障区域以及隔离开关相应着色，并闪烁显示，如图 8-14 所示。

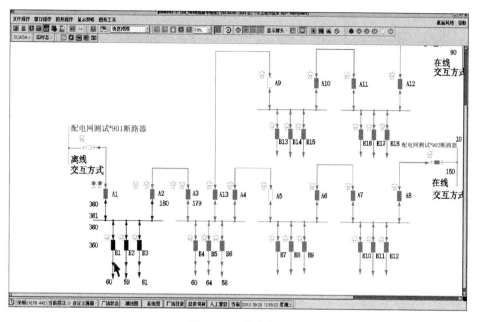

图 8-12 负荷位置

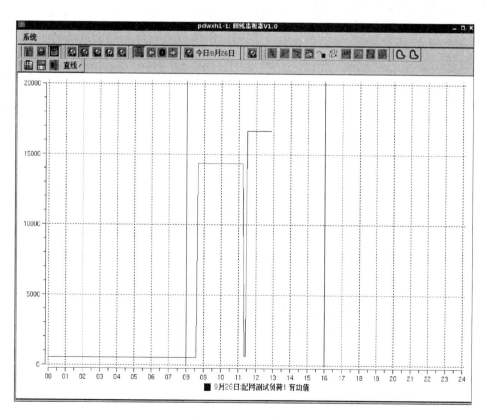

图 8-13 负荷曲线

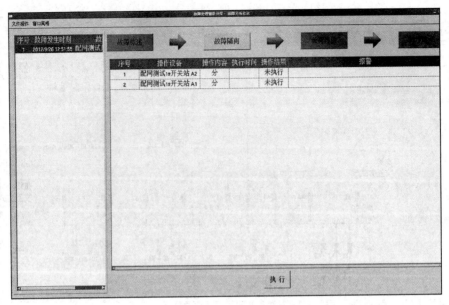

图 8-14　故障隔离

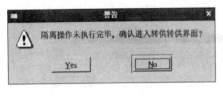

图 8-15　负荷转供界面

点击相应记录，点击执行进行遥控操作，遥控结果将实时的显示在操作结果以及执行时间域中。

隔离操作执行完毕后，点击负荷转供按钮，进入负荷转供界面（如图 8-15）。此时，如果故障隔离操作未执行完毕，进入负荷转供界面时会有提示确认操作。

进入负荷转供界面时，图形也会将系统提供的最优负荷转供方案以及需操作的开关着色并闪烁显示，如图 8-16 所示。

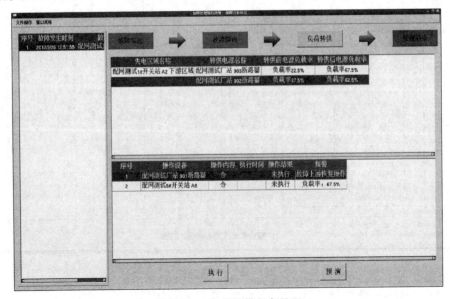

图 8-16　负荷转供方案界面

负荷转供界面分两部分，上面栏中列出了所有转供操作方案，并列出该方案的信息，可以双击方案条目切换方案信息。下面栏中显示的是确定方案的执行步骤，切换方案时，步骤信息也会相应的切换。

界面最下端有两个按钮，一个是执行按钮，用于执行遥控操作；另一个是预演按钮，用于执行前，查看预演效果使用。选择需要预演的操作步骤，点击预演按钮，将会弹出未来态图形，在未来态上进行预演显示，如图 8-17、图 8-18 所示。

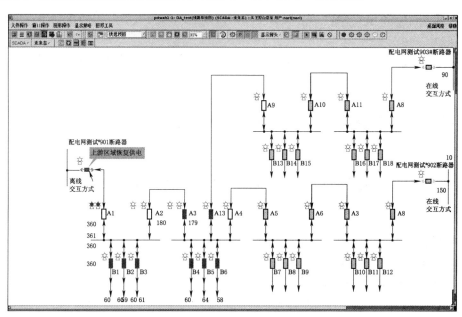

图 8-17　故障上游恢复—负荷转供

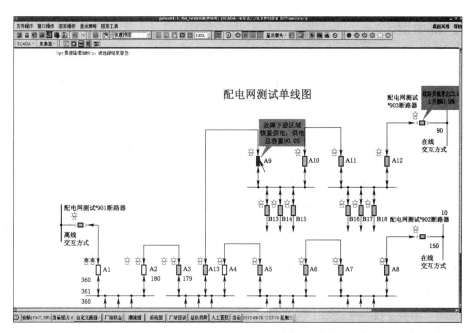

图 8-18　故障下游恢复—负荷转供

当事故处理完毕后，请点击处理完毕按钮，点击该按钮，可以将本次事故存入历史数据库中，同时清空实时库中操作信息。并将该条线路运行方式投入在线方式。

【技能项】

配电主站馈线故障处理功能仿真

（1）确定模拟设置故障点位置。

（2）按照 DA 策略，分析、整理故障处理流程，列出相应的开关动作顺序，负荷转供策略。

（3）在一次接线图中通过选择某一开关的右键菜单的方式对具体线路的馈线故障处理运行状态为仿真。

（4）设置故障点。

（5）在交互式界面观察 FA 动作情况；测试 FA 是否符合预想。

（6）交互式仿真无误后，再进行全自动方式的仿真。

模块3 馈线自动化动作行为分析

【学习目标】
(1) 掌握各种类型馈线自动化的动作过程。
(2) 能够分析馈线自动化动作不正确的原因。

【知识点】

一、集中型 FA

集中型 FA 主站配置是以单条线路为单位进行配置，可灵活配置单条线路的启动与退出功能，并可配置执行模式为全自动或半自动两种方式，结合终端故障测量信号实现精确的故障定位和隔离，非故障区域通过遥控或现场操作恢复供电。

集中型 FA 功能可以与就地型 FA、继电保护等协调配合使用，通过主站实现 FA 处理过程和结果查询，合理的 FA 处理策略能够适应配电网运行方式和负荷分布的变化。

（一）集中型 FA 故障处理策略

集中型 FA 由于所有线路故障处理的策略都部署在配电主站，所以配电主站必须全面考虑每条线路的故障定位、故障隔离、恢复供电的故障处理全过程的各种情况。

一般来说，每条线路的故障策略应包含典型供电区域故障处理和针对非正常工况等情况时的健壮性故障处理两方面内容。

典型供电区域故障处理策略应包含但不限于下面故障情况：

（1）主干线首端故障。

（2）主干线末端故障。

（3）开关站（环网柜）进出线故障。

（4）开关站（环网柜）母线故障。

（5）开关站（环网柜）分支线故障。

健壮性故障处理策略应包含但不限于下面内容：

（1）多重故障。

（2）故障不连续。

（3）开关拒动。

（4）开关慢动。

（5）通信故障与恢复。

（6）转供容量不足。

（7）联络开关变化。

（8）检修状态。

（9）闭锁状态。

（二）集中型 FA 动作行为分析——典型供电区域故障处理

以图 8-19～图 8-20 为例说明集中型 FA 的"开关站（环网柜）进出线故障"动作行为。

（1）线路正常供电，如图 8-19 所示。

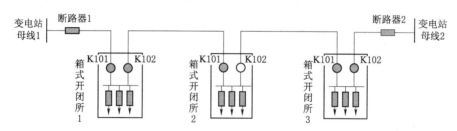

图 8-19 10kV 线路正常运行方式

（2）t_1 时刻 F_1 点发生故障，变电站出线断路器 1 检测到线路故障，保护动作跳闸，环网柜 1 的 K101、K102 配电终端上送过流信息，如图 8-20 所示。

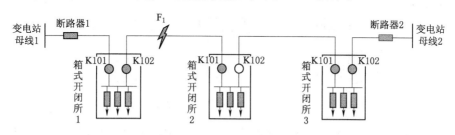

图 8-20 10kV 线路 F_1 点发生故障

（3）主站收到出线断路器 1 开关变位及事故信号后（保护信号与跳闸信号上送主站时间间隔满足主站参数配置需求），判断满足启动条件，开始收集信号。

（4）t_2 时间到（t_2 为系统收集信号完毕时间点），信号收集完毕，系统启动故障分析。主站根据各终端上送过流信息（配电终端上送到主站的过流信号满足主站分析时间要求，即在 t_2 时间之前全部上送完毕且最早上送信号发生时间与 t_2 时间间隔满足主站参数配置需求），定位故障点在箱式开闭所 1 与箱式开闭所 2 之间，并生成相应处理策略。

（5）主站发出遥控分闸指令，分开箱式开闭所 1 的 K102 与箱式开闭所 2 的 K101 开关，将故障区段隔离，如图 8-21 所示。

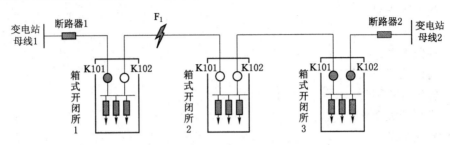

图 8-21　10kV 线路故障隔离

（6）隔离成功后，主站发出遥控合闸指令，首先遥控合闸出线断路器 1 实现电源侧非故障停电区域恢复供电，如图 8-22 所示。

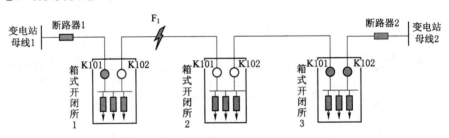

图 8-22　10kV 线路故障上游恢复供电

（7）随后遥控合闸箱式开闭所 2 的 K102 联络开关，实现负荷侧非故障停电区域恢复供电，并记录本次故障处理的全部过程信息，完成本次故障处理，如图 8-23 所示。

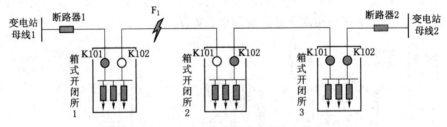

图 8-23　10kV 线路故障下游恢复供电

需要说明的是：恢复策略上下游遥控顺序不做强制限制，可调换上下游恢复策略遥控次序。

（三）集中型 FA 动作行为分析——健壮性故障处理

1.“故障不连续”动作行为分析

上面例题中，如果线路发生 F_1 点发生故障，变电站出线断路器 1 检测到线路故障，保护动作跳闸，箱式开闭所 1 的 K102 配电终端上送过流信息，但是 K101 配电终端由于各种原因如定值设置错误或软压板未投入等未上送故障信息。

动作行为如下：

（1）故障定位：由于故障信号不连续，主站分析认为箱式开闭所 1 的 K101 配电终端安装处实际应该流过故障电流，故障点应在 K101 后段，又由于箱式开闭所 1 的 K102 配电终端上送过流信息而箱式开闭所 2 的 K101 配电终端未上送过流信息，定位故障点在箱式开闭所 1 与箱式开闭所 2 之间。

（2）故障隔离：主站发出遥控分闸指令，分开箱式开闭所 1 的 K102 与箱式开闭所 2 的 K101 开关。

（3）故障上下游恢复供电：遥控合闸出线断路器 1、箱式开闭所 2 的 K102 开关。

2. "开关拒动"动作行为分析

还以上面例题为例，如果线路发生 F1 点发生故障，变电站出线断路器 1 检测到线路故障，保护动作跳闸，箱式开闭所 1 的 K101、K102 配电终端上送过流信息。

动作行为如下：

（1）故障定位：主站分析认为箱式开闭所 1 的 K101、K102 配电终端上送过流信息而箱式开闭所 2 的 K101 配电终端未上送过流信息，定位故障点在箱式开闭所 1 与箱式开闭所 2 之间。

（2）故障隔离：主站发出遥控分闸指令，分开箱式开闭所 2 的 K101 开关，遥控分闸箱式开闭所 1 的 K102 时由于某种原因开关拒动。主站分析确认箱式开闭所 1 的 K102 开关拒动则扩大故障隔离范围，遥控分开箱式开闭所 1 的 K101 开关。

（3）故障上下游恢复供电：遥控合闸出线断路器 1、箱式开闭所 2 的 K102 开关（如扩大隔离范围后、故障上游已经没有负荷，也可以不合上断路器 1）。

二、就地型

（一）重合器式

1. 电压时间型 FA

电压时间型馈线自动化主要利用开关"失压分闸、来电延时合闸"功能，以电压时间为判据，与变电站出线开关重合闸相配合，依靠设备自身的逻辑判断功能，自动隔离故障，恢复非故障区间的供电。变电站跳闸后，开关失压分闸，变电站重合后，开关来电延时合闸，根据合闸前后的电压保持时间，确定故障位置并隔离，并恢复故障点电源方向非故障区间的供电。

电压时间型馈线自动化主要定值参数：

X 时间：就地式馈线自动化控制保护逻辑中，馈线开关检测到电压恢复到开关合闸的延时合闸时间，一般设置为 7s。

Y 时间：就地式馈线自动化控制保护逻辑中，馈线开关合闸后无故障确认时间，Y 时间应小于 X 时间，一般设置为 5s。

当线路发生短路故障时，变电站出线开关（CB）检出故障并跳闸，分段开关失压分闸，CB 延时合闸，若为瞬时故障，分段开关逐级延时合闸，线路恢复供电。若为永久故障，分段开关逐级感受来电并延时 X 时间（线路有压确认时间）合闸送出，当合闸至故障区段时，CB 再次跳闸，故障点上游的开关合闸保持不足 Y 时间闭锁正向来电合闸，故障点后端开关因感受瞬时来电（未保持 X 时间）闭锁反向合闸。

电压时间型馈线自动化利用一次重合闸即可完成故障区间隔离，然后通过以下方式实现非故障区域的供电恢复：

（1）如变电站出线开关（CB）已配置二次重合闸或可调整为二次重合闸，在 CB 二次自动重合闸时即可恢复故障点上游非故障区段的供电。

（2）如变电站出线开关（CB）仅配置一次重合闸且不能调整时，可将线路靠近变电站首台开关的来电延时时间（X 时限）调长，躲避 CB 的合闸充电时间（比如 21s），然后利用 CB 的二次合闸时即可恢复故障点上游非故障区段的供电。

（3）对于具备联络转供能力的线路，可通过合联络开关方式恢复故障点下游非故障区段的供电；联络开关的合闸方式可采用手动方式、遥控操作方式（具备遥控条件时）或者自动延时合闸方式。

以图 8-24～图 8-31 为例说明电压时间型 FA 动作行为。

（1）线路正常供电

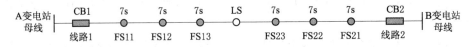

图 8-24　10kV 线路正常运行方式

（2）F_1 点发生故障，变电站出线断路器 CB1 检测到线路故障，保护动作跳闸，线路 1 所有电压型开关均因失压而分闸，同时联络开关 LS 因单侧失压而启动 X 时间倒计时，如图 8-25 所示。

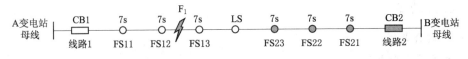

图 8-25　10kV 线路 F_1 点发生故障

（3）2s 后，变电站出线开关 CB1 第一次重合闸，如图 8-26 所示。

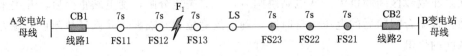

图 8-26　10kV 线路 CB1 第一次重合闸

（4）7s 后，线路 1 分段开关 FS11 合闸，如图 8-27 所示。

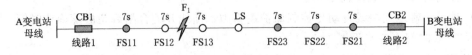

图 8-27　10kV 线路分段开关 FS11 合闸

（5）7s 后，线路 1 分段开关 FS12 合闸。因合闸于故障点，CB1 再次保护动作跳闸，同时，开关 FS12、FS13 闭锁，完成故障点定位隔离，如图 8-28 所示。

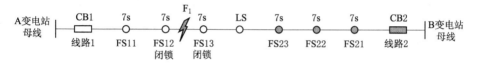

图 8-28　10kV 线路 CB1 再次保护动作跳闸

（6）变电站出线开关 CB1 第二次重合闸，恢复 CB1 至 FS11 之间非故障区段供电，如图 8-29 所示。

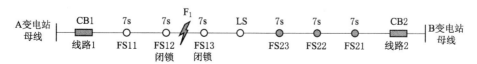

图 8-29　10kV 线路 CB1 第二次重合闸

（7）7s 后，线路 1 分段开关 FS11 合闸，恢复 FS11 至 FS12 之间非故障区段供电，如图 8-30 所示。

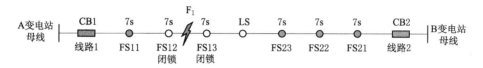

图 8-30　10kV 线路分段开关 FS11 合闸

（8）通过远方遥控（需满足安全防护条件）或现场操作联络开关合闸，完成联络 LS 至 FS13 之间非故障区段供电，如图 8-31 所示。

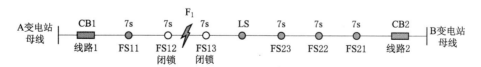

图 8-31　10kV 线路联络 LS 合闸

2. 就地型——电压电流时间型 FA

电压电流时间型 FA 是在电压时间型基础上，增加了快速重合闸躲避瞬时性故障和故障电流辅助判据。分段开关记忆停电次数，第一次失压不分闸以满足快速重合闸躲避瞬时性故障，第二次失压后开关分闸并遵循得电 X 时限合闸，X 时限内检测到残压闭锁合闸，合闸后 Y 时限内失压且检测到故障电流则分闸并闭锁；合闸后 Y 时限内检测到失压但未检测到故障电流则分闸（但不闭锁），合闸后 Y 时限内未失压则闭锁分闸。采用三次重合闸方式，一次重合闸躲避瞬时性故障，二次重合闸用于定位隔离故障区段，三次重合用于恢复非故障区段的供电。当线路发生短路故障时，变电站出线开关（CB）检测到故障并跳闸，分段开关记忆失压 1 次，不分闸，CB 一次重合闸至故障，再次分闸，分段开关因失压 2 次执行失压分闸。变电站出线开关（CB）二次重合闸后，分段开关逐级执行来电延时合闸，分段开关合闸至故障点后 CB 再次分闸，故障点前端开关失压分闸并闭锁正向合闸，故障点后端开关感受瞬时来电闭锁反向供电合闸。

电压电流时间型 FS 利用三次重合闸实现故障区间隔离，通过以下方式实现非故障区域的供电恢复：

（1）如变电站出线开关（CB）已配置三次重合闸或可调整为三次重合闸，CB 三次自动重合闸后时即可恢复故障点上游非故障区段的供电。

（2）如变电站出线开关（CB）未配置三次重合闸且不能调整时，可通过遥控 CB 实现。

（3）对于具备联络转供能力的线路，可通过合联络开关方式恢复故障点下游非故障区段的供电；联络开关的合闸方式可采用手动方式、遥控操作方式（具备遥控条件时）或者自动延时合闸方式。

以图 8 - 32～图 8 - 38 为例说明电压电流时间型 FA 动作行为。

（1）主干线瞬时短路故障

1）正常线路如图 8 - 32 所示。

图 8 - 32 10kV 线路正常运行方式

2）FS12 与 FS13 之间发生瞬时故障，如图 8 - 33 所示。CB1 跳闸，FS11、FS12、FS13 失压计数 1 次，FS11、FS12 过流计数 1 次，CB1 一次重合成功。

图 8 - 33 10kV 线路 F1 点发生瞬时故障

（2）FS12 与 FS13 之间发生永久故障，如图 8 - 34 所示。

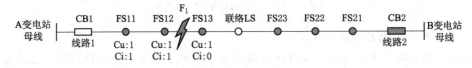

图 8 - 34 10kV 线路 F1 点发生永久故障，CB1 跳闸

1）CB1 跳闸，FS11、FS12、FS13 失压计数 1 次，FS11、FS12 过流计数 1 次，如图 8 - 35 所示。

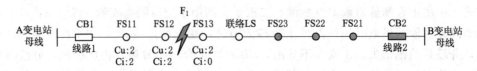

图 8 - 35 10kV 线路 FS11、FS12、FS13 跳闸

2）CB1 一次重合失败，FS11、FS12、F13 失压计数 2 次，FS11、FS12 过流计数 2

次。因失压计数 2 次到，FS11、FS12、FS13 均分闸，如图 8-36 所示。

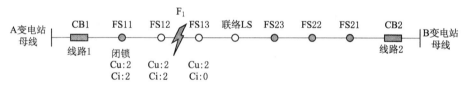

图 8-36 10kV 线路 CB1 一次重合失败

3）CB1 二次重合，经合闸闭锁时间 X（大于 CB1 一次重合闸时间），FS11 合闸，并经故障确认时间 Y（一般为 $X-0.5$），FS11 闭锁，如图 8-37 所示。

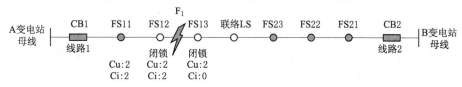

图 8-37 10kV 线路 CB1 二次重合

4）FS11 合闸后经 X 时间，FS12 合闸于故障，CB1 跳闸，在 Y 时间内 FS12 检失压分闸并闭锁，FS13 在 X 时间内检残压闭锁，如图 8-38 所示。

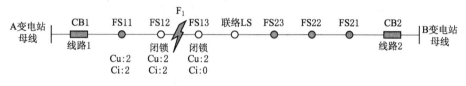

图 8-38 10kV 线路 CB1 三次重合

5）CB1 三次重合成功。

3. 就地型——自适应综合型 FA

适应综合型 FA 是在电压时间型的基础上，增加了故障信息记忆和来电合闸延时自动选择功能，从而实现参数定值的归一化，满足配电终端不会因网架、运行方式下调整带来的参数调整。当线路发生短路故障时，若为瞬时故障，变电站出线开关（CB）重合成功，分段开关依据有故障记忆采用短延时，无故障记忆采用长延时的方式依次采用合闸送出，线路恢复供电。

当线路发生短路故障时，若为永久故障，变电站出线开关（CB）检出故障并跳闸，分段开关失压分闸，故障点电源方向路径上的分段开关感受到故障信号并记录故障信息；CB 延时一次重合闸，分段开关感受来电时按照有故障路记忆执行 X 时间（线路有压确认时间）合闸送出，无故障记忆的开关执行 $X+T$ 延时时间（长延时）合闸送出。分段开关逐级合闸至故障点，CB 再次跳闸，故障点上游开关因合闸后未保持 Y 时间闭锁正向来电合闸，故障点下游开关因感受瞬时来电（未保持 X 时间）闭锁反向合闸。

以图 8-39~图 8-46 为例说明自适应综合型 FA 动作行为。

（1）主干线短路故障处理

1）10kV 线路 FS2 和 FS3 之间发生永久故障，FS1、FS2 检测故障电流并记忆，如

图 8 - 39 所示。

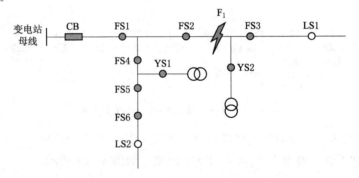

图 8 - 39　10kV 线路 FS2 和 FS3 之间发生永久故障

注：CB 为带时限保护和二次重合闸功能的 10kV 馈线出线断路器；FS1～FS6/LSW1、LSW2：自适应综合型智能负荷分段开关/联络开关；YS1～YS2 为用户分界开关。

2）10kV 线路 CB 保护跳闸，FS1、FS2、FS4 开关跳开，如图 8 - 40 所示。

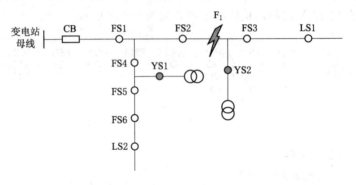

图 8 - 40　10kV 线路 CB 保护跳闸，FS1、FS2、FS4 开关跳开

3）10kV 线路 CB 在 2s 后第一次重合闸，如图 8 - 41 所示。

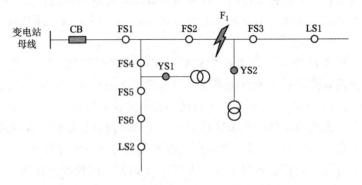

图 8 - 41　10kV 线路 CB 一次重合闸

4）10kV 线路 FS1 一侧有压且有故障电流记忆，延时 7s 合闸，如图 8 - 42 所示。

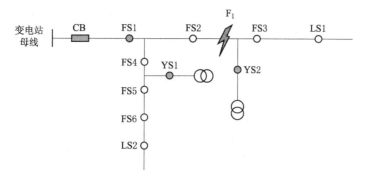

图 8-42　10kV 线路 FS1 合闸

5）10kV 线路 FS2 一侧有压且有故障电流记忆，延时 7s 合闸，FS4 一侧有压但无故障电流记忆，启动长延时 7＋50s（等待故障线路隔离完成，按照最长时间估算，主干线最多四个开关考虑一级转供带四个开关），如图 8-43 所示。

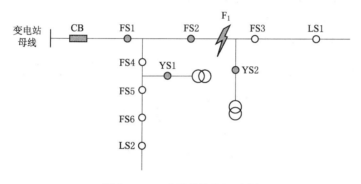

图 8-43　10kV 线路 FS2 合闸

6）由于是永久故障，10kV 线路 CB 再次跳闸，FS2 失压分闸并闭锁合闸，FS3 因短时来电闭锁合闸，如图 8-44 所示。

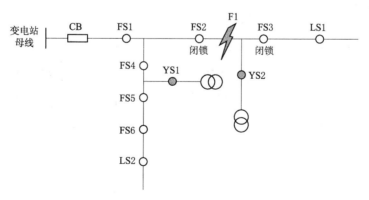

图 8-44　10kV 线路 CB 再次跳闸，FS1、FS2、FS4 开关跳开

7）10kV 线路 CB 二次重合，FS1、FS4、FS5、FS6 依次延时合闸，如图 8-45 所示。

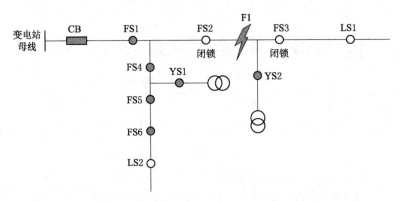

图 8-45　CB 二次重合，FS1、FS4、FS5、FS6 依次延时合闸

（2）用户分支短路故障处理。

1）YS1 之后发生短路故障，FS1、FS4、YS1 记忆故障电流，如图 8-46 所示。

2）CB 保护跳闸，FS1～FS6 失压分闸，YS1 无压无流后分闸。

3）CB 在 2s 后第一次重合闸。

4）FS1～FS7 依次延时合闸。

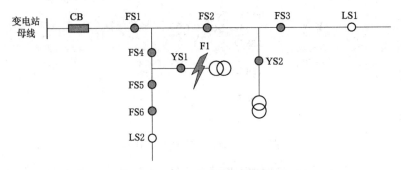

图 8-46　YS1 之后发生短路故障

【案例分析】

案例：主站集中式 FA 动作情况分析

10kV 线路运行方式如图 8-47 所示，FA 方式为主站集中式。试问：

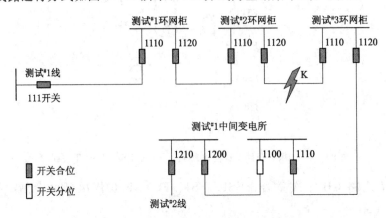

图 8-47　10kV 线路 K 点发生永久故障

（1）在 K 点发生永久性故障时，分析 FA 动作情况。

（2）在 K 点发生永久性故障期间，北直街[#]3环网柜 DTU 通信中断，分析 FA 动作情况。

【案例分析】

10kV 线路 FA 方式为主站集中式：

（1）在 K 点发生永久性故障时，正常情况下 FA 动作情况如下：

1）在 K 点发生故障时，测试[#]1线 111 开关跳闸，切除故障。

2）主站分开测试[#]2 环网柜 1120 开关、测试[#]3 环网柜 1110 开关。

3）主站合上测试[#]1线 111 开关，恢复故障前段供电。

4）主站合上测试[#]1 中间变电所 1100 开关，恢复故障后段供电。

（2）在 K 点发生永久性故障期间，北直街[#]3 环网柜 DTU 通信中断，FA 动作情况如下：

1）在 K 点发生故障时，测试[#]1线 111 开关跳闸，切除故障。

2）由于测试[#]3 环网柜通讯中断、DTU 不上线，扩大故障下游隔离范围。

主站分开：测试[#]2 环网柜 1120 开关、测试[#]1 中间变电所 1110 开关。

3）主站合上：测试[#]1线 111 开关，恢复故障前段供电。

4）主站合上：测试[#]1 中间变电所 1100 开关，恢复故障后段供电。

（二）分布式

1. 速动型分布式 FA

速动型分布式 FA 的故障定位，主要通过检测故障区段两侧短路电流、接地故障的特征差异，从而定位故障发生在对应区段。在故障定位完成后，在变电站馈线保护动作之前隔离相应故障区段，随后判断联络电源转供条件满足与否，若满足，合上联络开关完成非故障停电区域的供电恢复。

以图 8-48～图 8-67 为例说明速动型分布式 FA 动作行为。

（1）主干线短路故障处理。

1）在 F 位置开关 2、开关 3 之间发生短路故障后，如图 8-48 所示。

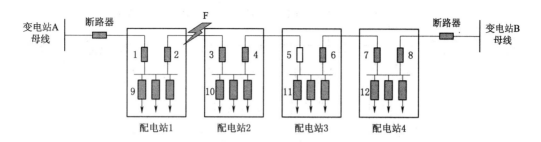

图 8-48　配电站 1 与配电站 2 发生站间瞬时故障

2）分布式 FA 启动，定位故障发生在开关 2、开关 3 之间；在变电站 A 出口断路器跳闸之前，开关 2 分闸，开关 3 分闸，故障隔离完成，如图 8-49 所示。

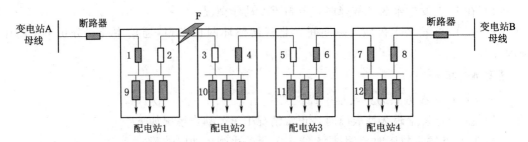

图 8-49 配电站 1 与配电站 2 发生站间瞬时故障后完成隔离

3）确定故障隔离成功，合上开关 5（不过负荷时），完成非故障区段恢复供电，故障处理完成，FA 结束，如图 8-50 所示。

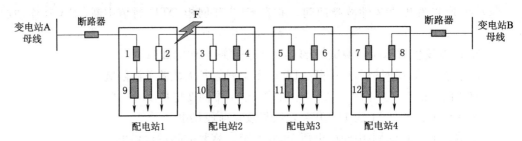

图 8-50 配电站 1 与配电站 2 发生站间瞬时故障，故障后段恢复供电

4）若在故障隔离过程中，开关 2 拒动，如图 8-51 所示。

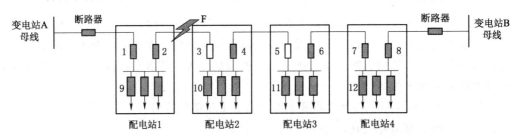

图 8-51 配电站 1 与配电站 2 发生站间瞬时故障，故障隔离时，#2 开关拒动

5）扩大一级隔离，则开关 1 分闸，故障隔离完成，如图 8-52 所示。

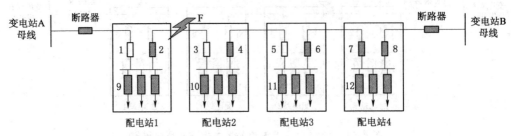

图 8-52 故障隔离拒动，扩大隔离范围

6）确定故障隔离成功，合上开关 5（不过负荷时），完成非故障区段恢复供电，故障处理完成，FA 结束，如图 8-53 所示。

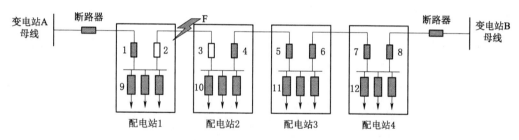

图 8-53 故障后段恢复供电

（2）馈出线短路故障处理。

1）在 F 位置开关 10 发生短路故障后，如图 8-54 所示。

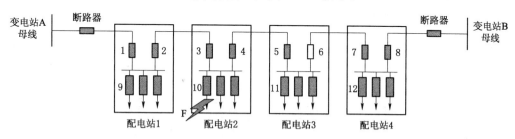

图 8-54 配电站 2 的 #10 开关发生短路故障

2）分布式 FA 启动，定位故障发生在开关 10 的馈出线；在变电站 A 出口断路器跳闸之前，开关 10 分闸，故障隔离完成；主干线未停电，如图 8-55 所示。

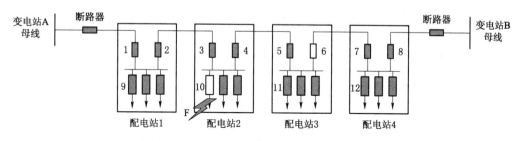

图 8-55 配电站 2 的 #10 开关跳闸，隔离故障

3）若在故障隔离过程中，开关 10 拒动，如图 8-56 所示。

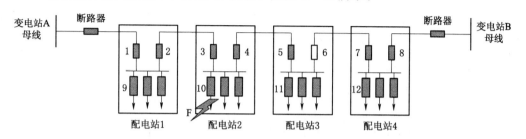

图 8-56 配电站 2 的 #10 开关后发生短路故障，#10 开关拒动

4）扩大一级隔离，则开关 3 分闸，开关 4 分闸（如开关 4 继续拒动，则闭锁 FA），

故障隔离完成，如图 8-57 所示。

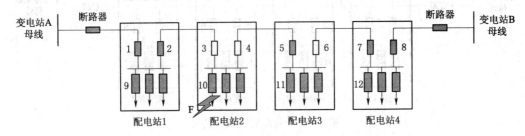

图 8-57　配电站 2 的 #10 开关拒动，故障上下游扩大故障隔离范围

5）确定故障隔离成功，合上开关 6（不过负荷时），完成非故障区段恢复供电，故障处理完成，FA 结束，如图 8-58 所示。

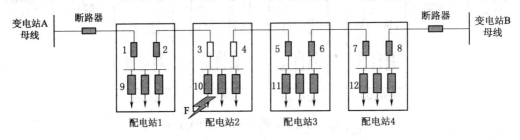

图 8-58　非故障区域恢复供电

（3）母线短路故障处理。

1）在 F 位置配电站 2 母线之间发生短路故障后，如图 8-59 所示。

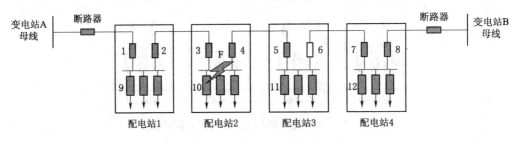

图 8-59　配电站 2 母线发生短路故障

2）分布式 FA 启动，定位故障发生在配电站 2 母线；在变电站 A 出口断路器跳闸之前，开关 3 分闸，开关 4 分闸，故障隔离完成，如图 8-60 所示。

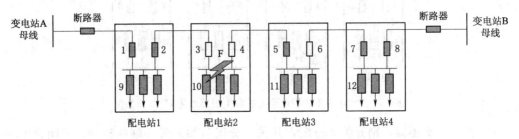

图 8-60　配电站 2 母线发生短路故障，隔离故障

3）确定故障隔离成功，合上开关 6（不过负荷时），完成非故障区段恢复供电，故障处理完成，FA 结束，如图 8-61 所示。

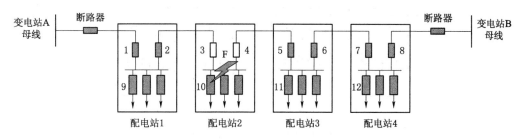

图 8-61 配电站 2 母线发生故障，非故障区域恢复供电

4）若在故障隔离过程中，开关 3 拒动，如图 8-62 所示。

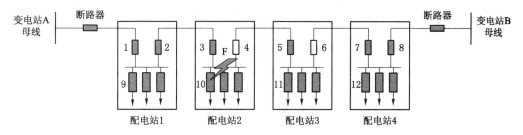

图 8-62 配电站 2 母线发生短路故障，故障隔离时，#3 开关拒动

5）扩大一级隔离，则开关 2 分闸，故障隔离完成，如图 8-63 所示。

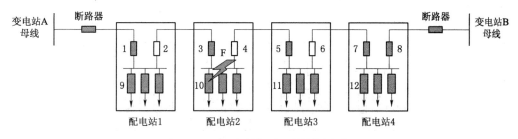

图 8-63 #3 开关拒动，扩大隔离范围

6）确定故障隔离成功，合上开关 6（不过负荷时），完成非故障区段恢复供电，故障处理完成，FA 结束，如图 8-64 所示。

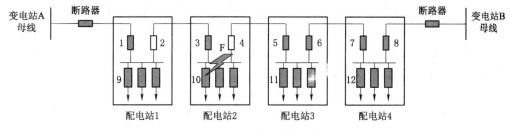

图 8-64 非故障区域恢复供电

7）若在故障隔离过程中，开关4拒动，如图8-65所示。

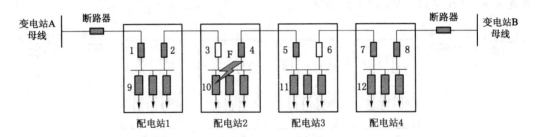

图8-65　配单站2母线发生故障，故障隔离时，#4开关拒动

8）扩大一级隔离，则开关5分闸，故障隔离完成，如图8-66所示。

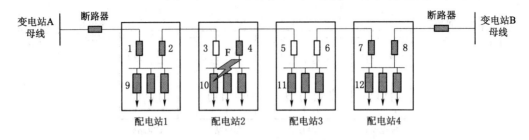

图8-66　#4开关拒动，扩大隔离范围

9）确定故障隔离成功，合上开关6（不过负荷时），完成非故障区段恢复供电，故障处理完成，FA结束，如图8-67所示。

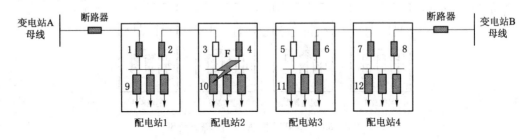

图8-67　非故障区域恢复供电

2．缓动型分布式FA

缓动型分布式FA的故障定位，主要通过检测故障区段两侧短路电流、接地故障的特征差异，从而定位故障发生在对应区段。在故障定位完成后，在变电站馈线保护动作切除故障之后，经延时隔离相应故障区段，随后判断联络电源转供条件满足与否，若满足，合上联络开关完成非故障停电区域的供电恢复。

以图8-68～图8-73为例说明缓动型分布式FA动作行为。

（1）配电站2的开关2与配电站3的开关1之间的线路F位置发生故障，如图8-68所示。

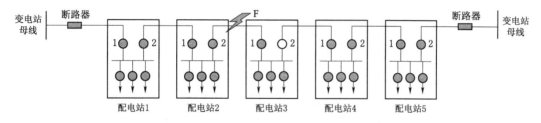

图 8-68　配电站 2 与配电站 3 发生站间故障

（2）分布式 FA 启动，在变电站 1 出口开关跳闸，如图 8-69 所示。

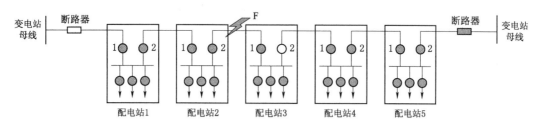

图 8-69　变电站出口断路器跳闸，隔离故障

（3）之后，配电站 2 的开关 2 分闸，配电站 3 的开关 3 分闸，如图 8-70 所示。

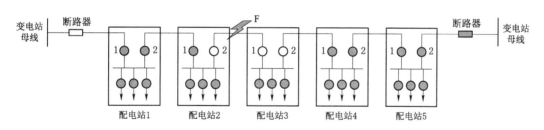

图 8-70　FA 分开配电站 2 的 #2 开关、配电站 3 的 #1 开关，隔离故障段

（4）合上配电站 3 的开关 3（不过负荷时），恢复下游非故障区段供电；合上变电站 1 出口开关（遥控合闸、人工合闸或重合闸），恢复上游非故障区段供电，故障处理完成，FA 结束，如图 8-71 所示。

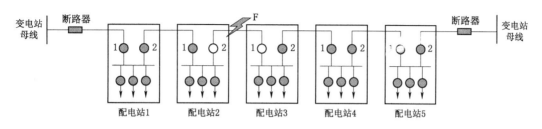

图 8-71　故障前、后段恢复供电

（5）若配电站 2 的开关 2 拒动，扩大一级则配电站 2 的开关 1 分闸，如图 8-72 所示。

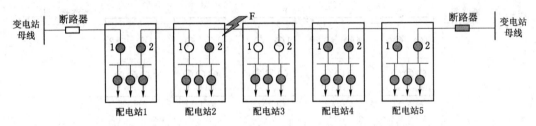

图 8 - 72　隔离故障段时，配电站 2 的 #2开关拒动，扩大隔离范围

（6）合上配电站 3 的开关 2（不过负荷时），恢复下游非故障区段供电；合上变电站 1 出口开关（遥控合闸、人工合闸或重合闸），恢复上游非故障区段供电，故障处理完成，FA 结束，如图 8 - 73 所示。

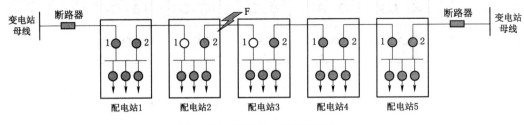

图 8 - 73　故障前、后段恢复供电

第五部分

信息系统安全防护

第九章

信息系统安全防护

模块 1　信息安全防护基本原则

【学习目标】
(1) 了解国网公司配电自动化系统信息安全防护的基本原则。
(2) 了解南网公司配电自动化系统信息安全防护的基本原则。

【知识点】

为了加强配电自动化系统安全防护，保障电力监控系统的安全，《电力监控系统安全防护规定》（国家发展和改革委员会令 2014 年第 14 号）（以下简称"14 号令"）和《关于印发电力监控系统安全防护总体方案等安全防护方案和评估规范的通知》（国能安全〔2015〕36 号）（以下简称"36 号文"）等对配电自动化系统的安全防护做出了原则性规定。现场配电终端主要通过光纤、无线网络等通信方式接入配电自动化系统，由于目前安全防护措施相对薄弱，且黑客攻击手段日益增强，致使点多面广、分布广泛的配电自动化系统面临来自公网或专网的网络攻击风险，进而影响配电系统对用户的安全可靠供电；同时，当前国际安全形势出现了新的变化，攻击者存在通过配电终端误报故障信息等方式迂回攻击主站，进而造成更大范围的安全威胁。

一、国家电网安全防护基本原则

1. 适用范围

适用于 10kV 及以下电压等级配电自动化系统安全防护，重点在配电自动化系统配电主站、纵向通信、配电终端等的安全防护措施；关于其安全分区、横向隔离、物理安全防护等方面的相关内容，参见 14 号令、36 号文、《国家电网公司管理信息系统安全防护技术要求》（Q/GDW 1594）以及国家和行业等级保护的相关要求。

2. 防护目标

防护目标是抵御黑客、恶意代码等通过各种形式对配电自动化系统发起的恶意破坏和攻击，以及其他非法操作，防止系统瘫痪和失控，并由此导致的配电网一次系统事故。

3. 防护原则

遵循 14 号令、36 号文附件 1 及附件 6 的要求，参照"安全分区、网络专用、横向隔离、纵向认证"的原则，针对配电自动化系统点多面广、分布广泛、户外运行等特点，采用基于数字证书的认证技术及基于国产商用密码算法的加密技术，实现配电主站与配电终端间的双向身份鉴别及业务数据的加密，确保数据完整性和机密性。

二、南方电网安全防护基本原则

南方电网各级调度控制中心、配电中心（含负荷控制中心）、变电站、各级调度控制中心直调电厂、电力通信机构在进行本单位电力监控系统安全防护方案设计时应遵守以下原则：

（1）系统性原则（木桶原理）。

（2）简单性和可靠性原则。

（3）实时性、连续性与安全性相统一的原则。

（4）需求、风险、代价相平衡的原则。

（5）实用性与先进性相结合的原则。

（6）全面防护、突出重点的原则。

（7）分层分区、强化边界的原则。

（8）整体规划、分步实施的原则。

（9）不断完善的原则。

（10）下级服从上级，局部服从整体的原则。

（11）技术与管理相结合的原则。

模块 2　信息安全防护架构体系

【学习目标】

（1）掌握信息安全相关术语及定义。

（2）熟悉配电自动化系统网络安全防护架构体系。

【知识点】

一、信息安全相关术语及定义

1. 生产控制大区

由具有数据采集与控制功能、纵向联接使用专用网络或专用通道的电力监控系统构成的安全区域。

2. 管理信息大区

生产控制大区之外的，主要由企业管理、办公自动化系统及信息网络构成的安全区域。

3. 电力调度数字证书系统

基于公钥技术的分布式的数字证书系统，主要用于生产控制大区，为电力监控系统及电力调度数据网上的关键应用、关键用户和关键设备提供数字证书服务，实现高强度的身份认证、安全的数据传输以及可靠的行为审计。

4. 横向隔离

在不同安全区间不应存在通用网络通信服务，仅允许单向数据传输，采用访问控制、签名验证、内容过滤、有效性检查等技术，实现接近或达到物理隔离强度的安全措施。

5. 纵向认证

采用认证、加密、访问控制等技术实现数据的远方安全传输以及纵向边界的安全防护的措施。

6. 对称密码

在加密和解密算法中都是用相同秘密密钥的密码技术。

7. 非对称密码

基于非对称密码技术的体制，公开变换用于加密，私有变换用于解密；反之亦然。

8. 身份认证

专用于确定传输、消息或发信方的有效性的安全措施，或者对接受特定的信息类别的个人授权进行验证的手段。

9. 安全接入区

生产控制大区的业务系统在与其终端的纵向联接中使用无线通信网、电力企业其他数据网（非电力调度数据网）或者外部公用数据网的虚拟专用网络方式（VPN）等进行通信时设立的安全防护逻辑区域。

10. 微型纵向加密认证装置

采用认证、加密、访问控制等技术实现数据的远方安全传输以及纵向边界的安全防护的微型化装置（卡、模块）。

二、安全防护架构

配电自动化系统安全防护应遵循国家发改委 2014 年第 14 号令及配套文件要求，采用"安全分区、网络专用、横向隔离、纵向认证"的基本防护策略，同时应加强配电自动化系统网络安全监测，及时发现、报告并处理网络攻击或异常行为。

配电自动化系统总体安全防护架构如图 9-1 所示。按照配电自动化系统安全防护架构，安全防护技术要求分为主站安全防护、配电终端安全防护、横向边界安全防护、纵向通信安全防护和安全监测。

1. 安全分区

对配电自动化系统进行安全分区。实时控制系统、具有实时控制功能的业务模块以及未来有实时控制功能的业务系统应置于生产控制大区。

2. 网络专用

配电自动化系统生产控制大区的业务应优先采用光纤专网或电力调度数据网进行通信。对于不具备光纤专网或电力调度数据网通信条件的配电终端，可采用无线通信方式，并设置安全接入区，采用经国家有关单位检测认证的电力专用横向单向安全隔离装置，实现与生产控制大区之间的隔离。

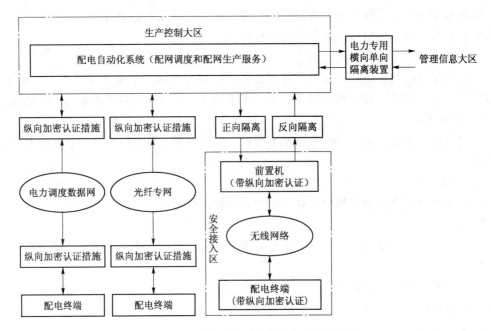

图 9-1 配电自动化系统总体安全防护架构

3. 横向隔离

对配电自动化系统进行横向隔离，在生产控制大区与管理信息大区之间进行通信时，应采用经国家有关单位检测认证的电力专用横向单向安全隔离装置进行隔离。

4. 纵向认证

配电自动化系统在生产控制大区与配电终端的纵向通信中应采用纵向加密认证措施，实现双向身份认证和数据加密。

5. 安全监测

配电自动化系统应采用网络安全监测技术，对配电自动化系统内的相关主机设备、网络设备、安全防护设备的运行状态、安全事件等信息以及网络流量进行采集和分析，实现配电自动化系统网络安全威胁的实时监测与审计。安全监测记录应保存至少 6 个月。

模块 3　配电自动化系统信息安全防护加固措施

【学习目标】

（1）知晓配电自动化系统的常见信息安全风险。

（2）了解常用的配电自动化系统信息安全加固措施与漏洞排查手段。

【知识点】

一、配电自动化系统常见信息安全风险

根据配电自动化系统业务流程和系统架构特点，从配电主站、通信通道、配电终端、

系统边界 4 个层面进行网络安全风险分析，总结如下所述。

1. 配电主站可能面临的风险

作为配电自动化系统的最重要环节，生产控制大区采集应用部分配电主站依据现场配电终端采集的数据生成故障定位、故障隔离、非故障区域恢复供电等策略；同时，与管理信息大区采集应用部分配电主站接收遥控、遥测等重要配电数据，起到对一次配电网运行状态监测和管控作用。配电主站面临风险点如下：

（1）若主站无对现场终端身份鉴别措施，主站可接受仿冒终端上传的伪造数据或者带病毒文件，导致主站遭到攻击。

（2）若无数据无完整性保护措施，主站可能接收被篡改的上行数据，如故障遥信、遥测信息，形成错误决策，下发异常指令，影响系统运行，甚至发生停电事件。

（3）配电主站前置机主要存储、处理配电业务数据，配电主机运行配电自动化专用软件，安全配置不到位（无身份认证、系统存在漏洞、开放不必要端口、服务器弱口令等），存在被恶意人员误操作、服务器被入侵、感染病毒、系统数据被破坏或窃取等风险。

2. 纵向通信可能面临的风险

配电自动化系统通信方式多样复杂，包括光纤、无线专网、无线公网、电力载波等，面临着不同等级的安全风险。

（1）配电自动化系统主要采用光纤、无线通道传输数据，若通信通道直接连接生产控制大区、缺乏接入控制和隔离措施，可能被利用向配电系统主站，甚至调度监控系统发起攻击，影响主网生产系统。

（2）配电自动化系统上行的采集数据、下行的控制指令等业务数据通过网络传输，若无加密认证措施，传输过程中数据遭到窃取或篡改，将可能导致停电事件发生。

（3）配电主站与终端之间不安全的无线通信，可能被利用以攻击配电自动化系统。无线通道易被非法接入，使攻击者可侵入配电系统和终端，若安全策略配置不到位，存在服务器被入侵、窃取或破坏配电业务数据，也可假冒终端向主站或者其他合法终端发起攻击或恶意操作，影响系统运行。

3. 配电终端可能面临的风险

大部分配电终端都处于无人值守状态，设备容易处于离散的运行情况，网络连接不连续，易受攻击，成为黑客攻击主机的入口。

（1）若无对主站下行指令的加密，配电终端可能接受被篡改或者重放的遥控、远程程序升级、参数更新指令，导致一次电网停电、终端被非法入侵等危害。

（2）配电终端运维工具对终端进行参数配置、程序升级等维护操作，若无对运维工具的身份鉴别、数据机密性保护及完整性验证等措施，可能导致未授权移动维护设备接入，而造成木马、病毒等恶意代码在网络中传播。

4. 边界可能面临的风险

配电自动化系统与其他业务系统之间相互联系，不同业务系统风险敏感程度和应用场景不同，若未进行防护，将存在以下风险：

（1）配电系统主站在交互配网业务、网络拓扑等数据时，若系统间隔离措施不到位，将无法抵御黑客对系统发起的恶意破坏、非法操作，存在系统主站瘫痪和失控风险，有可能进一步导致配电网一次系统事故。

（2）配电自动化管理信息大区与互联网存在交互，如果没有完备的边界防护措施，配电自动化系统管理信息大区可能存在来自互联网的安全威胁，例如，来自互联网的网络攻击、僵尸木马、病毒、拒绝服务攻击机、未授权的非法访问等。

二、配电主站安全防护加固措施

1. 操作系统和支撑软硬件

（1）配电主站前置服务器应采用经国家相关部门认证的安全加固操作系统，数据库服务器、工作站等其他服务器宜采用安全的操作系统，满足安全可靠要求。

（2）采集服务器应采用经国家相关部门认证的安全加固操作系统，采用用户名/强口令、动态口令、安全介质、生物识别、数字证书等至少一种措施，实现用户身份认证及账号管理。

（3）配电主站应采用经国家或行业有关机构检测认证的数据库、中间件等支撑软件，满足安全可靠要求。

（4）操作系统和支撑软件应仅安装运行需要的组件和应用程序，操作系统和数据库的身份鉴别、访问控制、安全审计等应符合 GB/T 22239《信息安全技术　网络安全等级保护基本要求》的规定。

（5）配电自动化系统的网络关键设备和网络安全专用设备应经国家或行业有关机构检测认证，防范设备主板存在恶意组件和芯片。

2. 支撑平台的安全防护

（1）配电主站应用软件在部署前应经具备资质的检测机构的测试认证，宜进行代码安全审计，防范恶意软件或恶意代码植入。

（2）配电主站应用软件登录应修改账户的默认口令；应设置强口令，口令长度在 8 位以上，且由数字、字母和特殊符号组成；用户名和口令禁止相同，并定期更换；口令不得明文存储。

（3）配电主站应用软件应提供访问控制功能，依据安全策略控制用户对文件、数据库表等的访问，重要操作时应采用权限管理。

（4）配电主站应用软件应具备覆盖每个用户的审计功能，对系统重要安全事件进行审计，审计记录应受到保护，避免受到未预期的删除、修改或覆盖。

（5）配电主站的遥控操作应采用双因子认证方式加强安全防护。

（6）配电主站应采用基于数字证书的认证技术，实现配电主站与配电终端的双向身份鉴别。

（7）对下行控制命令、远程参数设置、远程升级、容器和业务 App 操作等报文应采用基于国家密码管理部门认可的密码算法进行签名操作。

（8）对配电主站与配电终端之间的交互数据应采用基于国家密码管理部门认可的密码算法进行加解密操作。

3. 配电加密认证装置

配电加密认证装置部署在生产控制大区和管理信息大区内，采取直连或者专用交换机方式与主站前置服务器连接，作用是同配电终端安全芯片相互相进行身份合法性认证，之后对配电终端的规约数据提供机密性和完整性保护。重点防范伪造终端身份、重放等方法对配电主站系统的恶意破坏和攻击以及其他非法操作，防止由此导致的配电网一次系统事故。

配电加密认证装置是通过国家商用密码主管部门鉴定并批准使用的国内自主开发的主机加密设备，与前置机之间使用 TCP/IP 协议通信，所以对前置机的类型和操作系统无任何特殊要求。主要功能由配置管理功能、密钥管理功能以及密码服务功能组成。

（1）配置管理功能。配置管理功能主要是对加密装置进行部署配置，包括通信参数的配置、访问白名单管理和密钥管理等功能。加密装置提供密码服务前需要进行必要的参数配置，所有的管理操作必须在获得授权的前提下才能进行，管理用户在进行配置操作过程中必须插入配套的授权 IC 卡，并验证 IC 卡口令，在 IC 卡验证通过后方能进行对应的管理操作。

（2）密钥管理功能。密钥管理功能主要是在设备连接管理工具的基础下，对加密装置的对称与非对称密钥的管理，从密钥产生、密钥更新、密钥存储、密钥删除、密钥销毁等一系列操作过程。加密装置本身在出厂时未设置主密钥，要想密码设备正常提供服务功能，必须为设备输入主密钥，主密钥由三个分量由指定的算法在设备内部组成主密钥，主密钥输入完成后方可进行其他密钥的操作。配电加密认证方案中采用的加密算法包括对称密码算法 SM1、非对称密码算法 SM2 和摘要算法 SM3。

（3）密码服务功能。密码安全服务功能支持主要针对应用系统调用，包括通用密码服务功能和客户定制化服务功能。主要包括：随机数生成功能，密钥生成（DES/SM1/SM2/RSA 等）功能，生成密钥协商会话密钥功能，消息摘要功能，签名验签功能，对称密钥加解密功能，非对称密钥加解密功能，消息鉴别与 MAC 运算功能。

三、纵向通信安全防护加固措施

1. 生产控制大区采集应用部分纵向通信的安全防护加固措施

为防止光纤及无线通信通道被攻击者利用，向配电主站或经配电主站向调度自动化主站发起攻击，在配电主站生产控制大区采集应用部分与配电终端的纵向联接中增设安全接入区。安全接入区应至少部署配电安全接入网关等设备。

配电专用安全接入网关采用串行方式部署在生产控制大区的安全接入区，串联在安全接入区的采集服务器和配电终端之间，负责与终端进行双向身份认证，身份认证通过后，才允许采集服务器与终端进行信息交互，对于非法终端或未完成身份认证的终端，禁止与采集服务器建立连接。配电专用安全接入网关具体功能见表 9-1。

表 9-1　　　　　　　　　　配电专用安全接入网关具体功能

功　能　项	功　能　描　述
双向认证	基于国密算法，提供基于数字证书配电终端和接入网关的双向身份认证功能
网络访问控制	进行网络层安全访问控制，对终端可访问的主站服务进行严格限制
链路检测	实现配电主站通过接入网关主动检测链路状态
终端状态监测	实时监测终端的在线及链路状态
配置管理	实现对服务配置、隧道配置、路由配置、网络参数配置、日志等配置管理功能
日志信息上报	对终端接入、认证信息、主机的 CPU、内存、网络等信息进行实时上报

配电专用安全接入网关在配电安全防护方案中的典型应用如图9-2所示。

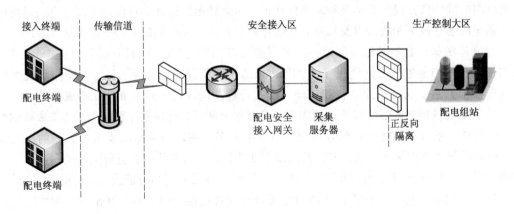

图9-2 配电专用安全接入网关典型应用

2. 管理信息大区采集应用部分纵向通信的安全防护加固措施

配电主站管理信息大区采集应用部分的纵向通信通道中应至少部署硬件防火墙、配电安全接入网关、数据隔离组件等安全防护设备。配电安全接入网关的基本工作原理与生产控制大区部分一致，此处不再赘述。

（1）防火墙。防火墙是一种网络边界安全防护隔离装置，部署内、外网络边界，按照网络安全防护策略对内外网络通信进行隔离监视，保护内部网络安全，对来自外部网络的通信进行访问控制，防止受到外部网络攻击，也可以对内部网络的通信进行监视，防止内部信息泄露。

在配电自动化系统安全防护方案中，主要部署在管理信息大区和无线公网边界，保护管理信息大区，避免来自无线公网的网络层的直接攻击。

（2）数据隔离组件。数据隔离组件处于管理信息大区内网的网络边界，连接两个或多个安全等级不同的网络，对重点数据提供高等级的安全隔离保护。产品功能见表9-2。

表9-2　　数据隔离组件功能

功 能 项	功 能 描 述
液晶屏显示	实时显示 CPU 和内存使用情况
双向访问控制	进行数据报文的双向访问控制，严格限制终端访问应用
网络安全隔离	提供第三方有线或无线网络和电力信息网络的安全隔离功能
内网资源保护	实现对内网应用访问资源的屏蔽，防止非法终端窥测内网系统服务及网络拓扑
应用资源映射	实现终端应用数据的映射和安全代理转发，屏蔽内网真实服务，保护内网系统安全
模板定制	根据业务系统特点和具体需求，进行合法的数据模板预定制，只允许符合数据模板的数据通过
数据内容过滤	提供对实现数据格式的安全过滤，防止非法数据进入内网
配置管理系统	提供网络参数、应用代理、管理接口、过滤规则、系统监控、路由配置、系统重启/关机、内网应用管理等功能

产品部署在管理信息大区网络边界，典型应用如图 9-3 所示。

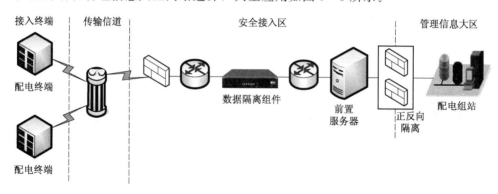

图 9-3　数据隔离组件典型应用

四、配电终端安全防护加固措施

（一）安全芯片

1. 概述

配电专用安全芯片是针对最新配电自动化安全防护方案定制开发的专用安全芯片，是通过国家密码局检测的商用密码产品。通过将该安全芯片内嵌在配电终端主板上，对外提供 SPI 通信接口与配电终端的主控 MCU 连接通信，实现对数据的加解密、签名和验签功能，协助配电终端实现与配电主站之间的双向身份认证，并确保业务数据的保密性和完整性。

配电专用安全芯片内带片上操作系统，该操作系统在安全芯片上电后独立运行，实现对芯片上的密钥、数据、文件和硬件资源的管理，并通过响应外部 SPI 通信接口传入的指令完成数据的加解密、签名和验签功能。其关键性能如下：

（1）抗物理攻击的安全特性。为了保证芯片的物理安全，芯片内部集成如下功能模块：真随机数发生器、存储器保护单元、存储器数据加密、内部时钟振荡器、高低电压检测报警、高低频率检测报警、温度检测报警。

（2）数据存储可靠性。擦写次数大于等于 100000 次、最小数据保持时间 10 年。

（3）采用国密加密算法。支持国密 SM1、SM2、SM3 算法。

（4）工业级的工作温度：-40～80℃。

2. 应用场景

在配电自动化系统安全防护方案中，配电专用安全芯片首先同配电专用安全接入网关进行双向认证，然后同配电加密认证装置进行双向认证，最后同配电加密认证装置实现数据报文的加解密及签名保护。该方案实现了终端到主站侧数据的端到端加密，即保证了整个通信通道的机密性，又可以防止假冒终端和主站身份的攻击手段。配电专用安全芯片的应用场景如图 9-4 所示。

终端安全芯片包括两种部署方式：一种是内置于配电终端内部；另一种是置于配电终端外部以加密盒的方式部署。外置方式相对内置方式成本较高，并且增加了额外的故障点，一般只用于老旧设备安全改造。

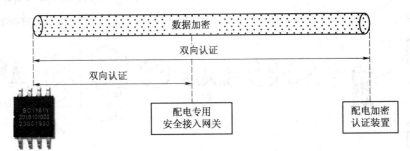

图 9-4   配电专用安全芯片的应用场景

3. 安全芯片的物理安全

配电终端分布范围广，所处物理环境多为无人看守，终端设备很容易落入攻击者手中。终端设备被攻击者得到后，攻击者会采用侧信道攻击、扰乱攻击、故障攻击、物理攻击等手法对终端进行攻击，以获取终端中的密钥等机密信息。如果没有专用的安全芯片，而采用普通芯片软密码算法及普通存储器，很难抵挡上述攻击。将硬件密码组件和软件密码组件的安全防护性能进行比较，见表 9-3。

表 9-3   硬件密码组件与软件密码组件的安全防护性能比较

安 全 防 护 比 较	硬 件 密 码 组 件	软 件 密 码 组 件
完整性保护	满足	不可控
对操作系统的依赖性	不依赖	依赖
能量分析攻击防护	有针对性防护	无防护
逆向工程攻击防护	攻击代价高	容易实现攻击
随机数安全性	有针对性防护	无防护
物理攻击防护	有针对性防护	无防护

专用安全芯片的安全防护从芯片设计的源头出发，从密码算法的安全、CPU 的安全、数据存储的安全、环境检测传感器网络、随机数发生器安全和版图安全等，对芯片进行全方位保护。

（1）密码算法安全。由于芯片密码算法在输入信息和密钥进行处理的过程会泄漏一些信息，如功耗、时间、电磁辐射及差错信息等，攻击者利用这些信息与电路内数据之间的相关性，推断获取芯片内密码系统的密钥，从而对信息安全产品构成严重的威胁。针对上述攻击手段，一般采用隐藏技术和掩码技术来消除芯片泄露信息和所执行的操作及所处理的数据之间的依赖联系。

（2）CPU 运行安全。CPU 是安全芯片的核心处理单元，当芯片上电后，CPU 从存储器中取值后执行，然后通过总线将指令传达给各个模块。CPU 控制整个程序的执行，其安全防护技术主要包含如下措施：

1）能耗均衡技术：CPU 使用的所有机器指令具有基本相同的能量损耗。

2）平顺跳转时序技术：通过插入伪操作的方式掩盖真实的跳转指令。

3）乱序跳转插入技术：根据输入的随机数随机地执行指令序列。

4）关键寄存器的校验保护技术：对关键寄存器的数据提供校验机制，使得攻击者篡改关键寄存器数据的行为能被及时发现并报警处理。

（3）数据存储安全。安全芯片存储数据的安全保护一般通过对各存储器中的数据进行访问权限控制和加密来实现。此外，芯片的工作模式分为用户模式、特权模式、应用模式，在不同的工作模式下，即便是存储器的同一个存储区的访问权限也有不同的限定。综上通过存储区域的划分和工作模式的限定，安全芯片中的普通数据和重要数据被有效地分离，各自接受不同程序的条件保护，极大地提高了逻辑安全的强度。

（4）环境监测传感器网络。为了防止攻击者对芯片进行扰乱攻击和故障攻击（例如通过给正在工作的安全芯片注入电压毛刺、时钟毛刺、激光等改变芯片运行程序的流程）从而窃取芯片密钥等关键数据等，安全芯片对芯片的工作电压、注入毛刺、时钟频率、外部温度和光照等环境变量进行实时监测。在芯片遭受解剖、某种物理攻击或者工作环境不够理想时，输出报警信息，预警复位芯片，有效防止故障注入攻击，侧信道攻击等，保护芯片内部存储的敏感数据。

综上所述，安全芯片在设计之初，就引入了大量的防护技术，这是安全芯片与软件实现安全算法的根本区别。

（二）运维安全

为防止移动运维设备对终端造成的攻击，终端的现场运行维护必须采用经认定的专用运维工具，终端与运维工具之间的交互推荐使用串口进行通信（如有必要，可采用 SSH 方式）；并且终端需对运维工具进行基于 SM2 数字证书的单向身份认证，认证通过后采用国产商用对称密码算法 SM1 保证双向传输数据的完整性和机密性。

五、边界安全防护加固措施

生产控制大区采集应用部分与调度自动化系统应采用电力专用横向单向安全隔离装置，配置访问控制、日志记录和审计等安全策略，实现边界物理隔离。

生产控制大区采集应用部分与管理信息大区采集应用部分边界，应采用电力专用横向单向安全隔离装置，配置访问控制、日志记录和审计等安全策略，实现边界物理隔离。

在配电主站管理信息大区采集应用部分与管理信息大区内其他系统之间应部署逻辑隔离装置，如防火墙等，配置访问控制、日志记录和审计等安全策略，实现边界逻辑隔离。

此外，还可以在边界部署入侵检测及防御装置等，通过监控关键设备和安全产品的日志和监控信息，快速进行安全事件的反馈和报警。

（一）电力专用横向单向隔离装置

隔离装置将可信任的内网和不可信任的外网进行隔离，因此必须保证内部网和外部网之间的通信均通过隔离装置进行，同时还必须保证隔离装置自身的安全性；隔离装置是实施内部网安全策略的一部分，保证了内部网的正常运行而不受外部的干扰。

电力专用横向单向安全隔离装置是电力监控系统安全防护专用设备，分为正向型与反向型两种，采用软、硬结合的安全措施，在硬件上使用双机结构通过"安全岛"装置进行通信来实现物理上的隔离；在软件上，采用综合过滤、访问控制、应用代理、双字节检查技术实现链路层、网络层与应用层的隔离。在保证网络透明性的同时，实现了对非法信息的隔离。

　　其中，反向型装置结合配套软件，实现可信数据根据计划自动或手动地从外网到内网的传输，传输过程中，发送端程序对外网数据进行双字节转换及数字签名，报文在通过隔离装置前，隔离装置根据规则进行综合过滤，并对签名进行验证，对验证通过的报文再进行双字节检查，这样检查通过的报文才可以进入内网，以保证内网系统的安全，并保证在网络隔离的情况下可信数据能够进入内网。

　　正向型与反向型均有 Public 接口和 Private 接口，通过 Public 接口连接管理信息大区，通过 Private 接口连接生产控制大区，每个区域可使用两个网络接口分别连接冗余的两台交换机，以及两个控制端口分别支持串口和网口。

　　电力专用横向单向安全隔离装置部署在生产控制大区和管理信息大区之间的边界，用于对两个网络区域之间的通信进行安全隔离，防止生产控制大区受到外部非法访问，防止生产控制大区内部信息非法泄露，如图 9-5 所示。

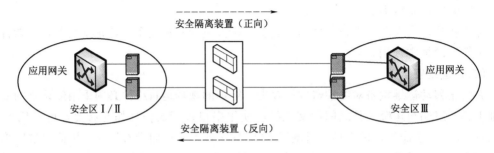

图 9-5　电力专用横向单向隔离装置网络位置部署

　　隔离装置采用软、硬结合的安全措施，在硬件上使用双机结构通过安全岛装置进行通信来实现物理上的隔离及单向数据流向控制；在软件上，采用综合过滤、访问控制、应用代理技术实现链路层、网络层与应用层的隔离。在保证网络透明性的同时，实现了对非法信息的隔离。

（二）入侵检测及防御装置

　　入侵检测系统（Intrusion - Detection System，IDS）是一种网络安全设备或应用软件，可以对网络传输进行即时监视，在发现可疑传输时发出警报或者采取主动反应措施。入侵检测是防火墙的合理补充，帮助系统对付网络攻击，扩展系统管理员的安全管理能力（包括安全审计、监视、进攻识别和响应），提高信息安全基础结构的完整性。它具有实时监测、安全审计和主动响应等功能。

　　不同于防火墙，IDS 入侵检测系统是一个监听设备，没有跨接在任何链路上，无需网络流量流经它便可以工作。因此，对 IDS 的部署，唯一的要求是 IDS 应当挂接在所有所关注流量都必须流经的链路上。故 IDS 在交换式网络中的位置一般选择在尽可能靠近攻击源或者尽可能靠近受保护资源的位置。这些位置通常是：服务器区域的交换机上，Internet 接入路由器之后的第一台交换机上，重点保护网段的局域网交换机上。入侵检测及防御装置通常具有威胁检测、异常流量分析、原始报文取证、攻击响应等功能。

六、配电自动化系统现场安全专项检测工具

(一) 体系结构

配电网络安全专项检测工具主要针对配电自动化系统中的 SCADA 服务器、数据库服务器、历史数据服务器、工作站等设备，对其操作系统、网络服务、应用软件等进行脆弱性检测，也能检查非授权设备接入网络及交换机端口配置状况；检查配电终端系统漏洞、端口服务及弱口令问题；检查 101/104 协议的认证及加密情况；针对配电加密认证装置、防火墙等安全防护类设备，检测其操作系统、网络服务等是否存在漏洞，可实现对配电自动化系统安全措施的可观、可控。

配电网络安全专项检测工具的外观如图 9-6 所示，将专项检测工具与专用维护笔记本电脑通过网线连接，输入工具的管理口 IP 地址，登录管理界面。

图 9-6　配电网络安全专项检测工具外观

配电网络安全专项检测工具包含硬件的设备特性和软件提供的功能集合，硬件为定制版的无风扇工业整机，软件提供系统管理和一系列检测功能，其示意图如图 9-7 所示。

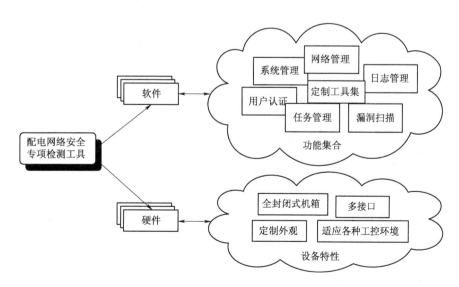

图 9-7　配电网络安全专项检测工具组成结构示意

（二）典型网络部署结构

配电网络安全专项检测工具主要应用在配电自动化系统中，可部署在主站交换机上，对各个主站服务器进行漏洞检查，同时检测是否有非授权设备接入网络，检测交换机端口配置等；还可部署在前置数据采集交换机上，对配电终端及采集服务器进行检测，还可检测 101/104 协议的加密认证情况，检测是否有非授权设备接入网络，检测交换机端口配置等。具体应用如图 9 - 8 所示。

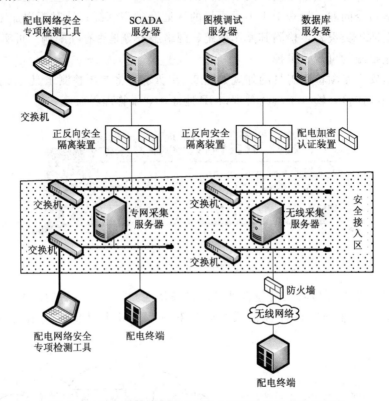

图 9 - 8　配电自动化系统网络安全专项检测工具应用部署

（三）基本功能

1. 协议安全策略分析

具备非授权设备接入网络检测及告警功能；配电自动化 101 协议、104 协议加密及认证验证等策略分析功能，验证 101 协议、104 协议是否按照要求进行了加密及认证操作。

2. 配电网设备脆弱性检测

可以检测配电网设备的系统脆弱性，如系统开放的危险端口，系统存在的配置漏洞，系统存在的弱登录认证（弱登录用户名及弱登录密码），交换机端口配置检查功能。

3. 漏洞扫描

可对常见漏洞进行扫描，对扫描结果进行报告汇总，并提出具体解决方案。可检测 Windows、Linux、Vxworks 等操作系统漏洞；可检测常见软件和服务漏洞，如 WEB 服务、HTTP 服务、FTP 服务、邮件服务等；可检测漏洞类型涵盖远程恶意代码执行、拒绝服务、敏感信息泄露、越权访问等。

4. 扫描策略配置

在不同应用环境下可以选择不同的分类策略，如在在线环境中，将只执行没有威胁的测试脚本，而在离线或实验环境下，将执行所有的测试脚本。这样处理之后，将提高扫描安全性，避免由于扫描而对现场环境带来威胁的情况。

5. 报表管理

支持报表生成导出，用户可定制报表的结构，报表文件集成了扫描设备序列号、报表ID，保证了报表的唯一性，报表内容不可更改，并且报表具有定制总结性内容。

6. 资产管理

可对扫描到的所有设备进行集中管理展示，包括操作系统类型及版本、开放端口类型及具体端口号、MAC 地址信息、最近生成报告时间、漏洞数目（高危、中危、低危、记录）以及未知漏洞探测结果。

7. 日志记录

日志功能具备管理日志、认证日志等，可通过日志了解登录详情及系统健康状态。

8. 管理员权限管理

管理员权限分为超级管理员、超级审计员、配置管理员和审计管理员四种类型。超级管理员不仅具有创建配置管理员的权限，还具有配置系统参数、升级系统等权限；超级审计员不仅具有创建审计管理员的权限，同时还能配置日志参数；配置管理员可以配置扫描任务的各种参数和策略；审计管理员对日志只有审计权限。

【案例分析】

案例：某地市配电自动化系统网络安全升级改造

国网公司某地市原配电主站核心的服务器和工作站都部署在生产控制大区，配电终端直接通过光纤与主站前置连接，存在重大安全隐患。为解决该问题，该地市所设计安全改造方案通过在各区内部边界部署物理隔离装置，在主站侧部署配电加密认证装置，在配电终端侧采用基于循环冗余校验的配电安全加密芯片，构建基于双向身份信息认证的智能配电网安全防护体系。其主站系统网络拓扑结构如图 9-9 所示。

1. 增设安全接入区

根据国网公司要求，在生产控制大区和终端之间，增设安全接入区，实现"安全通道、身份认证、安全接入、访问控制、集中监管"等核心功能。

（1）对网络层进行访问控制，严格限制可接入的终端和终端可访问的主站服务。

（2）利用内嵌的安全芯片与主站系统实现基于国产非对称算法的双向身份鉴别，对来源于主站系统的控制命令、远程参数设置和远程升级采取安全鉴别和数据完整性验证措施，并且对终端和主站之间交互报文的业务数据采用基于国产对称密码算法的加密措施，确保数据的保密性和完整性。

（3）在对存量配电终端进行升级改造时，通过在终端外串接内嵌安全芯片的配电加密盒实现，实现安全接入网关对存量配电终端和使用最新规约终端同时兼容。

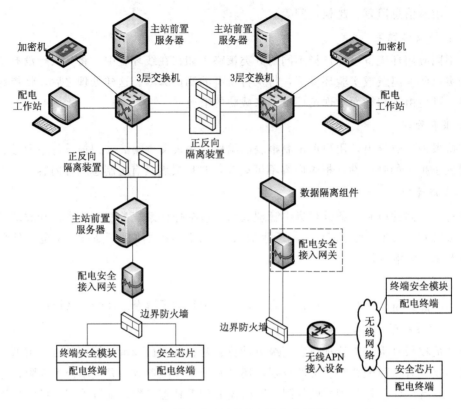

图 9-9 某地市主站系统网络拓扑结构图

2. 增设管理信息大区

为满足无线终端接入需求，增设管理信息大区。在管理信息大区，采用硬件防火墙、数据隔离组件和配电加密认证装置进行防护。接入管理信息大区的二遥配电终端，内嵌安全加密芯片，对来源于主站系统的参数设置指令和固件升级报文采取安全鉴别和数据完整性验证措施，以防范冒充主站对终端进行攻击；无论采用何种通信方式进行数据传输，终端能够基于国产非对称算法实现与主站系统的双向身份鉴别，且终端和主站之间交互报文应采取基于国密对称算法的数据加密和数据完整性验证，确保传输数据保密性和完整性。

3. 加固生产控制大区安全防护

在生产控制大区部署配电加密认证装置，同配电终端进行双向身份认证，对配电终端与主站交互的规约数据提供机密性和完整性保护；生产控制大区与安全接入区、管理信息大区之间增设正反向隔离装置，确保与各大区之间的物理隔离。

使用新开发的专用测试工具、操作系统提供的网络工具软件进行分析，对正反向隔离装置传输性能进行测试。根据网络工具捕获数据可知，能够每秒传输 540000 个遥信和 1260000 个遥测，平均传输 2724KB，峰值在 7MB，数据性能稳定。

4. 强化终端接入安全防护

配电终端安全防护方案主要分为配电终端光纤专网接入和无线公网接入安全防护两种。

采用软加密方式实现数据保护的配电终端，加密强度不够；不支持与主站的双向身份鉴别，存在重大安全隐患。因此，在改造过程中，采用内嵌支持国产商用密码算法的智能配电网专用安全芯片的配电终端，配合配电安全接入网关实现通道加密、身份认证、数据加密全方位无死角的安全防护。

无线公网接入方式为新增接入方式。在主站侧（管理信息大区）部署配电加密认证装置，实现对数据的签名和鉴签、加解密、密钥存储和管理等功能。将无线接入点 APN 名称随机化，并将其密码设为强口令，增加强行爆破或被猜到的难度，确保通信安全。

5. 强化配电终端管控

根据国网公司 576 号文要求，运维人员通过使用新开发的专业漏洞及弱口令"一键扫描"软件，对配网终端进行安全扫描。关闭在线终端设备的 FTP、TELNET、SNMP、WEB 等可远程访问的服务，禁止使用空口令或者弱口令，禁用终端蓝牙和无线维护方式。可通过主站系统的工作站对终端的参数、历史数据、故障录波等文件进行远程访问与修改，通过对现场终端进行安全扫描后，可对不满足安全防护要求的不同厂家的终端进行远程维护（关闭未使用的通信端口/服务，加强终端口令管理等）。

附　录

配电自动化基本概念

1　术语和定义

（1）配电自动化 distribution automation

以一次网架和设备为基础，综合利用计算机技术、信息及通信等技术，实现对配电网的监测与控制，并通过与相关应用系统的信息集成，实现配电系统的管理。

（2）配电自动化系统 distribution automation system

实现配电网的运行监视和控制的自动化系统，具备配电 SCADA（supervisory control and data acquisition）、馈线自动化、分析应用及与相关应用系统互联等功能，主要由配电主站、配电子站（可选）、配电终端和通信通道等部分组成。

（3）配电自动化系统主站 master station of distribution automation system

主要实现配电网数据采集与监控等基本功能，以及分析应用等扩展功能，为配网调度和配电生产服务，简称配电主站。

（4）配电自动化子站 slave station of distribution automation system

为优化系统结构层次、提高信息传输效率、便于配电通信系统组网而设置的中间层，实现信息汇集和处理、通信监视等功能。根据需要，配电子站也可实现区域配电网故障处理功能，简称配电子站。

（5）配电自动化终端 remot eterminal unit of distribution automation

安装在配电网的各种远方监测、控制单元的总称，完成数据采集、控制和通信等功能，主要包括馈线终端、站所终端、配变终端等，简称配电终端。

（6）馈线自动化 feeder automation

利用自动化装置或系统，监视配电网的运行状况，及时发现配电网故障，进行故障定位、隔离，以及恢复对非故障区域的供电。

（7）信息交互 information interactive

系统间的信息交换与服务共享。

（8）信息交换总线 information exchange bus

遵循 IEC61968 标准、基于消息机制的中间件平台，支持安全跨区信息传输和服务。

（9）馈线终端 feeder terminal unit

安装在配电网架空线路杆塔等处的配电终端。

（10）站所终端 distribution terminal unit

安装在配电网开关站、配电室、环网柜箱式变电站等处的配电终端。

（11）分布式馈线自动化 distributed feeder automation

可以不依赖于配电主站，通过配电终端之间相互通信实现馈线的故障定位、隔离和非故障区域自动恢复供电的功能，并将处理过程及结果上报配电自动化主站。

（12）配电自动化智能终端 intelligent remote terminal unit of distribution automation

除具备配电自动化终端的所有功能之外，还具备分布式 FA，即插即用功能的配电终端。

（13）智能馈线终端 intelligent feeder terminal unit

具备分布式 FA 以及即插即用功能的馈线终端。

（14）智能站所终端 intelligent distribution terminal unit

具备分布式 FA 以及即插即用功能的站所终端。

（15）即插即用 plug and play

配电终端具有统一标准的电气和数据接口、标准的自描述数据模型，通过标准的通信协议自动接人相关系统或设备。

2 缩略语

一遥：遥信

二遥：遥信、遥测

三遥：遥信、遥测、遥控

SCADA：数据采集与监控（Supervisory Control and Data Acquisition）

GIS：地理信息系统（Geographic Information System）

PMS：生产管理系统（Production Management System）

FA：馈线自动化（Feeder Automation）

DTU：站所终端（Distribution Terminal Unit）

FTU：馈线终端（Feeder Terminal Unit）

TTU：配变终端（Transformer Terminal Unit）

GPRS：通用分组无线业务（General Packet Radio Service）

IDTU：智能站所终端（Intelligent Distribution Terminal Unit）

IFTU：智能馈线终端（Intelligent Feeder Terminal Unit）

P&P：即插即用（Plugand Play）

RTDS：实时数字仿真仪（Real Time Digital Simulator）

SOE：事件顺序记录（Sequence Of Event）

XPON：新一代光纤接入技术的统称（X Passive Optical Network），包含以太网无源光网络 EPON（Ethernet Passive Optical Network）和吉比特无源光纤接入网络（Gigabit Passive Optical Network）

参 考 文 献

[1]   刘日亮，等 . 配电自动化运维技术 [M]. 北京：中国电力出版社，2018.

[2]   王立新，等 . 配电自动化基础实训 [M]. 北京：中国电力出版社，2018.

[3]   冷华，等 . 配电自动化调试技术 [M]. 北京：中国电力出版社，2015.

[4]   徐丙垠，等 . 配电网继电保护与自动化 [M]. 北京：中国电力出版社，2017.

[5]   国家电网公司 . Q/GDW 626—2011 配电自动化系统运行维护管理规范 [S].2011.

[6]   葛馨远 . 配电自动化技术问答 [M]. 北京：中国电力出版社，2016.

[7]   国家电网公司 . 供电企业作业安全风险辨识与防范手册 [M]. 北京：中国电力出版社，2010.

[8]   国家电网有限公司运维检修部 . 配电自动化运维技术 [M]. 北京：中国电力出版社，2018.